8 Löse die folgenden Gleichungen:
a) $x(x+1) = 42$ b) $40 = x(x-3)$ c) $\frac{2x}{x-3} = \frac{x}{2}$
d) $5x^2 = (x+4)(2-x)$ e) $\frac{5x-1}{x} = x - \frac{1}{x}$ f) $\frac{2}{x} = 4 - 2x$

> Und wann soll ich die Lösungsformel nehmen?

9 Die Lösungen der beiden quadratischen Gleichungen
$x^2 + 2x + 3 = 0$ und $2x^2 + 2x + 2 = 0$ haben etwas
gemeinsam. Finde diese Gemeinsamkeit. 🔍

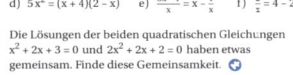

*10 Der Umfang eines Rechtecks beträgt 38 cm, sein Flächeninhalt 90 cm².
Berechne, wie lang und wie breit das Rechteck ist. 🔍

11 Bei einem Dreieck mit einem Flächeninhalt von 180 cm² ist
die Höhe um 9 cm kürzer als die zugehörige Grundseite.
a) Fertige eine Planfigur mit den gegebenen Größen an.
b) Berechne, wie lang die Grundseite und wie lang die Höhe ist.

12 Das Rechteck ABCD hat einen Flächeninhalt von 39 cm².
a) Berechne die Länge x des einbeschriebenen
   Quadrats AEFD.
b) Gib den Umfang und den Flächeninhalt
   des Quadrats AEFD an.
c) Ermittle den Umfang des Rechtecks ABCD.

13 Die Summe zweier Zahlen soll 11 und das Produkt der gleichen Zahlen 10
sein. Finde zwei Zahlen, auf die diese Bedingung zutrifft. 🔍

14 Ermittle alle natürlichen Zahlen mit folgenden Eigenschaften: 🔍
a) Das Produkt aus der Zahl und ihrem Nachfolger ist 240.
b) Das Produkt aus dem Vorgänger und dem Nachfolger der Zahl ist 143.

*15 Der Flächeninhalt eines Rechtecks beträgt 512 cm².
Eine Seite des Rechtecks ist doppelt so lang wie die andere Seite.
Berechne die Länge der beiden Seiten des Rechtecks.

Nachgefragt
1 Berechne im Kopf.
a) $\sqrt{90000}$ b) $\sqrt{5^2 \cdot 4^2}$ c) $\sqrt{4^3}$ d) $\sqrt{5^2 - 4^2}$
2 Löse folgende Gleichungen:
a) $\frac{x}{5} = \frac{2}{x}$ b) $x^2 - 2x + 1 = 0$ c) $\frac{x+1}{3} = \frac{3}{x+1}$
3 Das Produkt aus dem Vorgänger und dem Nachfolger einer
natürlichen Zahl ist gleich 99. Wie heißt diese Zahl?

Aufgabenseiten

enthalten vielfältige und gemischte Aufgaben
zum Wiederholen, Üben und Knobeln.
Sternchen kennzeichnen Aufgaben mit
höherem Niveau.
Aufgaben bei „Nachgefragt" sollen Fortschritte
verdeutlichen. Lösungen dieser Aufgaben
befinden sich im Anhang.

Themenseiten

bieten Merksätze und Beispiele zum
Verstehen.

> Hallo! Ich bin TUDU.
> Ich helfe euch und
> gebe Tipps.

Quadratische Gleichungen lösen

Die Körper ergeben zusammen
einen Würfel. Der Oberflächeninhalt des blauen Körpers
beträgt 96 cm².
*Zeichne von jedem Körper ein
Zweitafelbild im Maßstab 1:1.*

Quadratische Gleichungen erkennen

Gleichungen mit einer Variablen, in denen auch das **Quadrat dieser Variablen**
auftritt, heißen **quadratische Gleichungen**.

Beispiel

$x^2 = 9$ $x^2 - 2x = -1$ $x^2 + 4 = -2$
$L = \{-3; 3\}$ $L = \{1\}$ $L = \emptyset = \{\}$

> Eine quadratische Gleichung
> kann zwei Lösungen, eine
> oder keine Lösung haben.

Es ist nicht immer sofort erkennbar, ob eine Gleichung quadratisch ist:

$(x + 17) \cdot x = -7$ | Ausmultiplizieren $\frac{x}{x+1} = x + 1$ $| \cdot (x+1)$
$x^2 + 17x = -7$ | + 7 $x = (x+1)^2$ | binomische Formel
$x^2 + 17x + 7 = 0$ $x = x^2 + 2x + 1$ | − x
                                                  $0 = x^2 + x + 1$

> Und welche binomische Formel nehme ich?

Spezialfälle quadratischer Gleichungen untersuchen

Für spezielle Zahlenwerte a, b und c
ergeben sich Spezialfälle der
quadratischen Gleichung:
$a \cdot x^2 + b \cdot x + c = 0$ mit $a \neq 0$

> Für $a = 0$ gilt: $b \cdot x + c = 0$
> Das ist keine quadratische
> Gleichung.

$a \cdot x^2 + b \cdot x + c = 0$		
$b = 0$	$c = 0$	$a = 1$
$a \cdot x^2 + c = 0$	$a \cdot x^2 + b \cdot x = 0$	$x^2 + b \cdot x + c = 0$

Lösungsmengen quadratischer Gleichungen ermitteln

Löse quadratische Gleichungen
inhaltlich oder wende Rechengesetze an.

> **🔶 So kannst du vorgehen**

Löse die quadratische Gleichung $4x^2 - 16 = 0$.

▶ Schritt 1   Stelle die Gleichung um. $x^2 = 4$
▶ Schritt 2   Ziehe die Quadratwurzel. $x_{1;2} = \pm\sqrt{4} = \pm 2$
▶ Schritt 3   Führe eine Probe durch. ± 2 in Gleichung einsetzen
▶ Schritt 4   Gib die Lösungsmenge an. $L = \{-2; 2\}$

Binomische Formeln nutzen
$4x^2 - 16 = 0$
$(2x + 4) \cdot (2x - 4) = 0$
$2x + 4 = 0$ $2x - 4 = 0$
$2x = -4$ $2x = 4$
$x_1 = -2$ $x_2 = 2$

Achte beim Lösen quadratischer Gleichungen immer auf den Zahlenbereich.
Im Bereich der natürlichen Zahlen hat die Gleichung $4x^2 - 16 = 0$ nur eine
Lösung.

> **🔶 So kannst du vorgehen**

Löse die quadratische Gleichung $4x^2 - 16x = 0$.

▶ Schritt 1   Klammere aus. $4x \cdot (x - 4) = 0$
▶ Schritt 2   Prüfe die Faktoren. $x_1 = 0$ und $x_2 = 4$
▶ Schritt 3   Führe eine Probe durch. $0; 4$ in Gleichung einsetzen
▶ Schritt 4   Gib die Lösungsmenge an. $L = \{0; 4\}$

Du kannst quadratische Gleichungen
im Bereich der natürlichen und ganzen
Zahlen auch durch Probieren lösen.
Tabellenkalkulationen können dabei
hilfreich sein.

Löse die folgende Gleichung
in einer Tabellenkalkulation:

$2x^2 - 2x - 4 = 0$

– Richte eine geeignete Tabelle ein.
– Lege ein geeignetes Intervall fest.
– Entscheide, wo sich die Lösungen
  in der Tabelle befinden.

	A	B	C	D
1	Gleichung	y = 2*x^2-2*x-4		
2				
3	x	2*x^2	2*x	2*x^2-2*x-4
4	-5	50	-10	56
5	-4	32	-8	36
6	-3	18	-6	20
7	-2	8	-4	8
8	-1	2	-2	0
9	0	0	0	-4
10	1	2	2	-4
11	2	8	4	0
12	3	18	6	8
13	4	32	8	20
14	5	50	10	36
15				

Die Lösungen sind: $x_1 = -1$ und $x_2 = 2$

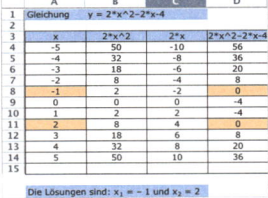

Mathematik – na klar!

Lehrbuch für die Klasse 10
Sachsen-Anhalt

Herausgeber
Dr. Wolfram Eid
Sybille Hilmer
Dr. Günter Liesenberg

Duden Schulbuchverlag
Berlin · Mannheim

Autoren
Ingrid Biallas
Dr. Wolfram Eid
Sybille Hilmer
Dr. Günter Liesenberg
Ardito Messner
Heike Szebra

Redaktion Dr. Günter Liesenberg
Gestaltungskonzept Schröder Design
Layout Ute Winkler
Grafik Melanie Groger, Birgit Kintzel, Matthias Pflügner, Ute Winkler
Titelbild Rich Seymour (iStockphoto)

Die Webseiten Dritter, deren Internetadressen in diesem Lehrwerk angegeben sind, wurden vor Drucklegung sorgfältig geprüft. Der Verlag übernimmt keine Gewähr für die Aktualität und den Inhalt dieser Seiten oder solcher, die mit ihnen verlinkt sind..

www.cornelsen.de

1. Auflage, 2. Druck 2023

Alle Drucke dieser Auflage können im Unterricht nebeneinander benutzt werden.

© 2012 Duden Paetec GmbH, Berlin
© 2023 Cornelsen Verlag GmbH, Berlin

Druck: Grafisches Centrum Cuno GmbH & Co.KG, Calbe

ISBN 978-3-8355-1209-2

PEFC zertifiziert
Dieses Produkt stammt aus nachhaltig bewirtschafteten Wäldern und kontrollierten Quellen.

PEFC
PEFC/04-31-1370

www.pefc.de

Inhaltsverzeichnis

✚ Wusstest du schon?

❗ Mathe und mehr

↻ Das hast du gelernt

1 Fit in Mathe – ein klares Ziel

Es kann Ansichtssache sein,
was wichtig und was unwichtig ist.

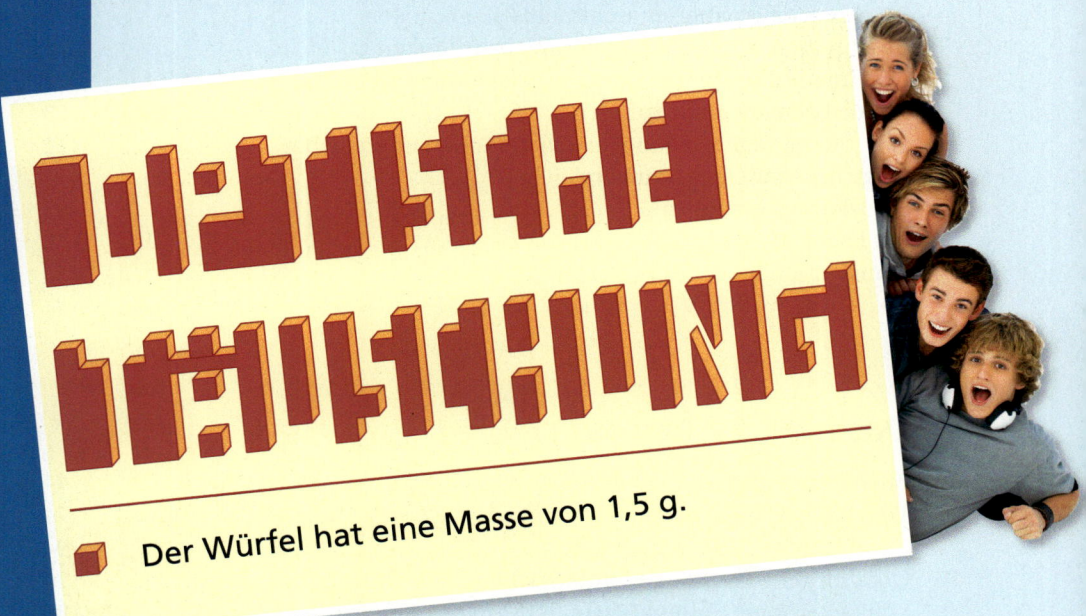

Der Würfel hat eine Masse von 1,5 g.

Wie schwer sind alle roten aus gleichem
Material bestehenden Körper zusammen?
Beschreibt, was ihr beim Betrachten der Seite
aus großer Entfernung erkennt.

Vielecke und ihre Diagonalen

Ein Viereck hat immer zwei und ein
Fünfeck hat immer fünf Diagonalen.
Findet einen Zusammenhang zwischen
der Anzahl der Eckpunkte und der Anzahl
der Diagonalen bei einem Vieleck.

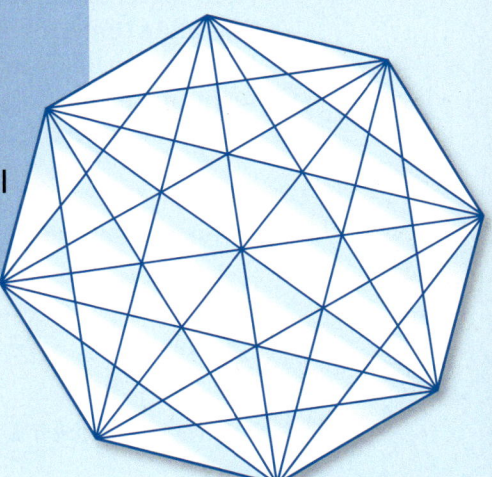

Mehrfache Lösungen

Hier fehlen Rechenoperationen.
Es sollen wahre Aussagen entstehen.
Ihr dürft auch Klammern verwenden.
Prüft, ob es mehrere Möglichkeiten gibt.

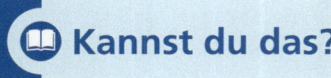 Kannst du das?

Umformungsregeln für Gleichungen anwenden

Stelle Gleichungen mithilfe der **Umformungsregeln** um. Nutze zum Vereinfachen **Rechengesetze und -regeln.** Begründe Umformungsschritte. Schreibe die **Begründung** rechts neben die Gleichung hinter einen senkrechten Strich.

Variablen isolieren – Umformungsregeln

- *Auf beiden Seiten der Gleichung:*
  - *Gleiches addieren oder subtrahieren*
  - *mit Gleichem ($\neq 0$) multiplizieren*
  - *durch Gleiches ($\neq 0$) dividieren*
  - *die Wurzel ziehen*
- *Seiten der Gleichung vertauschen*

Beispiel

Welche ganzen und welche rationalen Zahlen sind Lösung der Gleichung?

$$x^2 = -1,5\,x \qquad | +1,5\,x$$
$$x^2 + 1,5\,x = 0 \qquad | \text{x Ausklammern}$$

1. Fall $\quad x \cdot (x + 1,5) = 0 \quad$ 2. Fall $\qquad |$ Fallunterscheidung

$$x_1 = 0 \qquad\qquad x_2 = -1,5$$

Für ganze Zahlen $\mathbb{Z}$ gilt: $L = \{0\}$ $\qquad$ *Für rationale Zahlen $\mathbb{Q}$ gilt:* $L = \{-1,5; 0\}$

Rechengesetze und Rechenregeln nutzen

Vertausche beim **Kommutativgesetz (1)** Summanden (Faktoren).

Verbinde beim **Assoziativgesetz (2)** durch Setzen von Klammern Summanden (Faktoren).

Für $b = c$ ist der Bruch $\frac{a}{b-c}$ nicht definiert. Dividiere niemals durch 0!

Klammere beim **Distributivgesetz (3)** und bei den **binomischen Formeln (4)** „ein" oder „aus".

Beachte die **Vorzeichenregeln** und die Regeln beim **Rechnen mit** gemeinen **Brüchen** und mit Dezimalbrüchen.

Denke auch an die Eselsbrücke: *„In Differenzen und Summen kürzen nur die Dummen."*

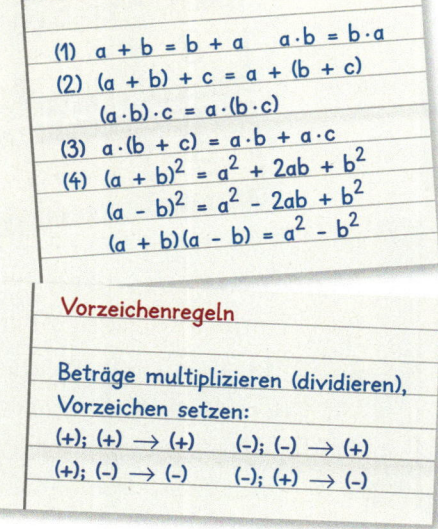

Rechengesetze

$(1)\ a + b = b + a \qquad a \cdot b = b \cdot a$
$(2)\ (a + b) + c = a + (b + c)$
$\quad (a \cdot b) \cdot c = a \cdot (b \cdot c)$
$(3)\ a \cdot (b + c) = a \cdot b + a \cdot c$
$(4)\ (a + b)^2 = a^2 + 2ab + b^2$
$\quad (a - b)^2 = a^2 - 2ab + b^2$
$\quad (a + b)(a - b) = a^2 - b^2$

Vorzeichenregeln

Beträge multiplizieren (dividieren), Vorzeichen setzen:
$(+); (+) \rightarrow (+) \qquad (-); (-) \rightarrow (+)$
$(+); (-) \rightarrow (-) \qquad (-); (+) \rightarrow (-)$

Aufgaben

1 Formuliere das Distributivgesetz und die erste binomische Formel auf der Seite 10 mit Worten und erläutere an je einem Beispiel, wozu diese Regeln verwendet werden können.

2 Forme mithilfe der binomischen Formeln um.
a) $(3 + a)^2$
b) $(a - 5)^2$
c) $(a + 3)(a - 3)$
d) $(3a + 2)^2$
e) $(3 + 2a)^2$
f) $(3b + 2a)^2$
g) $(2a + 3b)^2$
h) $(2a - 3b)^2$
i) $x^2 + 4x + 4$
j) $x^2 - 6x + 9$
k) $9x^2 - 16y^2$
l) $25y^2 - 25x^2$

*3 Prüfe und begründe, ob die gegebenen Lösungsmengen zu den Gleichungen gehören oder nicht.

$8 \cdot 2 + 10x = 8x - 2$
$L = \{9\}$

$3 \cdot x^2 = -2x$
$L = \left\{-\frac{2}{3}\right\}$

(I) $\frac{x + 5}{y - 7} = \frac{4}{3}$
(II) $\frac{x + 2}{y - 5} = \frac{5}{8}$
$L = \{3; 13\}$

4 Löse jede Gleichung und führe immer eine Probe durch.
a) $3(12 - 3a) = 5(2a + 7)$
b) $4(3b - 5) = -3(2 - 5b)$
c) $7(8c + 3) - 8(7c - 3) = 0$
d) $(d + 1)^2 = d(d - 2)$
e) $(2e - 3)(7 + 5e) = (10e - 4)(e - 3)$
f) $(f - 6)(f - 4) = (f - 5)(f - 7)$
*g) $(g + 8)(g - 3) - (g + 2)(g - 9) = 0$
*h) $(h + 4)^2 = (h - 5)(h + 3)$

5 Löse jede Gleichung. Manche Gleichungen haben zwei Lösungen.
a) $10x + 30 = 0$
b) $x^2 - 4x = 0$
c) $20x^2 = -5x$
d) $6x + 8 = 11x$
e) $(x + 2)(x - 2) = 0$
f) $(3b + 2a)^2 = 0$

*6 Beschreibe, wozu die Formel benutzt werden kann. Stelle dann nach den in Klammern stehenden Größen um.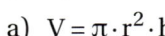
a) $V = \pi \cdot r^2 \cdot h$ (h, r)
b) $A = \frac{(a + c) \cdot h}{2}$ (h, c)
c) $\frac{1}{f} = \frac{1}{g} + \frac{1}{b}$ (f, g)

*7 Herr Schnell fährt in Kleinstadt auf die Autobahn, eine Viertelstunde später folgt ihm seine Frau mit ihrem Auto. Beide kommen gleichzeitig auf dem Parkplatz in Kaufhausen an. Herr Schnell fährt mit einer gleichbleibenden Geschwindigkeit von etwa $80 \frac{km}{h}$, Frau Schnell mit etwa $120 \frac{km}{h}$.
Berechne, wie viele Stunden die beiden jeweils unterwegs sind.

 **Kannst du das?**

Beziehungen an Dreiecken erkennen

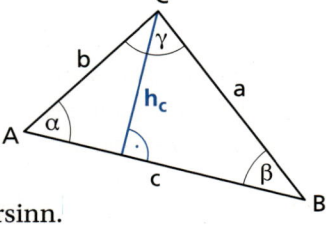

Verwende beim Bezeichnen von Dreiecken für **Eckpunkte Großbuchstaben,** für **Seiten Kleinbuchstaben** und für **Innenwinkel griechische Kleinbuchstaben.**
Die Bezeichnung erfolgt entgegen dem Uhrzeigersinn.

Es gilt: **Dreiecksungleichung:** $a + b > c$; $b + c > a$; $a + c > b$
Seiten-Winkel-Beziehung: Wenn $a > b$, gilt auch $\alpha > \beta$.
Innenwinkelsatz: $\alpha + \beta + \gamma = 180°$

Ordne Dreiecke nach Winkeln und Seiten:

Gibt es auch rechtwinklig-gleichseitige Dreiecke?

spitzwinklig (nur spitze Winkel)	rechtwinklig (ein rechter Winkel)	stumpfwinklig (ein stumpfer Winkel)

gleichseitig (alle Seiten gleich lang)	unregelmäßig (keine gleich langen Seiten)	gleichschenklig (ein Paar gleich lange Seiten)

Berechnungen an Dreiecken durchführen

Zusammenhang	Alle Dreiecke	Rechtwinklige Dreiecke
Umfang	$u = a + b + c$	
Flächeninhalt	$A = \frac{1}{2} \cdot c \cdot h_c$	$A = \frac{1}{2} \cdot a \cdot b$ $(\gamma = 90°)$
Satz des Pythagoras	gilt nicht	$c^2 = a^2 + b^2$ $(\gamma = 90°)$

Kongruenzsätze von Dreiecken anwenden

Verwende drei **Bestimmungsstücke** zum Konstruieren von Dreiecken.
Entscheide immer, welcher Kongruenzsatz gilt.

sss	sws	wsw	SsW

Aufgaben

1 Zeichne die Punkte A(0; 0), B(–3; 2), C(2; 0), D(1; 1,5) und E(1,5; –2) in ein und dasselbe Koordinatensystem. 🔍
 a) Welche der Punkte könnten Eckpunkte eines unregelmäßigen oder eines gleichschenkligen Dreiecks sein?
 b) Verbinde die Punkte A, D und E; A, D und C sowie A, B und D jeweils zu einem Dreieck und schreibe die Dreiecksart dazu.
 c) Zeichne ein gleichseitiges Dreieck BEF und schreibe die Koordinaten von F auf. Gib, wenn möglich, verschiedene Lösungen an.
 d) Berechne die Längen folgender Strecken: $\overline{AB}, \overline{AD}, \overline{AE}, \overline{DE}$

2 a) Welche Dreiecksart ist es?
 b) Berechne von jedem Dreieck den Umfang und den Flächeninhalt. 🔍
 Entnimm die erforderlichen Maße der Zeichnung.

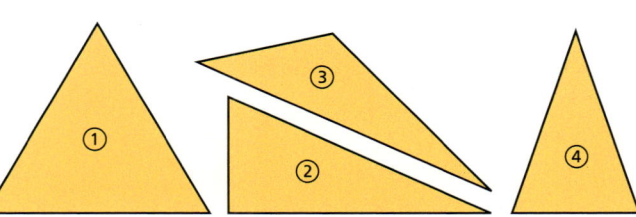

3 Ein rechtwinkliges Dreieck ABC hat den rechten Winkel beim Punkt C. Berechne die fehlende Seite, den Umfang und den Flächeninhalt des Dreiecks.
 a) a = 6 cm, b = 8 cm   b) b = 12 cm, c = 13 cm   c) a = b, c = 5 cm

4 Wähle die Maße der rot gekennzeichneten Stücke selbst. Konstruiere dann ein Dreieck und ordne den entsprechenden Kongruenzsatz richtig zu.

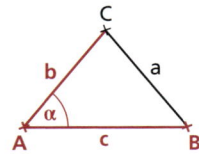 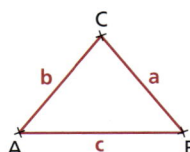 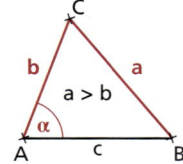 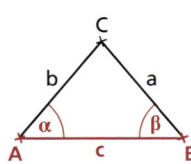

5 Zeichne Dreiecke. Prüfe, ob es mehrere Lösungen gibt.
 a) Es soll gleichschenklig-rechtwinklig sein und einen Umfang von 15 cm haben.
 b) Es soll unregelmäßig-stumpfwinklig sein und einen Flächeninhalt von 6 cm² haben.
 c) Es soll gleichseitig sein und eine Höhe von 4 cm haben.

📖 Kannst du das?

Körper vergleichen und unterscheiden

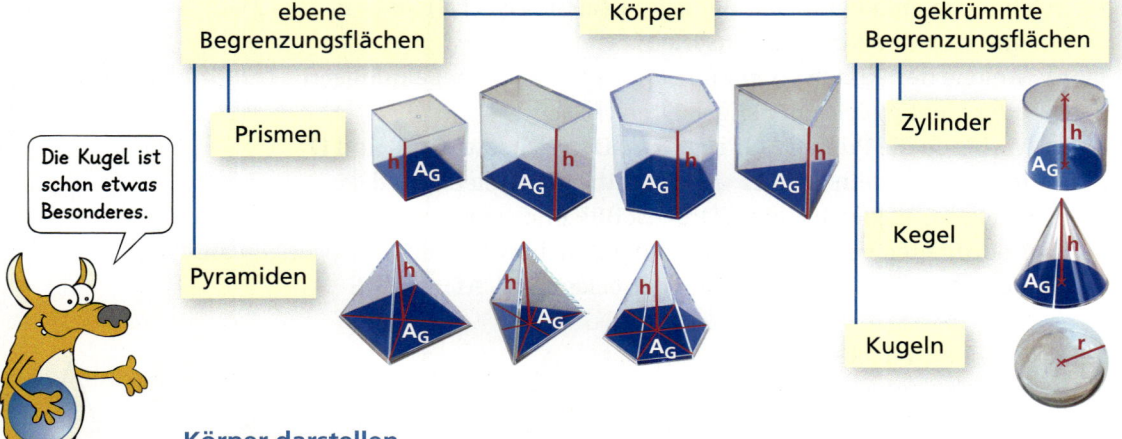

Die Kugel ist schon etwas Besonderes.

Körper darstellen

Bei **Körpernetzen** werden alle Begrenzungsflächen eines Körpers zusammenhängend in eine Ebene abgewickelt.

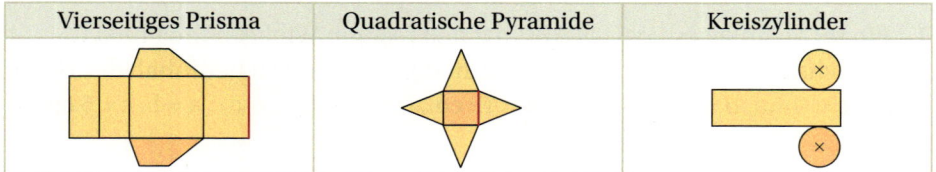

Vierseitiges Prisma	Quadratische Pyramide	Kreiszylinder

Bei anschaulichen **Schrägbildern** (Kavalierperspektiven) werden **Tiefenlinien** in einem Winkel $\alpha = 45°$ geneigt und halb so lang wie im Original gezeichnet.

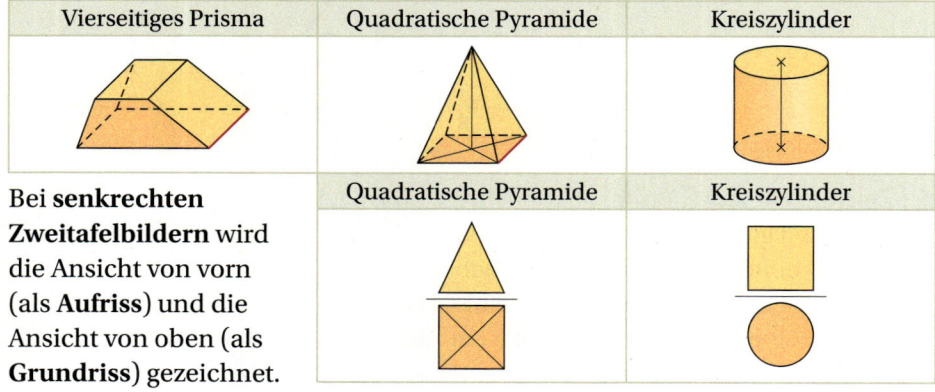

Vierseitiges Prisma	Quadratische Pyramide	Kreiszylinder

Bei **senkrechten Zweitafelbildern** wird die Ansicht von vorn (als **Aufriss**) und die Ansicht von oben (als **Grundriss**) gezeichnet.

Quadratische Pyramide	Kreiszylinder

Aufgaben

1 Beschreibe alle auf der Seite 14 abgebildeten Körper.
Erstelle eine Übersicht mit den wichtigsten
Merkmalen der Körper.

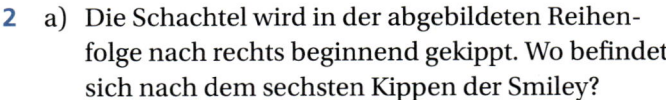

2 a) Die Schachtel wird in der abgebildeten Reihenfolge nach rechts beginnend gekippt. Wo befindet
sich nach dem sechsten Kippen der Smiley?
b) Zeichne ein Schrägbild und ein Zweitafelbild der Schachtel.
Verwende die Maße einer Streichholzschachtel.

3 Die Abbildung zeigt den Aufriss einer auf
einem Würfel stehenden quadratischen Pyramide.
a) Zeichne ein Schrägbild der Pyramide im Maßstab 2:1.
b) Zeichne ein Zweitafelbild des Würfels im Maßstab 3:1.
c) Zeichne ein Schrägbild und ein Zweitafelbild
des zusammengesetzten Körpers im Maßstab 1:1.

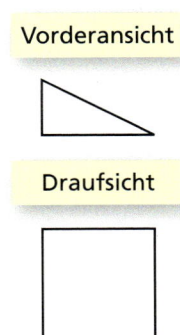

4 a) Beschreibe die Eigenschaften eines Körpers, der den abgebildeten
Aufriss und Grundriss hat.
b) Zeichne ein Netz und ein Schrägbild
des Körpers im Maßstab 4:1.

Vorderansicht

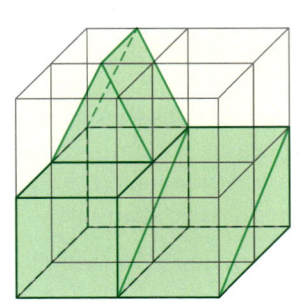

Draufsicht

5 a) Beschreibe, aus welchen Teilkörpern
der abgebildete grüne Körper besteht.
b) Skizziere jeweils die Grund- und
Aufrisse der Teilkörper und den
des Gesamtkörpers.

6 Zeichne von jedem Körper
ein senkrechtes Zweitafelbild
in der abgebildeten Lage.
Entnimm die Maße aus den
Zeichnungen.
1 Kästchen hat eine Seitenlänge von 0,5 cm.

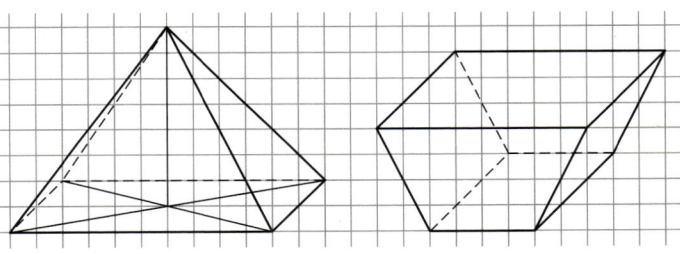

15

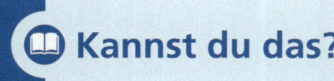 Kannst du das?

Körper berechnen

Der **Rauminhalt** eines geometrischen Körpers ist sein **Volumen V.**
Der **Oberflächeninhalt A_O** ist der Inhalt aller seiner Begrenzungsflächen.

Prismen und Zylinder
$V = A_G \cdot h$ $\qquad$ $A_O = 2 \cdot A_G + A_M$ A_G und A_D sind bei beiden Körperarten zueinander kongruent und parallel.   Die Körperhöhe h ist senkrecht zur Grundfläche.   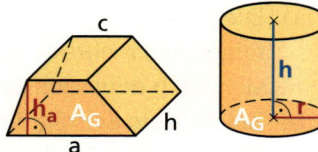
Pyramiden, Kegel und Kugeln
$V = \frac{1}{3} A_G \cdot h$ $\qquad$ $A_O = A_G + A_M$ Pyramiden und Kegel haben eine Spitze.   Die Körperhöhe h verbindet den Mittelpunkt der Grundfläche mit der Spitze und ist senkrecht zur Grundfläche.   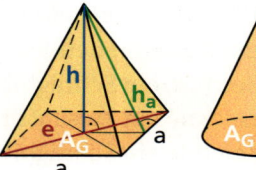
$V = \frac{4}{3} \cdot \pi \cdot r^3$ $\qquad$ $A_O = 4 \cdot \pi \cdot r^2$ Kugeln haben keine Grund- und Deckfläche, auch keine Spitze. Ihre Begrenzungsfläche kann nicht in eine Ebene abgewickelt werden.   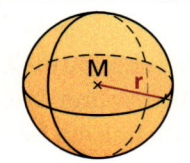

Oft hilft der **Satz des Pythagoras** beim Berechnen fehlender Stücke weiter.

Berechne den Raum- und den Oberflächeninhalt der Pyramide.

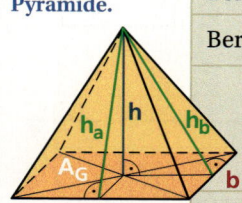

a = 20 cm
b = 40 cm
h = 35 cm

Schreibe Gesuchtes und Gegebenes übersichtlich auf.	*Ges.:* $\quad$ V in cm^3 ; A_O in cm^2 *Geg.:* $\quad$ a = 20 cm; b = 40 cm; h = 35 cm
Berechne den Inhalt der Grundfläche.	$A_G = a \cdot b = 20 \text{ cm} \cdot 40 \text{ cm} = 800 \text{ cm}^2$
Berechne das Volumen.	$V = \frac{1}{3} A_G \cdot h \approx 9\,333 \text{ cm}^3$
Berechne die Höhe der Seitenflächen.	$h_a = \sqrt{\left(\frac{b}{2}\right)^2 + h^2} \approx 40{,}3 \text{ cm}$ $h_b = \sqrt{\left(\frac{a}{2}\right)^2 + h^2} \approx 36{,}4 \text{ cm}$
Berechne den Inhalt der Mantelfläche.	$A_M = a \cdot h_a + b \cdot h_b \approx 2\,262 \text{ cm}^2$
Setze die Teilergebnisse in die Formel für den Oberflächeninhalt ein.	$A_O = A_G + A_M = 800 \text{ cm}^2 + 2\,262 \text{ cm}^2$ $A_O \approx 3\,062 \text{ cm}^2$

Aufgaben

1 Ermittle von jedem der abgebildeten Körper
alle Bestimmungsstücke, die zum Berechnen
des Volumens und des Oberflächeninhalts
erforderlich sind. Entnimm die Maße
aus den Abbildungen und berechne ggf.
benötigte Stücke, die den Abbildungen
nicht entnommen werden können.
Ein Kästchen hat eine Seitenlänge von
von 0,5 cm. 🔍

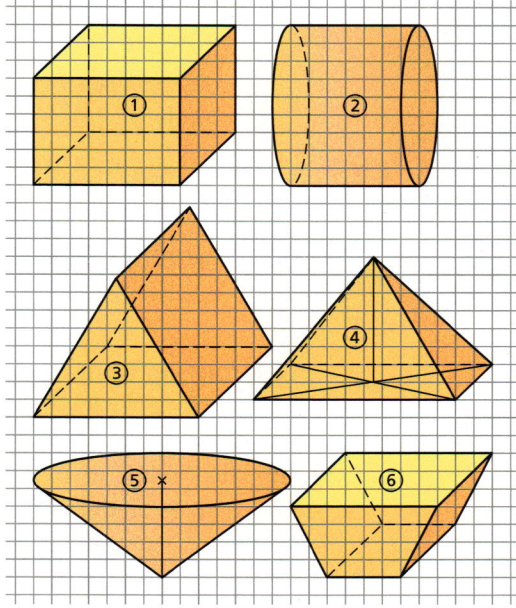

a) Berechne jeweils das Volumen und den
Oberflächeninhalt der Körper.

b) Entscheide und begründe, wie sich
das Volumen jedes Körpers bei gleichbleibender Grundfläche verändert,
wenn sich seine Höhe verdoppelt. ✨

2 In einer Einschubbox aus Pappe sind
drei gleich große CDs enthalten.
Eine CD-Hülle ist 1,0 cm dick,
12,5 cm hoch und 14,0 cm lang.
Berechne den Materialbedarf für
die Einschubbox. 🔍

3 Eine 35,0 cm hohe zylinderförmige Glasvase mit einem äußeren
Durchmesser von 9,0 cm hat nebenstehenden Querschnitt.
Die Wandstärke und die Bodenstärke der Vase betragen
jeweils 11 mm.

a) Berechne die Masse der Vase, wenn sie zu $\frac{4}{5}$ der Höhe
mit Wasser gefüllt ist. Die Dichte von Wasser beträgt $1\,\frac{g}{cm^3}$,
die Dichte von Glas $2{,}8\,\frac{g}{cm^3}$. 🔍

*b) Berechne, wie hoch das Wasser in der Vase steht,
nachdem sich dieser Wasserstand um 15 % verringert hat. 🔍

*c) Es werden 12 000 solcher Vasen wieder eingeschmolzen und
zu 80 gleich großen Würfeln geformt. Berechne, wie groß die
Kantenlänge eines solchen Würfels ist. ✨

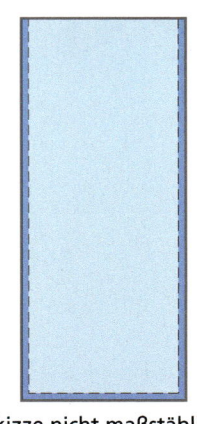

Skizze nicht maßstäblich

17

Gemischte Aufgaben

Alle neun Punkte sind mit genau fünf geraden Linien verbunden.

Versucht, ob dies auch mit nur vier geraden Linien klappt.

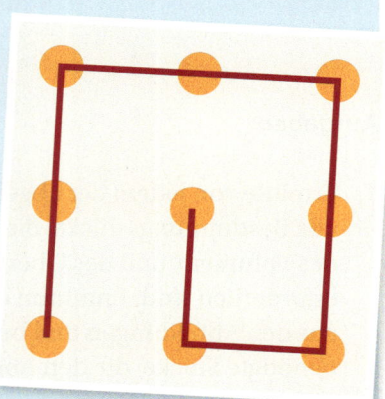

1 Löse die Gleichung und führe eine Probe durch.

a) $x^2 - (x - 2)^2 = 0$ b) $(x - 2)^2 = (x + 6) \cdot (x - 6)$ c) $\dfrac{3x - 9}{6x - 1} = \dfrac{4x - 15}{8x - 5}$

2 Gib alle Zahlen an, für die gilt: Das Quadrat aus der Summe der Zahl und 2 ist gleich der Summe aus dem Quadrat der Zahl und 8.

3 Gib alle Zahlen an, für die gilt:
a) Das Produkt aus einer Zahl und ihrer Hälfte beträgt 162, die Summe aus dieser Zahl und ihrer Hälfte beträgt 27.
b) Das Produkt aus einer Zahl und einer anderen Zahl beträgt 162, die Summe aus beiden Zahlen beträgt 27.

4 Es sollen 31 Pralinen so auf fünf Kartons verteilt werden, dass jede gewünschte Anzahl von Pralinen (1 bis 31) zusammengestellt werden kann, ohne auch nur einen Karton öffnen zu müssen. Entscheide und begründe, wie viele Pralinen du in die einzelnen Kartons geben würdest.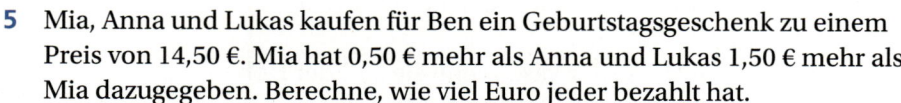

5 Mia, Anna und Lukas kaufen für Ben ein Geburtstagsgeschenk zu einem Preis von 14,50 €. Mia hat 0,50 € mehr als Anna und Lukas 1,50 € mehr als Mia dazugegeben. Berechne, wie viel Euro jeder bezahlt hat.

*6 Du sollst aus einer Schüssel mit Eiern die Hälfte und ein halbes Ei herausnehmen, ohne ein Ei zu zerteilen. Überlege genau, ob dies möglich ist. Probiere mit unterschiedlichen Anzahlen und formuliere eine allgemeingültige Antwort.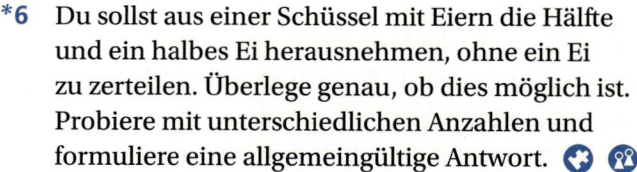

7 Formuliert zu jeder Zeichnung einen mathematischen
Zusammenhang (einen mathematischen Satz). 👥
Formuliert jeweils eine Aufgabe und löst diese gegenseitig.

a)
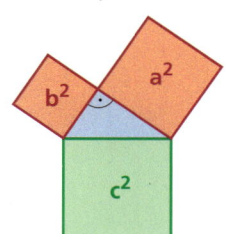

b)
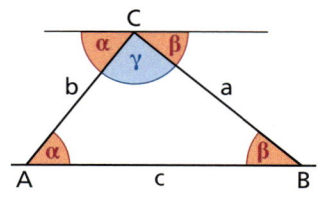

c)
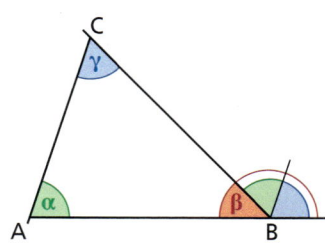

8 Der Querschnitt eines Wassergrabens ist trapezförmig.

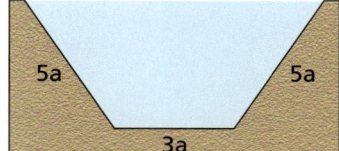
11a

a) Zeichne den Querschnitt für a = 1,5 m
in einem selbst gewählten Maßstab.
b) Berechne die Grabentiefe für a = 1,5 m. 🔍
c) Gib die Tiefe des Grabens in Abhängigkeit von a an. ✴

9 a) Beschreibe die Form der abgebildeten Figur.
Welche Besonderheiten erkennst du?
b) Berechne den Umfang und den Flächeninhalt der Figur. 🔍
c) Zerlege die Figur in vier zueinander kongruente Sechsecke. ✴

10 a) Gib die Anzahl der kleinen Würfel an,
die hier „aufgebaut" sind.
b) Zeichne ein Zweitafelbild der Figur.
*c) Berechne die Masse der Figur, wenn ein
kleiner Würfel aus Messing besteht und
eine Kantenlänge von 1,5 cm hat. 🔍
Messing hat eine Dichte von $\varrho = 8{,}4\,\frac{g}{cm^3}$.

11 Für das sternenförmige Körpernetz einer Pyramide gilt:
① Alle Seitenkanten sind jeweils 7 cm lang.
② Die Punkte B, D, F und H bilden ein Quadrat
mit einer Seitenlänge von 5 cm.
a) Zeichne das Körpernetz in Originalgröße
mit möglichst wenig Klebefalzen.
b) Schneide das Körpernetz aus, falte es
zu einer Pyramide und verklebe sie.
*c) Berechne die Höhe der Pyramide. Überprüfe dein Ergebnis am Modell. 🔍
*d) Berechne das Volumen und den Oberflächeninhalt der Pyramide. 🔍

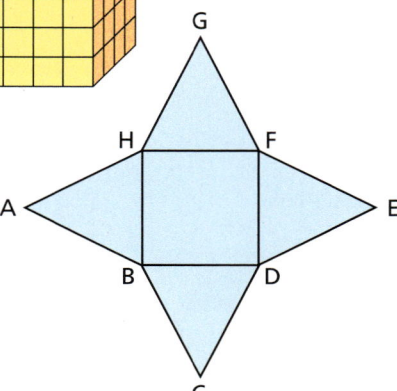

! Mathe und mehr

Wie ein „Magisches Ei" entsteht

Ein magisches Ei, oft auch „Ei des Kolumbus" genannt, ist ein Puzzle, dessen Teile zusammengelegt ein Ei ergeben.

Die Gesamtfigur besteht nur aus Kreisbögen:
– einem (grünen) Halbkreis,
  der in zwei Viertelkreise zerlegt ist,
– zwei (blauen) Achtelkreisen,
  die sich überlappen,
– einem (roten) Viertelkreis, der in
  in zwei Achtelkreise zerlegt ist.

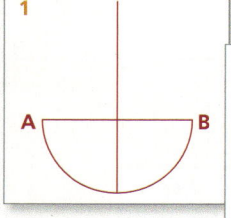
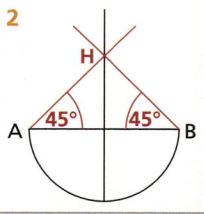
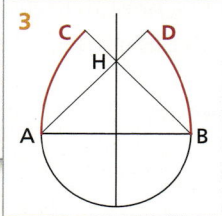
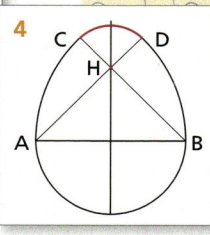
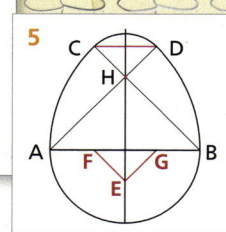

1 Zeichnet auf Zeichenkarton ein magisches Ei , wie in den fünf Schritten gezeigt. Wählt für $\overline{AB}$ = 10 cm. 👥

Das sind die neun Teile.

2 Fertigt eine Konstruktionsbeschreibung an. 👥

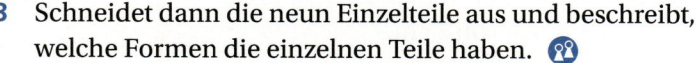

3 Schneidet dann die neun Einzelteile aus und beschreibt, welche Formen die einzelnen Teile haben. 👥

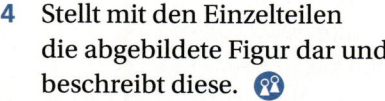

4 Stellt mit den Einzelteilen die abgebildete Figur dar und beschreibt diese. 👥

20

5 Legt mit den Einzelteilen die abgebildeten Schattenbilder.
Was könnten die Schattenbilder eurer Meinung nach darstellen?

①   ②   ③   ④   ⑤   ⑥

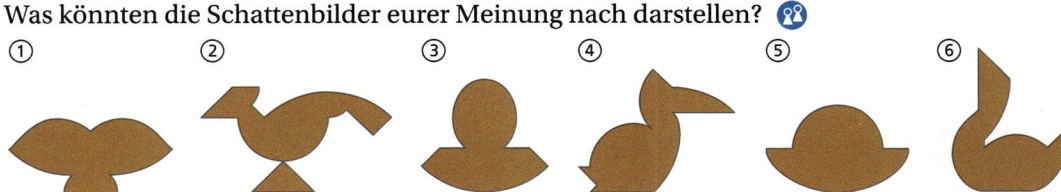

6 Legt sowohl das Schattenbild eines anderen Tieres als auch das
Schattenbild eines anderen Gegenstandes aus den Einzelteilen.
Zeichnet dann die Umrisse nach. Bildet Gruppen und legt
die Umrisse gegenseitig mit euren Einzelteilen.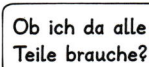

Die folgende Abbildung zeigt ein magisches Ei in einem Koordinatensystem:

Ob ich da alle Teile brauche?

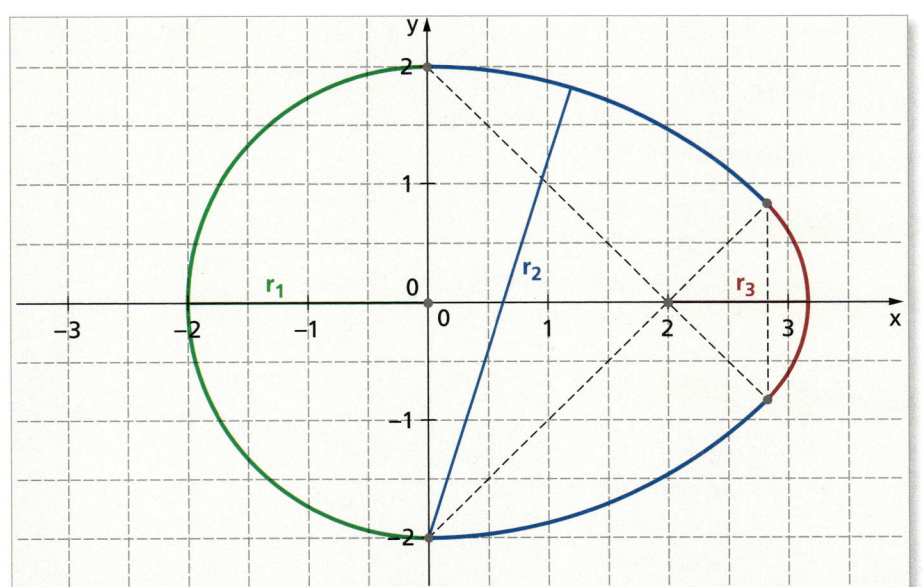

7 Übertragt die Zeichnung im Maßstab 1 : 1 in ein Koordinatensystem und
ermittelt, wie groß die drei Radien r_1, r_2 und r_3 sind.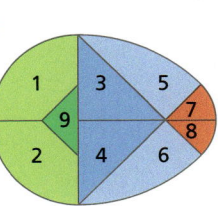

a) Zeichnet die neun Einzelteile farbig in euer
Koordinatensystem und berechnet die Flächeninhalte
der drei grünen, der vier blauen und der zwei roten Flächen.

b) Gebt den Flächeninhalt der Gesamtfläche an.

Zueinander ähnliche Figuren untersuchen

Nachschlagewerke sind wichtige Hilfsmittel, um Erklärungen für Fachbegriffe und Fremdwörter zu finden.

Ähnlichkeit

Deutsch

Ähnlichkeit (allgemein, Verbindung, Übereinstimmung)

Englisch	Französisch	Schwedisch
similarity (n)	affinité (n)	likhet (u) (n)

Ähnlichkeit, die

Wortart: Substantiv, feminin

Rechtschreibung   **Worttrennung:** Ähn|lich|keit

Bedeutung   ähnliches Aussehen, ähnlicher Zug

Grammatik

	Singular	Plural
Nominativ	die Ähnlichkeit	die Ähnlich...
Genitiv	der Ähnlichkeit	der Ähnlic...
Dativ	der Ähnlichkeit	den Ähnli...
Akkusativ	die Ähnlichkeit	die Ähnlichkeiten

Ähnlichkeit

Analogie, Entsprechung, Gleichartigkeit, Vergleichbarkeit

Gleichheit, Identität, Übereinstimmung

Ebenbild, Pendant, Wesenseinheit

Verwandtschaft, Verwandtsein, Gemeinsamkeit

Vergleicht die drei Beispiele miteinander. Welche Nachschlagewerke wurden hier verwendet?

Modelle bauen ...
Mit einem „Tellurium" lassen sich
Bewegungsvorgänge von Erde und
Mond veranschaulichen.
Beschreibt andere Modelle und erläutert
jeweils, wozu sie dienen können.

Werkzeuge nutzen ...
Proportionalzirkel und Messkeile
sind nützliche Werkzeuge.
Informiert euch über
deren Einsatzmöglichkeiten.
Welcher mathematische
Zusammenhang wird bei
beiden Geräten genutzt?

📖 Kannst du das?

Ausgewählte Eigenschaften geometrischer Figuren untersuchen

Du kannst jedes Vieleck (n-Eck) in Dreiecke zerlegen.

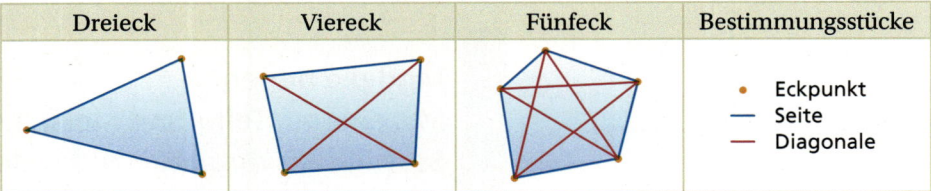

Dreieck	Viereck	Fünfeck	Bestimmungsstücke
			● Eckpunkt — Seite — Diagonale

Figuren, die sich beim Spiegeln an einer Achse auf sich selbst abbilden lassen, heißen achsensymmetrische Figuren. Die Achse heißt Symmetrieachse.

Gleichschenkliges Trapez	Drachenviereck	Kreis	Vieleck

Zueinander kongruente Figuren untersuchen

Beim Verschieben, Spiegeln und Drehen entstehen zueinander kongruente (deckungsgleiche) Figuren.
Durch Anwenden der Kongruenzsätze für Dreiecke lässt sich zeigen (nachweisen), dass die Diagonalen in Parallelogrammen einander immer halbieren.

Beispiel

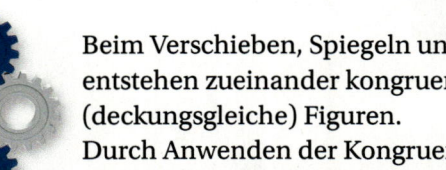

Voraussetzung: ABCD ist ein Parallelogramm mit den Diagonalen $\overline{AC}$ und $\overline{BD}$.

Behauptung: $\overline{AS} = \overline{CS}$ und $\overline{DS} = \overline{BS}$

Beweis: $\overline{AB} = \overline{CD}$ (Gegenseiten im Parallelogramm)

        $\sphericalangle DBA = \sphericalangle BDC$ (Wechselwinkel an geschnittenen Parallelen)

        $\sphericalangle CAB = \sphericalangle ACD$ (Wechselwinkel an geschnittenen Parallelen)

        $\triangle ABS \cong \triangle CDS$ (Kongruenzsatz wsw)

        $\overline{AS} = \overline{CS}$ und $\overline{DS} = \overline{BS}$ (Kongruenz der Dreiecke ABS und CDS)

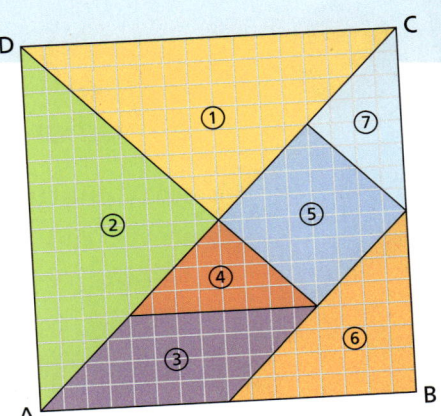

Aufgaben

1 Übertrage die gegebene Tangramfigur auf
Zeichenkarton. Die Seitenlänge des
Quadrats ABCD soll 8 cm betragen.
a) Untersuche die Teilfiguren sowohl auf
Symmetrie als auch auf Kongruenz.
b) Schneide die Tangramteile aus und lege aus
ihnen eine neue symmetrische Figur. ✪

2 Prüfe und begründe, welche der folgenden Aussagen wahr sind: ✪
a) Alle Quadrate mit gleichem Umfang sind zueinander kongruent.
b) Es gibt zueinander kongruente Rechtecke mit gleichem Flächeninhalt.
c) Diagonalen in Rhomben bilden vier zueinander kongruente Dreiecke.

3 Trage die gegebenen Punkte in ein Koordinatensystem ein, führe
die Bewegungen aus und gib die Koordinaten der Bildpunkte an.
a) Spiegele △ ABC mit A(5; 2), B(1; 4), C(1; 1) an der x-Achse.
b) Spiegele △ DEF mit D(–2; 1), E(–2; –2), F(0; 1) an der Geraden x = 1.
c) Verschiebe das Viereck GHIJ mit G (–4; –2), H(–1; –2), I(–1; 2), J(–4; 2)
um $\overrightarrow{PQ}$ mit P(0; 0) und Q (1; 3).

4 Untersuche die abgebildeten Figurenpaare auf Kongruenz. ✪
a)  b)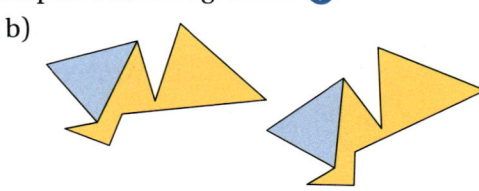

5 Konstruiere ein Dreieck ABC mit a = 3 cm, b = 4 cm und c = 5 cm.
a) Begründe, warum das Dreieck rechtwinklig ist.
b) Berechne den Umfang und den Flächeninhalt des Dreiecks.
c) Ergänze die Kathetenquadrate CBDE und ACFG und das
Hypotenusenquadrat ABHI.
d) Verbinde die Punkte E und F so, dass ein Dreieck zwischen
den Kathetenquadraten entsteht.
*e) Zeige, dass die Dreiecke ABC und EFC zueinander kongruent sind.

Eigenschaften zueinander ähnlicher Figuren erkennen

Im Miniaturenpark „Kleiner Harz" in Wernigerode gibt es viele Miniaturen bekannter Bauwerke.

Schätzt, in welchem Maßstab die Miniaturkirche gebaut ist.

Ähnlichkeit an Beispielen erklären

Sind bei zwei Figuren F_1 und F_2 die Quotienten aus einander zugehörigen Strecken immer gleich, so sind F_1 und F_2 formgleich.

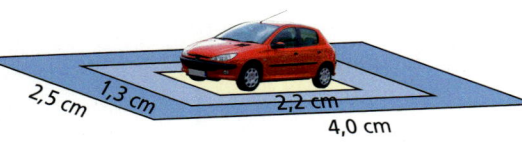

2,5 cm · 1,3 cm · 2,2 cm · 4,0 cm

Für die beiden Rechtecke in der Abbildung gilt: $\frac{1,3\text{ cm}}{2,5\text{ cm}} \approx 0{,}5$ und $\frac{2,2\text{ cm}}{4,0\text{ cm}} \approx 0{,}5$

> F_1 und F_2 heißen **zueinander ähnlich**, wenn sie die *gleiche* Form haben.
> *Kurzschreibweise:* $F_1 \sim F_2$
> *Es gilt:*
> - Sind in F_1 Geraden zueinander parallel, sind es auch die entsprechenden Geraden in F_2.
> - Einander entsprechende Winkel in F_1 und in F_2 sind gleich groß.
> - $\dfrac{\text{Bildstreckenlänge}}{\text{Originalstreckenlänge}} = k$ $\dfrac{\text{Bildflächeninhalt}}{\text{Originalflächeninhalt}} = k^2$
> - Für $k = 1$ sind F_1 und F_2 zueinander kongruent.

Maßstäbe ermitteln

Beim Vergrößern und Verkleinern von Figuren entstehen zueinander ähnliche Figuren.

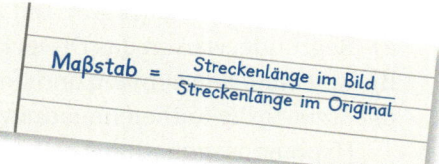

Maßstab = $\dfrac{\text{Streckenlänge im Bild}}{\text{Streckenlänge im Original}}$

Beim **Vergrößern** ist der Maßstab **größer als eins ($k > 1$)**.
Beim **Verkleinern** ist der Maßstab **kleiner als eins ($k < 1$)**.

Aufgaben

1 Entscheide und begründe, welche der Figuren zueinander ähnlich sind.

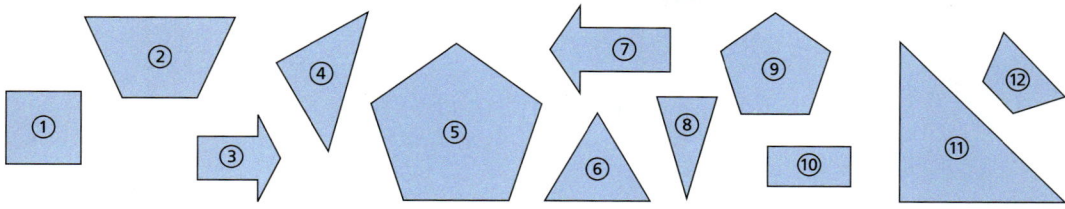

2 Zeichne folgende Punkte in ein Koordinatensystem:
① A(−4; −2), B(−4; 1), C(0; 1)   ② D(0; 0), E(0; 5), F(2; 1), G(2; 4)
③ H(−6; 0), I(−1; −4), J(4; 0), K(−1; 4)
a) Verbinde die Punkte jeweils zu einer geometrischen Figur.
b) Gib jeweils die Eckpunkte einer dazu ähnlichen Figur an.

3 Entscheide, welche Aussagen zutreffen. ✿
a) Alle Quadrate sind zueinander ähnlich.
b) Es gibt zueinander ähnliche Drachenvierecke.
c) Das Bild eines Kreises mit dem Radius r ist ein Kreis mit $r' = k \cdot r$

4 Ordne richtig zu.

5 Übertrage die Tabelle ins Heft und fülle sie aus. 🔍
a) Für Quadrate:

k	Seitenlänge		Flächeninhalt	
	Original	Bild	Original	Bild
	5 cm	2,5 cm		
2				36 cm²
	8 cm		144 cm²	

b) Für Kreise:

k	Durchmesser		Flächeninhalt	
	Original	Bild	Original	Bild
2	5 m			
			3,14 m²	0,19 m²
		4 m	28,27 m²	

*6 Ermittle mit den Angaben in einem Atlas, wie weit Berlin in Wirklichkeit von anderen europäischen Hauptstädten entfernt ist. ✿

Zentrische Streckungen durchführen

Rechts im Bild entsteht beim Schneiden ein Kreis.

Prüfe zeichnerisch, wann die Kreisfläche halb so groß wie die Grundfläche des Kegels wird.

Eigenschaften zentrischer Streckungen

Bei einer zentrischen Streckung mit dem **Streckungszentrum Z** und dem Streckungsfaktor k (k > 0) wird jedem Originalpunkt P ein Bildpunkt P' zugeordnet.

Der **Streckungsfaktor k** bestimmt das **Verhältnis der Bild- zu den Originalstrecken.**

Für zentrische Streckungen gilt:

0 < k < 1	k = 1	k > 1
Das Bild ist kleiner als das Original.	Bild und Original sind gleich groß.	Das Bild ist größer als das Original.

Weitere Eigenschaften zentrischer Streckungen:
– Bildpunkte liegen auf Strahlen vom Streckungszentrum zu Originalpunkten.
– Originalstrecken und zugehörige Bildstrecken sind jeweils zueinander parallel.
– Die Bildstreckenlängen betragen das k-Fache der Originalstreckenlängen.
– Die Flächeninhalte der Bildfiguren betragen das k^2-Fache der Flächeninhalte der Originalfiguren.

Und was ist dann das Original?

Mit einem Pantograf, auch Storchenschnabel genannt, lassen sich Zeichnungen vergrößern oder verkleinern.

Zueinander ähnliche Figuren durch zentrische Streckungen erzeugen

Gesucht ist der Bildpunkt eines gegebenen Punktes, wenn von einer zentrischen Streckung das Streckungszentrum, ein Originalpunkt und der zugehörige Bildpunkt vorgegeben sind.

Beispiel

Punkt P' ist Bildpunkt von Punkt P bei der zentrischen Streckung mit dem Punkt Z als Streckungszentrum. Konstruiere das Bild vom Punkt Q bei der gleichen zentrischen Streckung.

Konstruktion:

1. Ich zeichne durch Z und P den Strahl $\overline{ZP}$ und durch Z und Q den Strahl $\overline{ZQ}$.
2. Ich zeichne die Strecke $\overline{PQ}$.
3. Ich zeichne zu $\overline{PQ}$ eine Parallele durch P'.
4. Die Parallele schneidet den Strahl $\overline{ZQ}$ im Punkt Q'.
5. Der Punkt Q' ist der gesuchte Punkt.

Es sollen Figuren mit vorgegebenen Eigenschaften durch eine zentrische Streckung konstruiert werden.

Beispiel

Konstruiere zu einem gleichseitigen Dreieck ABC mit einer Seitenlänge a = b = c = 6 cm ein einbeschriebenes Rechteck DEFG mit einem Seitenverhältnis von 2 : 1.

Konstruktion:

1. Ich zeichne das Dreieck ABC.
2. Ich zeichne den Mittelpunkt M von $\overline{AB}$ durch Einzeichnen der Höhe h_c.
3. Ich zeichne auf $\overline{AB}$ ein 2 cm breites und 1 cm hohes Rechteck mit der Symmetrieachse h_c.
4. Ich zeichne die Strahlen $\overline{MG_1}$ und $\overline{MF_1}$ und benenne die Schnittpunkte mit den Seiten $\overline{BC}$ und $\overline{AC}$ des Dreicks ABC mit F und G.
5. Ich fälle die Lote von F und G auf $\overline{AB}$ und benenne die Schnittpunkte mit $\overline{AB}$ mit D und E.
6. Das Rechteck DEFG ist das gesuchte Rechteck.

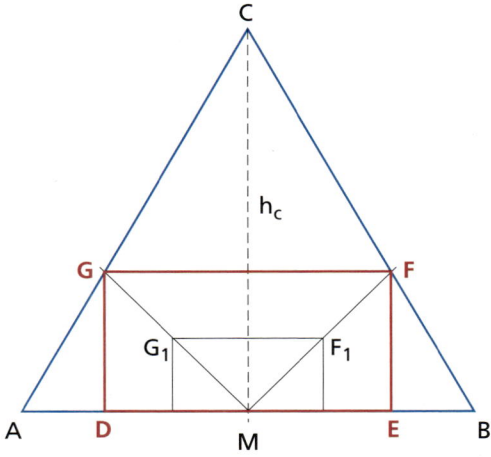

Aufgaben

1 Trage folgende Punkte in ein rechtwinkliges Koordinatensystem ein und gib den Streckungsfaktor k für die zentrische Streckung an:

a) *Streckungszentrum:* Z(1; 1)   *Originalpunkte:*   A(4; 1), B(3; 3)
                                    Bildpunkte: A'(7; 1) und B'(5; 5)

b) *Streckungszentrum:* Z(3; 3)   *Originalpunkte:*   A(0; 0), B(4,5; 0)
                                    Bildpunkte: A'(1; 1) und B'(4; 1)

2 Ordne die Begriffe „Kongruenz", „Verkleinerung" und „Vergrößerung" den folgenden Streckungsfaktoren richtig zu:

$$k = 2 \qquad k = 1{,}5 \qquad k = \frac{2}{3} \qquad k = 1 \qquad k = 3\frac{1}{2} \qquad k = \frac{5}{2}$$

3 Zeichne ein rechtwinkliges Dreieck ABC mit $\gamma = 90°$, $\overline{AB} = 5$ cm und $\overline{AC} = 3$ cm.

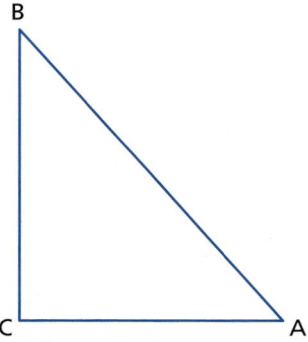

a) Verwende zuerst A als Streckungszentrum und strecke $\triangle$ ABC mit k = 2. Verwende dann C als Streckungszentrum und strecke $\triangle$ ABC mit $k = \frac{1}{2}$.

*b) Tina behauptet, dass sich die Flächeninhalte der beiden Bilddreiecke wie 1 : 4 verhalten. Entscheide und begründe, ob Tina recht hat. ✪

4 a) Zeichne ein Quadrat ABCD mit $a = \overline{AB} = 6$ cm und konstruiere die Mittelpunkte der Quadratseiten. Führe dann von jedem Mittelpunkt als Streckungszentrum eine zentrische Streckung mit $k = \frac{1}{3}$ durch.

*b) Prüfe und begründe, ob die Bildquadrate bei einem Ausgangsquadrat mit einer Seitenlänge von $a = 8$ cm und einem Streckungsfaktor $k = \frac{1}{2}$ genauso groß sind wie die Bildquadrate bei Aufgabe a. ✪

5 Übertrage die Tabelle ins Heft und fülle sie vollständig aus. 🔍

k	a	a'	b	b'	A	A'
2	1 cm		$\frac{1}{2}$ cm			
$\frac{3}{4}$	4 cm			16 cm^2		
		2 cm		5 cm	0,1 dm^2	

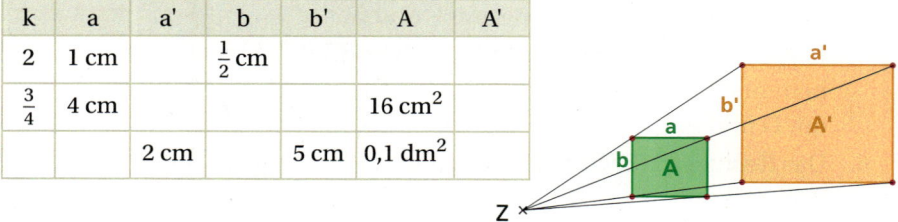

6 Bei folgender zentrischer Streckung ist etwas durcheinandergeraten:

① 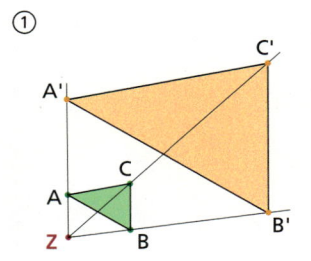   ② 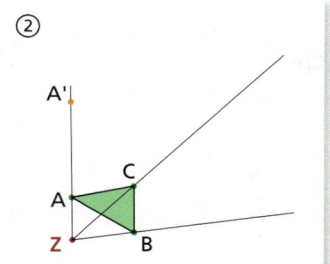   ③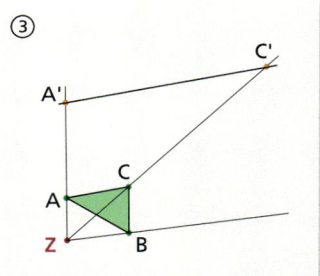

     a) Bringe die Bilder in die richtige Reihenfolge.
     b) Formuliere eine Konstruktionsbeschreibung.

7 Jonas hält in einer Vollmondnacht eine Münze so weit von
seinem Auge entfernt, dass die gesamte Mondfläche genau
von der Münze abgedeckt ist. 👥 ✦

     a) Fertigt eine Skizze an. Erläutert, welche geometrischen
        Zusammenhänge bei diesem Experiment gelten.
     b) Führt das Experiment mit einer 2-Euro-Münze und mit
        einer 2-Cent-Münze durch. Ermittelt jeweils den Abstand,
        den das Geldstück von eurem Auge hat.
     c) Vergleicht und erläutert eure Messergebnisse.

8 Digitalkameras sind heute ganz selbstverständlich. Am Anfang eines weiten
Weges der Fotografie stand die sogenannte „Camera obscura".

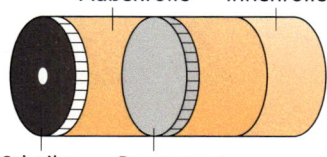

Außenrolle   Innenrolle

     a) Recherchiert im Internet und in Nachschlagewerken,
        wie eine Camera obscura funktioniert. 👥
     b) Bereitet einen Vortrag über die Funktionsweise
        einer solchen Kamera vor. 👥 ✦
     c) Fertigt eine solche Kamera an. 👥 🔍

Scheibe   Pergament-
mit Loch   papier

9 Eine Wandfläche soll mit Figuren bemalt werden. Dazu sollen die Umrisse
der Figuren mit einem Tageslichtprojektor vergrößert werden.

     a) Beschreibt, wozu ein Tageslichtprojektor verwendet wird. 👥
     b) Fertigt Schablonen unterschiedlicher Größe an und
        untersucht den Zusammenhang von Original- und
        Bildgröße eurer Motive in Abhängigkeit vom Abstand
        des Projektors von der Tafelfläche.
     *c) Mit welchem Streckungsfaktor kann die 20 cm hohe
        Schablone eines Baumes maximal vergrößert werden,
        wenn die qudratische Tafelfläche 1 m² beträgt? ✦

Zueinander ähnliche Dreiecke untersuchen

Falte ein Quadrat wie im Bild. Schneide dann die drei hervorgehobenen Dreiecke ab und lege sie übereinander.

Welche Besonderheiten haben die Dreiecke?

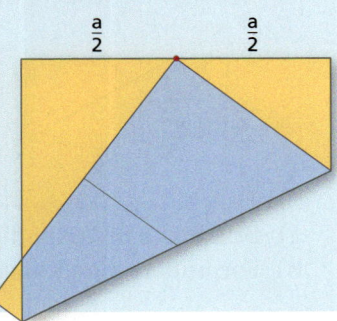

Zueinander **ähnliche Figuren** haben die gleiche Form. Sie sind **formgleich**.

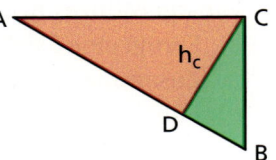

Beispiel

Die Höhe h_c teilt das rechtwinklige Dreieck ABC in die beiden Teildreiecke ADC und BCD.

Es gilt: △ ABC ~ △ CAD ~ △ BCD

Bei Ähnlichkeitsuntersuchungen sind nur wenige Überprüfungen notwendig.

> ● **Hauptähnlichkeitssatz**
> Zwei Dreiecke sind zueinander ähnlich, wenn sie in zwei Innenwinkeln übereinstimmen.

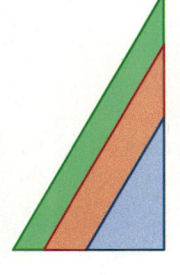

Zueinander ähnliche Dreiecke stimmen auch überein:

- in ihren drei Seitenverhältnissen,
- in den Verhältnissen zweier Seiten und dem eingeschlossenen Innenwinkel,
- im Verhältnis zweier Seiten und dem der größeren der Seiten gegenüberliegenden Innenwinkel.

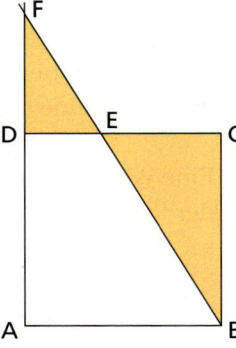

Beispiel

Im Quadrat ABCD liegt E auf $\overline{CD}$. Die Geraden BE und AD schneiden einander im Punkt F.

Quadratseiten sind zueinander senkrecht: ∡ FDE = ∡ BCE

∡ DEF und ∡ CEB sind Scheitelwinkel: ∡ DEF = ∡ CEB

△ DEF und △ CEB sind nach dem Hauptähnlichkeitssatz zueinander ähnlich.

Zueinander kongruente Figuren sind sowohl form- als auch flächengleich.

Aufgaben

1 In den folgenden beiden Figuren sind Teildreiecke erkennbar:

①

②

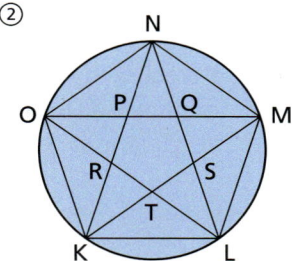

a) Gib in jeder Figur Dreiecke an, die zueinander ähnlich sind.
   Begründe immer durch Angeben von Paaren gleich großer Winkel.

b) Gib auch zueinander kongruente Figuren an. Begründe jeweils.

2 Trage die folgenden Punkte in ein gemeinsames Koordinatensystem ein:
A(0; −1), B(−2; −4), C(3; 2), D(2; 1), E(−2; 1), F(−2; −3), G(−1; −2),
H(2; −4), I(−1 ; −3) J(−3; 2), K(2; −3), L(1; 1), M(−3; −4), N(1; 0),
O(−1; 1), P(1; −3), Q(1; 2), R(−1; 2), S(−1; −4), T(1; −4), U(−2; 2),
V(2; 2), W(3; −4), X(1; −2), Y(−1; 0), Z(0; 3)

a) Markiere die Dreiecke △ RQL; △ JRG; △ MSG; △ FPX; △ STI und △ IKD.

b) Gib die Koordinaten von Dreiecken an, die zu △ RQL kongruent sind.

c) Prüfe und entscheide, welche der folgenden Dreiecke zu △ RQL ähnlich
   sind: △ JRG; △ MSG; △ FPX; △ STI und △ IKD

d) Gib gleichschenklige Dreiecke an, die zueinander kongruent sind.

e) Gib gleichschenklige Dreiecke an, die zueinander ähnlich sind.

3 Die beiden Dreiecke ACE und BCD sind zueinander ähnlich.

a) Zeichne die Figur mit folgenden Maßen in dein Heft:
   $\overline{AB}$ = 1,5 cm; $\overline{BC}$ = 3,5 cm; $\overline{CD}$ = 2,5 cm; $\overline{BD}$ = 3,0 cm

b) Kennzeichne gleich große Winkel mit gleicher Farbe.

c) Bilde folgende Streckenverhältnisse und
   vergleiche die Ergebnisse:

   ① $\dfrac{\overline{AC}}{\overline{BC}}$; $\dfrac{\overline{CE}}{\overline{DC}}$; $\dfrac{\overline{AE}}{\overline{BD}}$ ② $\dfrac{\overline{BC}}{\overline{CD}}$; $\dfrac{\overline{AC}}{\overline{CE}}$; $\dfrac{\overline{AB}}{\overline{AE}}$

*d) Tim hat einen Lösungsvorschlag
   zum Berechnen der Strecke $\overline{ED}$
   ausgearbeitet.
   Bewerte Tims Vorschlag.

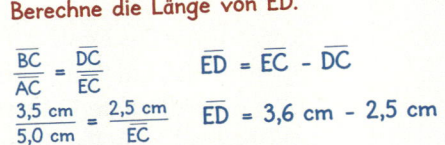

Berechne die Länge von $\overline{ED}$.

$\dfrac{\overline{BC}}{\overline{AC}} = \dfrac{\overline{DC}}{\overline{EC}}$ $\overline{ED} = \overline{EC} - \overline{DC}$

$\dfrac{3,5 \text{ cm}}{5,0 \text{ cm}} = \dfrac{2,5 \text{ cm}}{\overline{EC}}$ $\overline{ED}$ = 3,6 cm − 2,5 cm

$\overline{EC}$ = 3,6 cm $\overline{ED}$ = 1,1 cm

4 Zeichne die beiden rechtwinkligen Dreiecke mit den angegebenen Maßen in dein Heft.

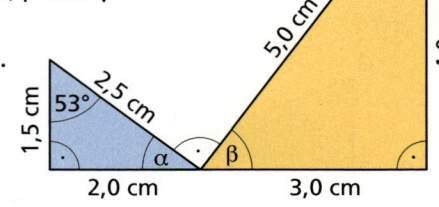

a) Berechne die Größen der Winkel α, β und γ.

b) Prüfe und begründe, ob beide Dreiecke zueinander ähnlich sind.

c) Berechne die Flächeninhalte der beiden Dreiecke und vergleiche sie miteinander. 🔍

Wie war gleich der Innenwinkelsatz für rechtwinklige Dreiecke?

5 Zeichne ein rechtwinkliges Dreieck mit 6 cm und 8 cm langen Katheten.

a) Berechne, wie lang die Hypotenuse des Dreiecks ist, und vergleiche dein Ergebnis mit der Länge der Hypotenuse in deiner Zeichnung.

b) Zeichne in das Dreieck die Höhe zur Hypotenuse ein.

c) Berechne die Flächeninhalte der beiden bei b entstandenen Dreiecke.

6 Zeichne ein Dreieck KLM mit $\overline{LM} = \overline{KM} = 2 \cdot \overline{KL}$.

a) Gib die Dreiecksart von △ KLM an.

*b) Prüfe und begründe, ob △ KLM zu allen gleichschenkligen Dreiecken ähnlich ist.

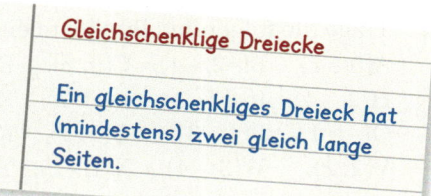

Gleichschenklige Dreiecke

Ein gleichschenkliges Dreieck hat (mindestens) zwei gleich lange Seiten.

7 Die Abbildung zeigt ein Quadrat ABCD und ein Rechteck KLMN.

a) Übertrage die Abbildung in dein Heft mit $\overline{AB} = 5{,}0$ cm und $\overline{LB} = 2{,}5$ cm.

b) Entscheide, welche der folgenden Gleichungen für $\overline{AL}$ zutrifft:

① $\overline{AL} = \frac{1}{2}a\sqrt{5}$ ② $\overline{AL} = \frac{1}{2}a$ ③ $\overline{AL} = \sqrt{a^2(1 + \frac{1}{4})}$

c) Berechne, welchen Anteil die Fläche des blauen Rechtecks an der Fläche des Quadrats ABCD hat. Gib den Anteil in Prozent an.

*d) Begründe, warum die Dreiecke zueinander ähnlich sind.

8 Konstruiere das Dreieck ABC mit $\overline{AB} = 5$ cm, $\overline{AC} = 5$ cm und $α = 60°$.

a) Fälle das Lot von C auf $\overline{AB}$. Der Fußpunkt des Lotes sei D.

b) Konstruiere den Mittelpunkt M der Seite $\overline{BC}$.

c) Zeichne eine Parallele zu $\overline{CD}$ durch M. Der Schnittpunkt mit $\overline{AB}$ sei N.

*d) Zeige, dass die Dreiecke DBC und NBM zueinander ähnlich sind.

*e) Der Punkt N teilt die Strecke $\overline{AB}$. Gib an, in welchem Verhältnis.

9 Falte ein DIN-A4-Blatt entlang einer Diagonalen ① und dazu entlang der Lote von den beiden anderen Eckpunkten auf diese Diagonale ② und ③.

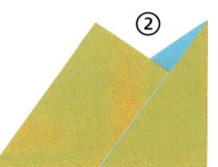

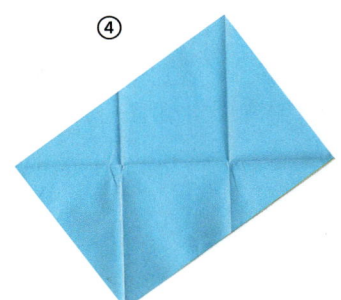

  a) Kennzeichne zueinander kongruente Figuren.

  *b) Prüfe und begründe, ob alle so erzeugten rechtwinkligen Dreiecke zueinander ähnlich sind.

10 Zeichne in ein Koordinatensystem die Punkte A(−2; 2), B (3; 2) und D(−2; 5).

  a) Gib Koordinaten eines möglichen Punktes C so an, dass das Viereck ABCD mit $\overline{AB} \parallel \overline{CD}$ ein Trapez ist.

  b) Zeichne ein solches Trapez mit seinen Diagonalen und benenne den Diagonalenschnittpunkt M.

  c) Zeige, dass die Dreiecke ABM und CDM zueinander ähnlich sind.

  d) Verändere die Koordinaten von C so, dass die beiden Dreiecke ABM und BDM zueinander kongruent sind. Gib die Koordinaten von C an.

11 In einem Internetforum bittet Lilly um Hilfe. Als Tipp bekommt sie den Hinweis auf die Mittelsenkrechten zu $\overline{AE}$ und $\overline{CF}$ sowie die abgebildete Zeichnung.

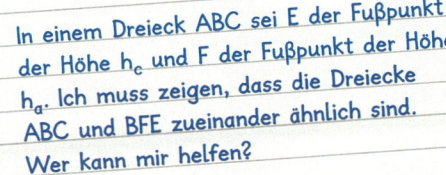

In einem Dreieck ABC sei E der Fußpunkt der Höhe h_c und F der Fußpunkt der Höhe h_a. Ich muss zeigen, dass die Dreiecke ABC und BFE zueinander ähnlich sind. Wer kann mir helfen?

  a) Werte folgende Aussagen:
- Die eingezeichneten Mittelsenkrechten schneiden einander im Punkt M.
- Es gilt: $\overline{MA} = \overline{ME} = \overline{MF} = \overline{MC}$
- Für das Dreieck AEC gilt der Satz des Thales.
- Die Streckenverhältnisse $\dfrac{\overline{AB}}{\overline{BC}}$ und $\dfrac{\overline{BF}}{\overline{BE}}$ sind gleich.

  *b) Stelle Formeln zur Berechnung des Flächeninhalts von △ ABC und zur Berechnung von $\overline{AF}$ auf. Überlege, ob es mehrere Möglichkeiten gibt.

  *c) Was würdest du Lilly raten?

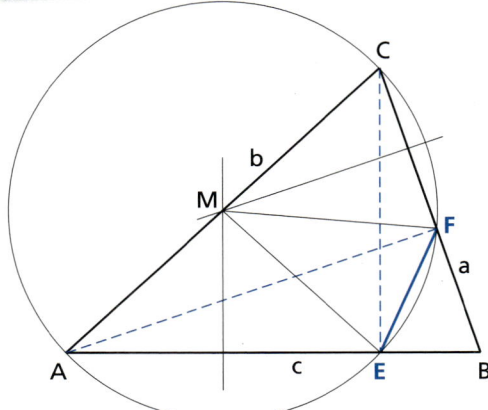

Zeichnungen und Berechnungen unter Nutzung der Ähnlichkeit

Mit Pantografen lassen sich Verkleinerungen und Vergrößerungen erzeugen, mit Lupen nur Vergrößerungen.

Erläutere, warum das so ist.

Zueinander ähnliche Figuren können durch maßstäbliche Vergrößerungen und Verkleinerungen erzeugt werden.

Sierpinski-Dreieck

Beispiel

– Beim Sierpinski-Dreieck entstehen zueinander ähnliche Teilfiguren durch Halbieren der Ausgangsfiguren.
– Schon Albrecht Dürer benutzte zum Zeichnen einen Gitterrahmen.

Bei zentrischen Streckungen sind die Streckenverhältnisse zueinandergehörender Streckenabschnitte gleich groß.

Die beiden Dreiecke ABE und ACD sind zueinander ähnlich.

△ ABE	△ ACD	Zentrische Streckung
$\dfrac{\overline{AB}}{\overline{AE}}$	$\dfrac{\overline{AC}}{\overline{AD}}$	
$\dfrac{\overline{AB}}{\overline{BE}}$	$\dfrac{\overline{AC}}{\overline{CD}}$	
$\dfrac{\overline{AE}}{\overline{EB}}$	$\dfrac{\overline{AD}}{\overline{DC}}$	

Finde gültige Verhältnisgleichungen und löse diese.

Beispiel

Berechne die Länge von $\overline{AE}$.

$$\frac{\overline{AE}}{\overline{AB}} = \frac{\overline{AD}}{\overline{AC}} \quad \Rightarrow \quad \frac{\overline{AE}}{4\ \text{cm}} = \frac{9\ \text{cm}}{6\ \text{cm}}$$

$$\overline{AE} = \frac{9\ \text{cm} \cdot 4\ \text{cm}}{6\ \text{cm}} = 6\ \text{cm}$$

Antwort: $\overline{AE}$ hat eine Länge von 6 cm.

$\overline{AD}$ = 9 cm
$\overline{AB}$ = 4 cm
$\overline{BC}$ = 2 cm

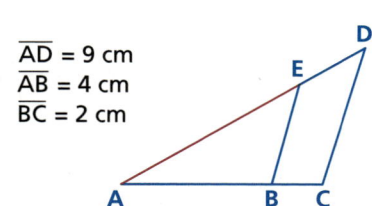

Aufgaben

1 Zeichne ein Rechteck mit der Länge x und der Breite y.
Zeichne dazu ähnliche Rechtecke im Maßstab 1 : 3 und im Maßstab 3 : 1.
a) x = 3 cm und y = 6 cm   b) x = y = 4,5 cm   c) y = 2 · x

2 Berechne die Flächeninhalte der Figuren ①, ② und ③, wenn ein Kästchen
eine Seitenlänge von 0,5 cm hat. 🔍

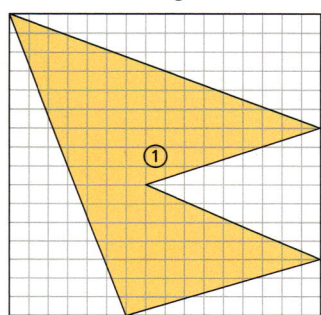
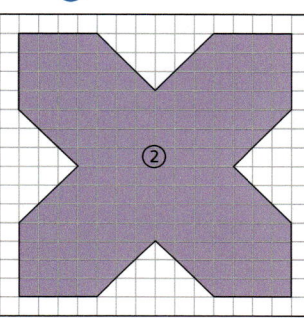
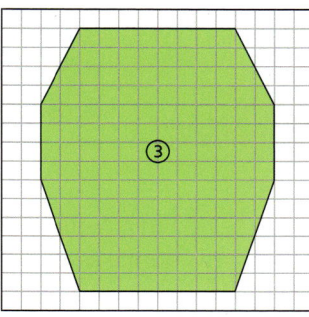

Verkleinere die Figur auf die Hälfte.   Zeichne eine doppelt so große Figur.   Zeichne im Maßstab 1 : 1,5.

3 a) Vergleiche die beiden Vierecke miteinander.
    Gib Gemeinsamkeiten und Unterschiede an.
  b) Bestimme den Streckungsfaktor k.
  c) Berechne drei Verhältnisse einander zugehöriger
    Strecken und vergleiche mit dem Streckungsfaktor.

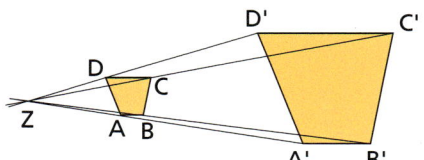

4 Stelle jede Verhältnisgleichung nach der rot gekennzeichneten Strecke um.
a) $\dfrac{\overline{AB}}{\overline{AE}} = \dfrac{\overline{AC}}{\overline{AD}}$ b) $\dfrac{\overline{AB}}{\overline{BE}} = \dfrac{\overline{AC}}{\overline{CD}}$ c) $\dfrac{\overline{BC}}{\overline{AB}} = \dfrac{\overline{ED}}{\overline{AE}}$ d) $\dfrac{\overline{CD}}{\overline{AD}} = \dfrac{\overline{BE}}{\overline{AE}}$

5 Ermittle zeichnerisch die Länge der markierten Strecke und prüfe dann
dein Messergebnis rechnerisch.
a)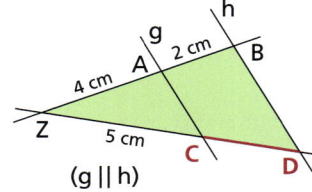

(g ∥ h)

b)

(a ∥ b)

*6 Bestimme die Höhe des Turms
für $\overline{ES}$ = 5 m und $\overline{ST}$ = 12 m
a) zeichnerisch,   b) rechnerisch.

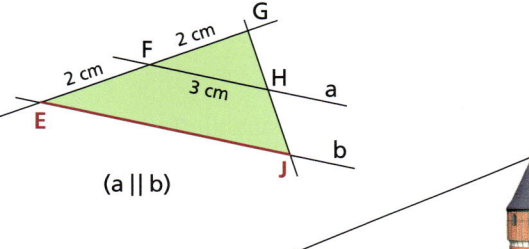

Gemischte Aufgaben

Informiere dich über den sogenannten „Daumensprung".

Erläutere, wozu er dient, und erkläre an einem Beispiel, wie er funktioniert.

1 Entscheide und begründe, ob die roten und die blauen Figuren zueinander ähnlich sind oder nicht.

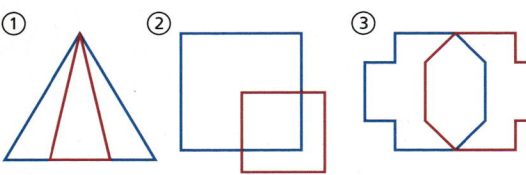

2 Zeichne ein Figurenpaar in dein Heft und prüfe es auf Ähnlichkeit.
   a) Ein Paar Kreise
   b) Ein Paar rechtwinklige Dreiecke
   c) Ein Paar Rechtecke
   d) Ein Paar Rhomben
   e) Ein Paar gleichschenklige Trapeze

3 Unter welchen Bedingungen sind alle in Aufgabe 2 genannten Figurenpaare zueinander ähnlich?

4 Ermittle mithilfe von Streckenverhältnissen den Streckungsfaktor k.

a)
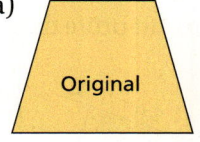

b)
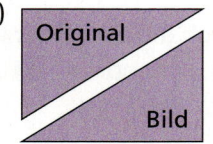

c)
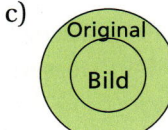

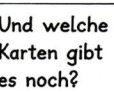
Und welche Karten gibt es noch?

5 Übertrage die Tabelle in dein Heft und fülle sie aus.

Typische Karte	Kartenstrecke	Naturstrecke	Maßstab
Weltatlas	4,2 cm		1 : 3 000 000
Autokarte	9,0 cm	36 km	
Wanderkarte		2 km	1 : 25 000
Gebäudeplan			1 : 1 000

6 Bilde mit den Bausteinen Aussagen, die für zentrische Streckungen gelten.

Original	Eine	gleiche Größe	parallel	Das	Bildstrecke	ist	k^2

Streckenverhältnis	zueinander parallel	gleich	ein	Bild	haben	und

Streckungsfaktor	Flächeninhalt	zueinander	Der	Quotient	k

7 Prüfe und begründe, ob bei der zentrischen Streckung mit dem Streckungszentrum Z und dem Streckungsfaktor k in einem Koordinatensystem
fehlerfrei gearbeitet wurde.
a) Z(3; 6),   k = 2,   A(3; 1),   B(8; 2),   A'(3; 3),   B'(5; 4)
b) Z(0,5; 0),   k = $\frac{1}{4}$,   A(0,5; 5),   B(3; 3),   A'(0,5; 2,5),   B'(1,75; 1,5)
c) Z(0; –2),   k = 1,5,   A(–3; 2),   B(0; 0),   A'(–4,5; 4),   B'(0; 1)

8 Zeichne ein Quadrat ABCD mit a = 8 cm.
a) Zeichne ein zweites Quadrat A'B'C'D', dessen Seitenlänge
   halb so groß ist wie die Seitenlänge beim Quadrat ABCD.
   Zeichne so, dass gilt: (1) A = A'   (2) B' liegt auf AB
b) Zeichne ein drittes Quadrat A"B"C"D" dessen Seitenlänge
   halb so groß ist wie die Seitenlänge beim Quadrat A'B'C'D'.
   Zeichne so, dass gilt: (1) A' = A"   (2) B" liegt auf A'B'
c) Zeige, dass die Quadrate die Bedingungen einer zentrischen Streckung
   erfüllen. Gib das Streckungszentrum und den Streckungsfaktor an.
d) Berechne den Flächeninhalt von jedem Quadrat. 🔍
*e) Gib eine Formel für die Summe der Flächeninhalte der drei Quadrate in
   Abhängigkeit von der Seitenlänge a an.

9 Zeichne einen Kreis um M mit r = 3 cm und einen
Punkt S, der von M einen Abstand von 6 cm hat.
a) Konstruiere eine Tangente t vom Punkt S an den Kreis.
   Benenne den Berührungspunkt der Tangente mit
   dem Kreis mit dem Buchstaben A.
*b) Entscheide und begründe, welche Dreiecksart △ AMS ist.
c) Zeichne weitere Kreise ein, die die gleiche Tangente t haben.

M ✕ - - - - - A

S ✕

Nachgefragt

1 Übertrage die Figuren ①, ② und ③
  in dreifacher Größe in dein Heft.
2 Schreibe einen mathematischen Steckbrief
  zum Drachenviereck.
3 Berechne die Abstände der Punkte A(2; 3),
  B(–4; 1) und C(–5; –2) zum Koordinatenursprung.

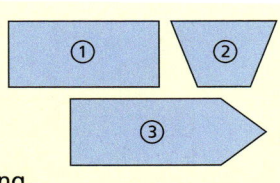

①   ②

③

10 Zeichne ein Dreieck ABC mit a = 10 cm, b = 6 cm und c = 8 cm.

a) Zeichne ein Quadrat DEFG mit einer Seitenlänge von a = 1 cm.
   Der Eckpunkt D soll dabei auf $\overline{AB}$ und der Eckpunkt G auf $\overline{AC}$ liegen.

b) Führe eine zentrische Streckung des Quadrats mit Z = A aus.
   Ermittle das größtmögliche Quadrat, dessen Eckpunkte alle auf den
   Dreiecksseiten liegen.

c) Zeige, dass die Dreiecke AEF und AE'F' zueinander ähnlich sind.

11 Entscheide und begründe, bei welcher der folgenden Figuren alle auf-
tretenden Dreiecke zueinander ähnlich sind und bei welcher nicht:

a) 　　b) 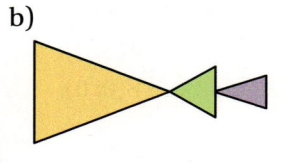　　c)

12 In den drei folgenden Abbildungen werden jeweils Strahlen mit gleichem
Anfangspunkt Z von parallelen Geraden geschnitten:

① 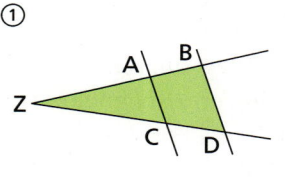　② 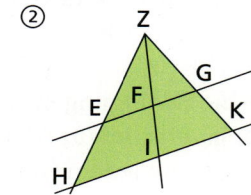　③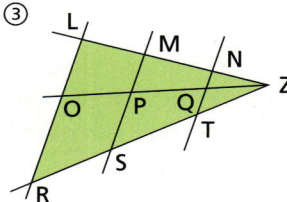

a) Entscheide in jeder der Figuren, welche Dreiecke
   zueinander ähnlich sind.

b) Setze in jede Gleichung für ⁇ einen Buchstaben (Eckpunkt) so ein,
   dass die Gleichungen für die drei Abbildungen zutreffen.
   Die eingesetzten Buchstaben bilden zusammen ein Lösungswort.

$$\frac{Z?}{ZK} = \frac{ZF}{ZI}; \quad \frac{ZF}{Z?} = \frac{ZI}{ZH}; \quad \frac{ZT}{ZR} = \frac{Z?}{ZL}; \quad \frac{ZE}{EH} = \frac{ZF}{?F}; \quad \frac{?C}{ZC} = \frac{BD}{ZD}; \quad \frac{ZM}{Z?} = \frac{ZP}{ZO}$$

13 Berechne die rot gekennzeichneten Streckenlängen. 🔍

a) 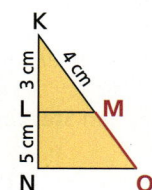　　b) 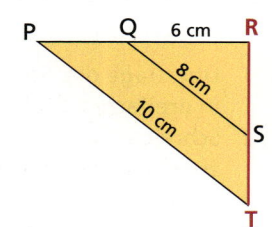　　c)

14 Über einen See soll eine Brücke gebaut werden.
Folgende Streckenlängen wurden gemessen:
$\overline{PA}$ = 85 m, $\overline{PB}$ = 100 m und $\overline{PD}$ = 210 m.

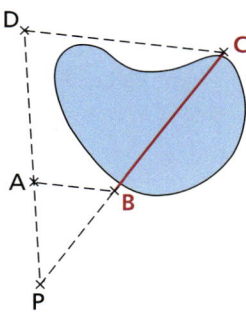

a) Welche Bedingung müssen $\overline{AB}$ und $\overline{CD}$ erfüllen, damit
die Dreiecke PAB und PDC zueinander ähnlich sind?
b) Fertige eine maßstabsgerechte Zeichnung an
und ermittle die Länge von $\overline{BC}$ zeichnerisch.
*c) Berechne, wie weit B und C voneinander entfernt sind. 🔍

*15 Lars meint, dass die Gleichung b : d = (a + x) : x
nur dann für die abgebildete Skizze gilt,
wenn b und d zueinander parallel sind.

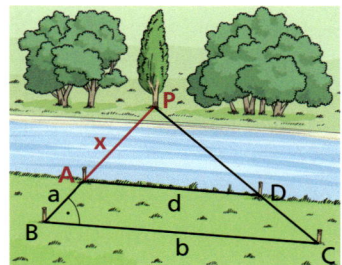

a) Begründe, warum Lars recht hat. 👥
b) Stelle die Gleichung nach x um und
berechne die Breite des Flusses für
a = 5 m, b = 22 m und d = 18 m. 🔍

16 Tischlermeister Holz soll Regale für ein Zimmer mit
einer Dachschräge bauen. Er schlägt das abgebildete
Regal mit den gegebenen Maßen vor.

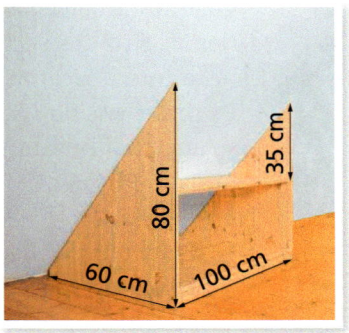

a) Fertige eine maßstabsgerechte Zeichnung
für die Seitenteile und für die beiden
Einlegeböden an.
b) Ermittle zeichnerisch, welchen Winkel die
Dachschräge zum Fußboden hat.
*c) Fertige eine maßstabsgerechte Zeichnung der
Seitenteile und der Einlegeböden für ein 60 cm
breites und 50 cm hohes Regal mit drei gleich weit voneinander entfern-
ten Einlegeböden an. Berechne, wie tief jeder Einlegeboden sein muss. 🔍

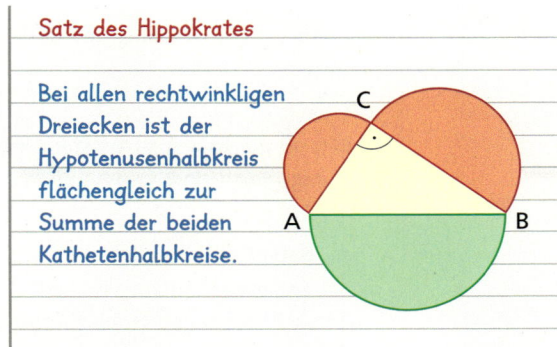

Satz des Hippokrates

Bei allen rechtwinkligen
Dreiecken ist der
Hypotenusenhalbkreis
flächengleich zur
Summe der beiden
Kathetenhalbkreise.

⊕ Wusstest du schon?

Betrachtungen zum Satz des Pythagoras

Ich habe einen Satz parat,
meint A-Quadrat zu B-Quadrat.
Gemeinsam mit dem gleichen Maß,
versprach uns der Pythagoras:
„Wer diesen Satz heut nicht mehr kennt,
der hat im Unterricht gepennt."

LEONARDO DA VINCI   ALBERT EINSTEIN

PYTHAGORAS VON SAMOS
(um 570 bis nach 510 v. Chr.)
gilt traditionell als Entdecker
des als Satz des Pythagoras
bekannten Zusammenhangs. Der Satz war aber schon viele Jahre vor
PYTHAGORAS den Babyloniern bekannt. Viele bekannte Persönlichkeiten,
so auch der berühmte Maler LEONARDO DA VINCI (1452 bis 1519)
und der Physiker ALBERT EINSTEIN (1879 bis 1955), zeigten seine Gültigkeit.

1 Zeigt die Gültigkeit des Satzes durch Zusammenlegen folgender Figuren.
Übertragt dazu die Figuren auf Kästchenpapier und schneidet sie aus. 👥

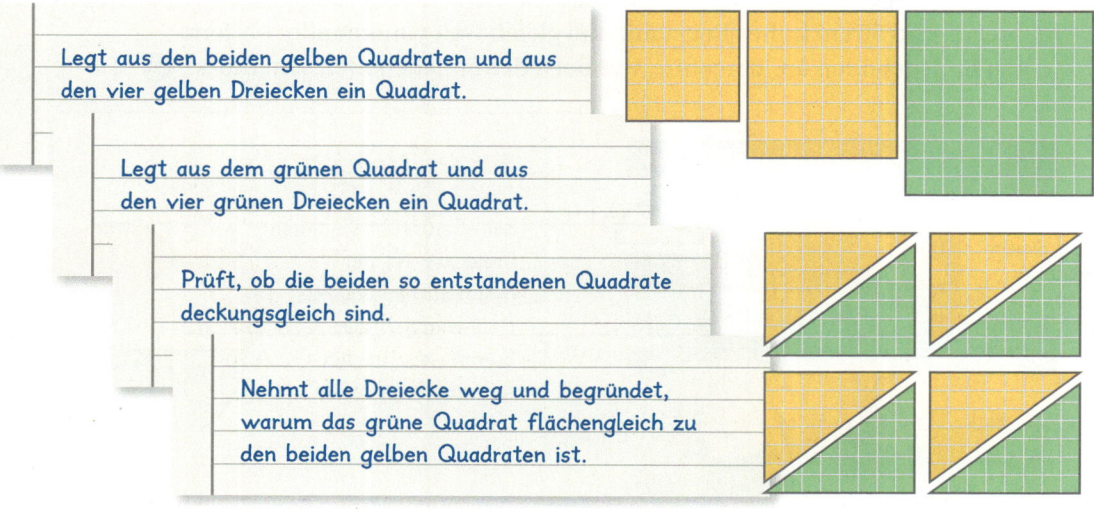

Legt aus den beiden gelben Quadraten und aus
den vier gelben Dreiecken ein Quadrat.

Legt aus dem grünen Quadrat und aus
den vier grünen Dreiecken ein Quadrat.

Prüft, ob die beiden so entstandenen Quadrate
deckungsgleich sind.

Nehmt alle Dreiecke weg und begründet,
warum das grüne Quadrat flächengleich zu
den beiden gelben Quadraten ist.

Die beiden abgebildeten Quadrate ① und ② haben gleiche Flächeninhalte, da ihre Seitenlängen gleich sind.

Es gilt:

$$A_1 = A_2$$
$$A_1 = (a + b)^2$$
$$A_2 = 4 \cdot \frac{a \cdot b}{2} + c^2$$

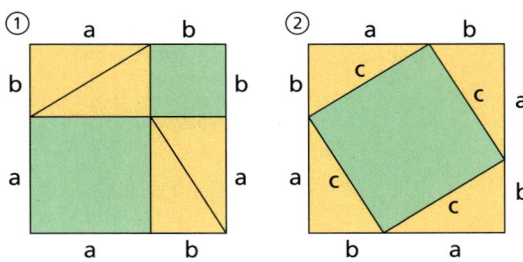

2 Setzt die Terme für A_1 und A_2 in die erste Gleichung ein und vereinfacht diese dann so weit wie möglich. Interpretiert euer Ergebnis.

Quadratwurzeln lassen sich sowohl rechnerisch als auch zeichnerisch ermitteln. Die beiden Planfiguren zeigen, wie ihr $\sqrt{2}$, $\sqrt{3}$, $\sqrt{4}$ und $\sqrt{5}$ zeichnerisch ermitteln könnt.

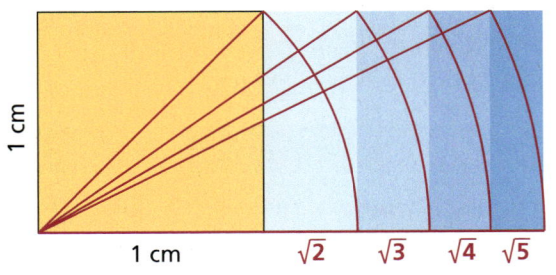

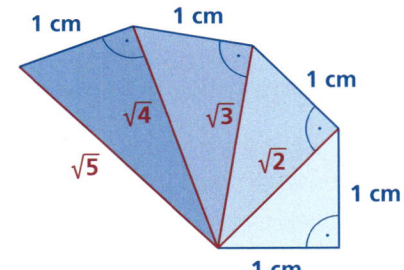

3 a) Ermittelt zeichnerisch die Quadratwurzeln $\sqrt{2}$, $\sqrt{3}$, $\sqrt{4}$ und $\sqrt{5}$, messt die zugehörigen Streckenlängen und vergleicht diese dann mit den Taschenrechnerergebnissen für diese Quadratwurzeln.

   b) Verwendet den Satz des Pythagoras und begründet eure Zeichnung.

4 Überlegt genau, welche Schritte beim zeichnerischen Ermitteln der Quadratwurzeln notwendig sind.
Beschreibt euer Vorgehen jeweils in einer Konstruktionsbeschreibung.

Das hast du gelernt

Eigenschaften zueinander ähnlicher Figuren

F_1 und F_2 sind zueinander ähnlich (formgleich), wenn sie durch maßstäbliche Vergrößerung oder Verkleinerung auseinander hervorgehen.

Es gilt:
- Jede Figur ist zu sich selbst ähnlich: $F_1 \sim F_1$
- Wenn $F_1 \sim F_2$, so gilt auch $F_2 \sim F_1$.
- Wenn $F_1 \sim F_2$ und $F_2 \sim F_3$, so gilt auch $F_1 \sim F_3$.

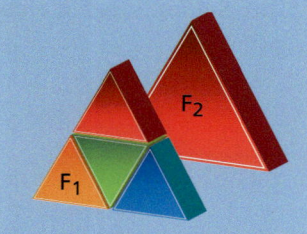

Kurz: $\quad F_1 \sim F_2$

Hauptähnlichkeitssatz für Dreiecke

Dreiecke sind zueinander ähnlich, wenn sie in **zwei Innenwinkeln** übereinstimmen.

(Der Kongruenzsatz wsw ist ein Spezialfall des Hauptähnlichkeitssatzes.)

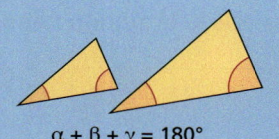

$\alpha + \beta + \gamma = 180°$

Eigenschaften zentrischer Streckungen

Bei einer **zentrischen Streckung** mit dem **Streckungszentrum Z** werden alle Strecken des Originals mit dem **Streckungsfaktor k** vergrößert oder verkleinert. Original und Bild sind zueinander ähnlich.

Vergrößerung (k > 1)	Kongruenz (k = 1)	Verkleinerung (k < 1)
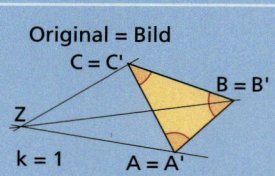		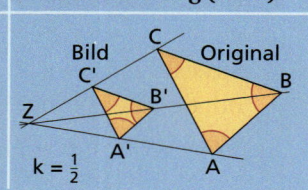

Es gilt:
- Zueinander parallele Geraden haben auch zueinander parallele Bildgeraden. (**Parallelentreue**)
- Zugehörige Winkel im Original und im Bild sind gleich groß. (**Winkeltreue**)
- *Für Strecken gilt:* $\quad a' = k \cdot a$
- *Für Flächeninhalte gilt:* $\quad A' = k^2 \cdot A$

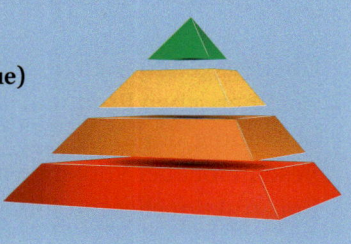

Teste dich selbst ②

1 Zeichne jede Figur sowohl halb so groß als auch 1,5-mal so groß ins Heft.

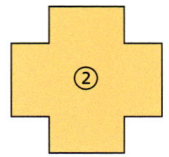
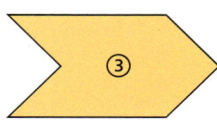

2 Entscheide, welche Aussage für zentrische Streckungen zutrifft.
   (1) Die Bilder zueinander paralleler Geraden sind auch parallele Geraden.
   (2) Das Bild eines Winkels ist stets halb so groß wie das Original.
   (3) Alle Verhältnisse von Bild- und Originalstrecken sind gleich groß.
   (4) Für die Flächeninhalte zentrisch gestreckter Figuren gilt: $A' = k^2 \cdot A$

3 Führe jeweils eine zentrische Streckung im Koordinatensystem durch.
   a) *Original:*   Dreieck ABC mit A(–4; 1), B(2; 5) und C(–3; 3)
      Streckungszentrum: Z(0; 0)
      Streckungsfaktor: k = 0,5
   b) *Original:*   Viereck DEFG mit D(–2; 2), E(–1; 1), F(1; 1), G(2; 2)
      Streckungszentrum: Z(0; 0)
      Streckungsfaktor: k = 2

4 Schreibe jeweils zwei gleich große Streckenverhältnisse auf.

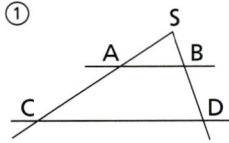
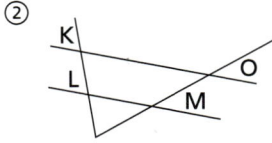
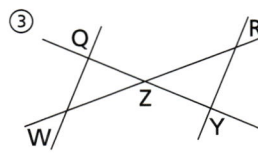

5 Formuliere den Hauptähnlichkeitssatz für Dreiecke mit Worten.

6 Begründe, warum die beiden abgebildeten Figuren nicht zueinander ähnlich sind.

7 a) Zeichne ein beliebiges rechtwinkliges Dreieck ABC mit γ = 90°.
   b) Fälle das Lot von C auf $\overline{AB}$. Bezeichne den Schnittpunkt mit $\overline{AB}$ mit D.
   c) Zeige, dass die beiden Dreiecke ABC und ADC zueinander ähnlich sind.

3 Trigonometrische Figuren untersuchen

Beim Ermitteln von Grundstücksgrenzen und im Schienen- bzw. Straßenbau sind Vermessungstechniker/-innen unerlässlich.

Informiert euch über den Beruf eines Vermessungstechnikers und beschreibt Einsatzgebiete und Arbeitsaufgaben.

Karten, Karten und nochmals Karten

Der Maßstab einer topografischen Karte beeinflusst ihre Nutzungsmöglichkeit. Ordnet jeder Karte eine typische Anwendung zu.

Maßstab

Genauigkeit

Größe

Auflösung

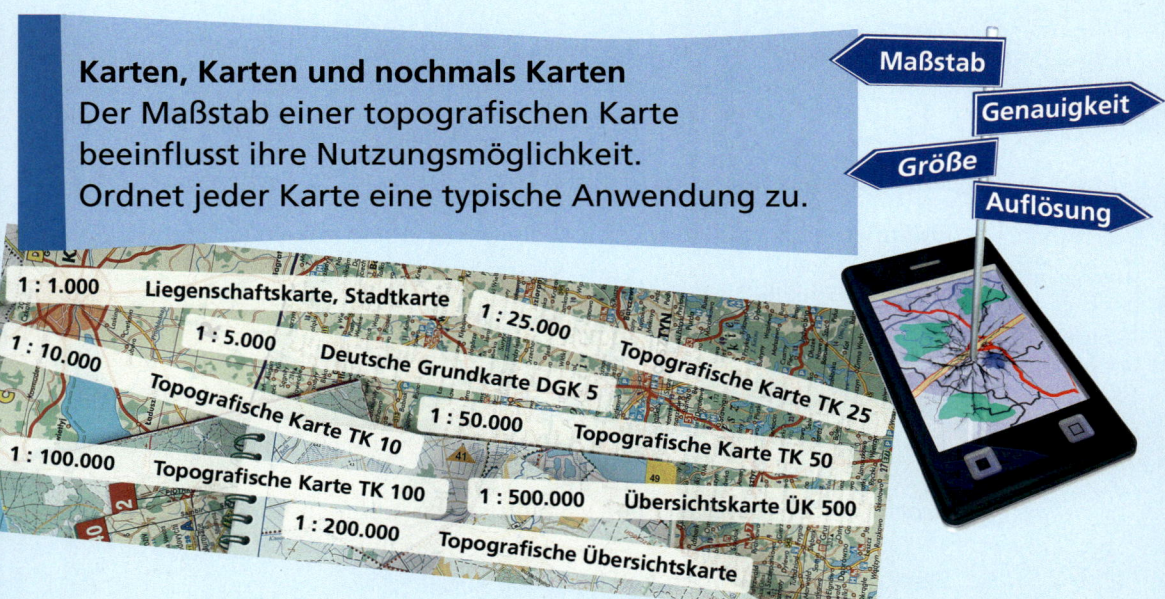

1 : 1.000	Liegenschaftskarte, Stadtkarte
1 : 5.000	
1 : 10.000	
1 : 25.000	Topografische Karte TK 25
	Deutsche Grundkarte DGK 5
	Topografische Karte TK 10
1 : 50.000	Topografische Karte TK 50
1 : 100.000	Topografische Karte TK 100
1 : 500.000	Übersichtskarte ÜK 500
1 : 200.000	Topografische Übersichtskarte

Lasst euch überraschen

Eselsbrücken helfen oft beim Einprägen von Fakten. Was hat die folgende Eselsbrücke mit trigonometrischen Beziehungen zu tun?

(Die Auflösung findet ihr auf den folgenden Seiten.)

Noch Fragen?

Gustav Hausers alte Hennen gackern abends.

Kannst du das?

Winkelarten

Unterscheide Winkel nach ihrer Größe. Gib Winkelgrößen in Grad an.

Für $\alpha = 0°$ heißt der Winkel Nullwinkel.

Spitzer Winkel	Rechter Winkel	Stumpfer Winkel	Gestreckter Winkel	Überstumpfer Winkel	Vollwinkel
$0 < \alpha < 90°$	$\alpha = 90°$	$90° < \alpha < 180°$	$\alpha = 180°$	$180° < \alpha < 360°$	$\alpha = 360°$

Dreiecksarten

Orientiere dich bei Dreiecken an Seiten und Innenwinkeln.

Unregelmäßig: $a \neq b \neq c$

Gleichseitig: $a = b = c$

Gleichschenklig: zwei gleich lange Seiten

Unterscheidung	Dreiecke		
	spitzwinklig	rechtwinklig	stumpfwinklig
nach Winkeln	alle Innenwinkel sind spitz	ein Innenwinkel beträgt 90°	ein Innenwinkel ist größer als 90°
nach Seiten	unregelmäßig, gleichschenklig, gleichseitig	unregelmäßig, gleichschenklig	

Beachte: Der längsten Seite liegt immer der größte Innenwinkel gegenüber.

Berechnen von Größen an Dreiecken

Für rechtwinklige Dreiecke ABC mit $\gamma = 90°$ gilt: $a^2 + b^2 = c^2$

	Formel	Dreieck
Innenwinkelsummensatz	$\alpha + \beta + \gamma = 180°$	
Umfang	$u = a + b + c$	
Flächeninhalt	$A = \frac{1}{2} \cdot c \cdot h_c$	

Wenn für die Seitenlängen eines Dreiecks die Gleichung $a^2 + b^2 = c^2$ gilt, dann ist das Dreieck rechtwinklig mit $\gamma = 90°$.

Beispiel

Berechne vom rechtwinkligen Dreieck ABC mit $\gamma = 90°$, $\overline{BC} = 2$ m und $\overline{AC} = 5$ m die Länge der Seite $\overline{AB}$, den Umfang u und den Flächeninhalt A.

Gesucht: c, u und A   *Gegeben:* a = 2 m, b = 5 m

Lösung: $c^2 = a^2 + b^2 \rightarrow c = \sqrt{a^2 + b^2} \rightarrow c = \sqrt{4\,m^2 + 25\,m^2} \approx 5{,}4$ m

$u = a + b + c \approx 12{,}4$ m $A = \frac{1}{2} \cdot a \cdot b = 5$ m^2

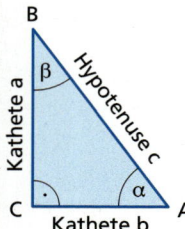

Aufgaben

1 Zeige, dass folgende Aussagen wahr sind:
  a) Rechtwinklige Dreiecke können nicht gleichseitig sein.
  b) Jedes rechtwinklige Dreieck hat zwei spitze Innenwinkel.
  c) In einem Dreieck mit $\gamma = 90°$ gilt $\alpha + \beta = 90°$.
  d) Es gibt keine stumpfwinkligen Dreiecke, die gleichseitig sind.

2 Gib alle Innenwinkelgrößen im Dreieck ABC an. Entscheide, welche Dreiecksart vorliegt. Unterscheide sowohl nach Seiten als auch nach Winkeln.

  a) Rechtwinkliges Dreieck ABC mit $\beta = 65°$
  b) Dreieck ABC mit $\gamma = 150°$ und $\alpha = 10°$
  c) Dreieck mit $\alpha = 80°$ und $\beta = 45°$
  d) Gleichseitiges Dreieck ABC
  e) Gleichschenkliges Dreieck ABC mit $\gamma = 74°$

3 Berechne, wie lang die fehlende Seite im rechtwinkligen Dreieck ABC mit $\gamma = 90°$ ist. 🔍
  a) $a = 22{,}3$ cm; $b = 15{,}5$ cm
  b) $b = 15$ mm; $c = 15$ cm
  c) $a = b = 12{,}7$ dm
  d) $a = 43$ cm; $c = 9{,}9$ dm

4 Berechne sowohl den Umfang als auch den Flächeninhalt von jedem Dreieck aus Aufgabe 3. 🔍

5 Untersuche, ob das Dreieck ABC rechtwinklig ist. Erläutere dein Vorgehen. 👥
  a) $a = 5$ cm, $b = 7$ cm, $c = 9$ cm
  b) $a = 16$ mm, $b = 12$ mm, $c = 20$ mm

6 Übertrage die Figuren in dein Heft und zeichne Hilfslinien so ein, dass Dreiecke entstehen. Kennzeichne in jedem Dreieck eine Seite und die zugehörige Höhe.

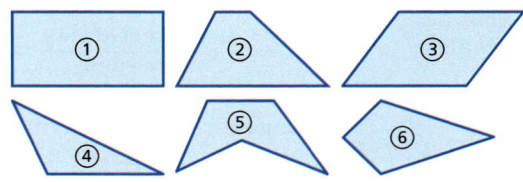

7 Zeichne das Dreieck ABC mit A(9; 1), B(1; 7) und C(1; 1) in ein rechtwinkliges Koordinatensystem.
  a) Miss und berechne die Länge der Seite $\overline{AB}$.
  b) Ermittle die Größen der drei Innenwinkel durch Messen.

8 a) Berechne vom Dreieck HKL die Länge der Seite $\overline{HL}$.
  b) Konstruiere das Dreieck nur mit den gegebenen Stücken.

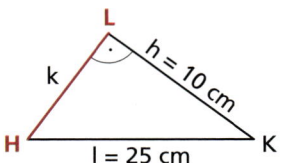

Den Sinus eines Winkels untersuchen

Der mobile Kran kann seinen Ausleger bis zu 30 m ausfahren. Er hat eine maximale Traglast von 20 t.

Erläutere, von welchen Größen seine maximale Hubhöhe abhängt.

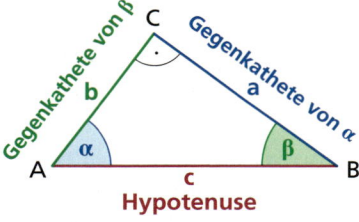

$c^2 = a^2 + b^2$

$\alpha + \beta + \gamma = 180°$

Bei Berechnungen an rechtwinkligen Dreiecken kannst du den **Satz des Pythagoras** und den **Satz über die Innenwinkelsumme** nutzen. Für rechtwinklige Dreiecke legen die *Kathete, die einem Innenwinkel gegenüberliegt, und die Hypotenuse* einen weiteren Zusammenhang fest.

Der Sinus eines Winkels

Im Dreieck ABC liegt die Seite $a = \overline{BC}$ dem Winkel α und die Seite $b = \overline{AC}$ dem Winkel β gegenüber.

sin α gesprochen: sinus Alpha

> In jedem rechtwinkligen Dreieck ABC ist das Verhältnis aus der Länge der Gegenkathete eines (spitzen) Winkels und der Länge der Hypotenuse gleich dem Sinuswert dieses Winkels. *Es gilt:*
>
> $$\sin \alpha = \frac{\text{Gegenkathete von } \alpha}{\text{Hypotenuse}} = \frac{a}{c} \quad \text{und} \quad \sin \beta = \frac{\text{Gegenkathete von } \beta}{\text{Hypotenuse}} = \frac{b}{c}$$

Somit gehört zu jedem Winkel zwischen 0° und 90° genau ein Sinuswert.

Näherungsweises Bestimmen von Sinuswerten

Ein Einheitskreis hat einen Radius von einer Längeneinheit (LE).

Du kannst den Sinuswert eines Winkels α zeichnerisch am Einheitskreis ermitteln. Zeichne dazu einen Viertelkreis im I. Quadranten eines rechtwinkligen Koordinatensystems und trage den Winkel α mit dem Scheitelpunkt im Koordinatenursprung an die x-Achse an. Kennzeichne den Schnittpunkt des freien Schenkels von α mit dem Viertelkreis und zeichne durch diesen Schnittpunkt eine Senkrechte zur x-Achse. Lies den Sinuswert auf der y-Achse ab.

Am Einheitskreis mit einem Radius r = 1 cm gilt:

$\sin 45° = \frac{a_1}{1} = a_1 \approx 0{,}71$ $\quad\quad \sin 55° = \frac{a_2}{1} = a_2 \approx 0{,}82$

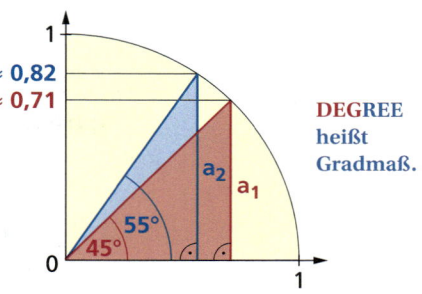

DEGREE
heißt
Gradmaß.

Einen genaueren Sinuswert liefern Taschenrechner.
Achte darauf, dass dabei der **Winkelmodus DEG**
eingestellt ist.

Tastenfolge:	\<sin\> \<45\> \<Enter\> oder
	\<45\> \<sin\> \<Enter\>
Anzeige:	0.7071067812
Ergebnis:	0,707 (auf drei Dezimalstellen gerundet)

Du kannst mit einem Taschenrechner auch umgekehrt einen Winkel
von 0° bis 90° berechnen, der zu einem Sinuswert gehört:

Tastenfolge:	\<Shift\> \<sin\> \<0.82\> \<Enter\> oder
	\<0.82\> \<Shift\> \<sin\> \<Enter\>
Anzeige:	55,08479375
Ergebnis:	55,1° (auf eine Dezimalstelle gerundet)

Manche
Taschenrechner
haben statt der
Taste \<Shift\>
die Taste \<2nd\>
und statt der
Taste \<ENTER\>
die Taste \<=\>.

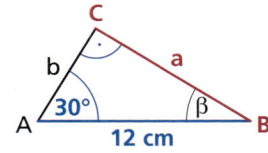

Ausgewählte
Sinuswerte:

$\sin 0° = 0$
$\sin 30° = 0{,}5$
$\sin 90° = 1$

Die Sinuswerte von Winkeln nahe 0° sind fast 0.
Die Sinuswerte von Winkeln nahe 90° sind fast 1.

Bestimmungsstücke von Dreiecken berechnen

Kennzeichne gesuchte und gegebene Größen immer in einer Planfigur.

Beispiele

Berechne vom rechtwinkligen Dreieck ABC mit $\overline{AB}$ = 12 cm
und α = 30° die Länge der Seite $\overline{BC}$.

Gesucht:	a
Gegeben:	c = 12 cm; α = 30°
Lösung:	$\sin \alpha = \frac{a}{c}$ $\quad \vert \cdot c$
	$a = c \cdot \sin \alpha$
	$a = 12\,\text{cm} \cdot 0{,}5 = 6\,\text{cm}$

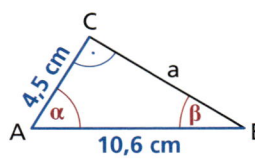

Berechne die Größen der beiden fehlenden Innenwinkel des
rechtwinkligen Dreiecks ABC mit $\overline{AC}$ = 4,5 cm und $\overline{AB}$ = 10,6 cm.

Gesucht:	α; β
Gegeben:	b = 4,5 cm; c = 10,6 cm
Lösung:	$\sin \beta = \frac{b}{c} = \frac{4{,}5\,\text{cm}}{10{,}6\,\text{cm}} \approx 0{,}42453$
	$\beta = 25{,}1°$
	$\alpha + \beta = 90°$ $\quad \vert -\beta$
	$\alpha = 90° - \beta = 90° - 25{,}1° = 64{,}9°$

Aufgaben

1 Ermittle die Sinuswerte und Winkelgrößen. Runde jeweils auf vier Dezimalstellen. Vergleiche die Ergebnisse. Formuliere einen Zusammenhang.

a) $\sin 5°$
   $\sin 175°$

b) $\sin 20°$
   $\sin 160°$

c) $\sin 35°$
   $\sin 145°$

d) $\sin 58°$
   $\sin 122°$

e) $\sin \alpha = 0,5446$
   $\sin 147°$

f) $\sin \alpha = 0,8290$
   $\sin 124°$

g) $\sin \alpha = 0,9848$
   $\sin 100°$

h) $\sin \alpha = 0,9962$
   $\sin 105°$

2 Gegeben sind drei rechtwinklige Dreiecke ①, ② und ③.

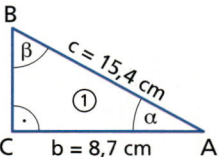 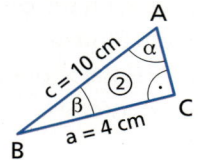 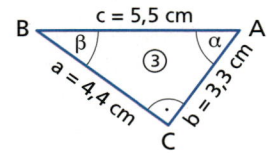

a) Berechne, wie groß α und β jeweils sind.

b) Konstruiere jedes Dreieck. Überprüfe deine Ergebnisse durch Messen.

3 Ermittle am Einheitskreis einen Näherungswert für $\sin \alpha$ zeichnerisch. Verwende immer Millimeterpapier.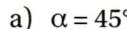

a) $\alpha = 45°$
b) $\alpha = 30°$
c) $\alpha = 60°$
d) $\alpha = 77°$
*e) $\alpha = 120°$

> Der Einheitskreis hat einen Radius von 1 cm.

4 Ermittle am Einheitskreis einen Näherungswert für den Winkel α zeichnerisch. Verwende immer Millimeterpapier.

a) $\sin \alpha = 0,9205$
b) $\sin \alpha = 0,3746$
c) $\sin \alpha = 0,6691$

5 a) Überprüfe mit deinem Taschenrechner.

(1) $\sin 0° = \frac{1}{2} \cdot \sqrt{0}$
(2) $\sin 30° = \frac{1}{2} \cdot \sqrt{1}$
(3) $\sin 90° = \frac{1}{2} \cdot \sqrt{4}$

b) Gib einen spitzen Winkel an, dessen Sinuswert $\frac{1}{2} \cdot \sqrt{2}$ beträgt.

c) Gib eine natürliche Zahl n an, für die $\sin 60° = \frac{1}{2} \cdot \sqrt{n}$ wahr ist.

6 Konstruiere das Dreieck ABC mit $\overline{AB} = 25$ cm
und $\sphericalangle\,BCA = 90°$ für:

(1) a = 15 cm
(2) a = 1 dm
(3) b = 50 mm
(4) b = 7 cm
(5) $\alpha = 60°$
(6) $\beta = 65°$
(7) $\alpha = 55°$
(8) $\beta = 20°$
(9) $\beta = 45°$

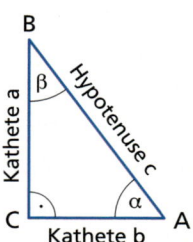

a) Berechne jeweils die fehlenden Seitenlängen und Winkelgrößen.

b) Berechne von jedem Dreieck den Umfang und den Flächeninhalt.

7 Gegeben ist ein Dreieck XYZ mit $\sphericalangle$ YZX = 90°; $\overline{XY}$ = 12,5 cm; $\overline{YZ}$ = 3,8 cm.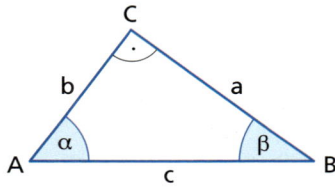
a) Berechne sowohl die Länge der Seite $\overline{XZ}$ als auch die Größen der beiden fehlenden Innenwinkel.
b) Berechne sowohl den Umfang als auch den Flächeninhalt des Dreiecks.
c) Konstruiere das Dreieck (nur) aus den gegebenen Stücken. Vergleiche die Länge der Seite $\overline{XZ}$ und die Größen der beiden spitzen Innenwinkel und vergleiche mit den errechneten Werten.

8 Übertrage die Tabelle ins Heft und fülle sie für das Dreieck ABC aus.

	(1)	(2)	(3)	(4)
a	3 cm	2,5 cm	4 dm	
b			3 dm	
c		7,5 cm		10 m
α	35°			
β				$\frac{1}{3}\gamma$
u				
A				

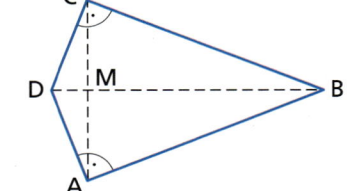

9 Entscheide und begründe, welche Dreiecksart bei den vier Dreiecken in Aufgabe 8 jeweils vorliegt.

10 Ein Drachenviereck ABCD hat die Seitenlängen $\overline{AB}$ = 7,3 cm und $\overline{AD}$ = 4 cm.
a) Berechne die Seitenlängen und die Größe der Innenwinkel der Teildreiecke $\triangle$ ABM, $\triangle$ MBC, $\triangle$ AMD und $\triangle$ DMC.
b) Berechne den Flächeninhalt des Drachenvierecks.
c) Berechne den Umfang des Drachenvierecks.

***11** a) Begründe, warum es keine Dreiecke geben kann, die einen Innenwinkel von 0° bzw. einen Innenwinkel von 180° haben.
b) Erläutere, warum sin 0° = 0 und sin 180° = 0 sinnvolle Festlegungen sind.

Nachgefragt

1 Entscheide und begründe, wie groß die Innenwinkel eines gleichschenklig-rechtwinkligen Dreiecks sind.
2 Berechne, wie lang die Diagonalen in einem Quadrat mit einer Seitenlänge von 4,5 cm sind.
3 Erläutere den Satz des Pythagoras und seine Umkehrung an einem Beispiel.

Den Kosinus und den Tangens eines Winkels untersuchen

Beide Schatten enden an der gleichen Stelle.

Wie hoch ist der Baum?

Baum:
Schattenlänge = 6,80 m

Sonnenschirm:
Schattenlänge = 2,20 m
Höhe = 2,20 m

Für rechtwinklige Dreiecke wird, ähnlich wie beim Sinus eines Winkels, durch *die Kathete an einem (spitzen) Innenwinkel und durch die Hypotenuse* ein weiterer Zusammenhang fesgelegt.

Der Kosinus eines Winkels

Im Dreieck ABC liegt die Seite
a = $\overline{BC}$ am Winkel β und
die Seite b = $\overline{AC}$ am Winkel α.

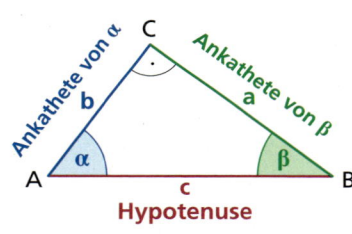

> In jedem rechtwinkligen Dreieck ABC ist das Verhältnis aus der Länge der Ankathete eines (spitzen) Winkels und der Länge der Hypotenuse gleich dem Kosinuswert dieses Winkels. *Es gilt:*
>
> $$\cos \alpha = \frac{\text{Ankathete von } \alpha}{\text{Hypotenuse}} = \frac{b}{c} \qquad \text{und} \qquad \cos \beta = \frac{\text{Ankathete von } \beta}{\text{Hypotenuse}} = \frac{a}{c}$$

cos α
gesprochen:
kosinus Alpha

Somit gehört zu jedem Winkel zwischen 0° und 90° auch genau ein Kosinuswert, den du am Einheitskreis ablesen und mit dem Taschenrechner näherungsweise berechnen kannst. Bei Winkeleingaben im Gradmaß muss dabei wieder der **Winkelmodus DEG** eingestellt sein.

Beispiel

Berechne cos 55°.

Tastenfolge: <cos> <55> <Enter> oder
                   <55> <cos> <Enter>

Anzeige: 0.5735764364

Ergebnis: 0,574 (auf drei Dezimalstellen gerundet)

Ausgewählte Kosinuswerte:

cos 0° = 1
cos 60° = 0,5
cos 90° = 0

Auch durch die *beiden Katheten* eines rechtwinkligen Dreiecks wird ein Zusammenhang festgelegt.

Der Tangens eines Winkels

● In jedem rechtwinkligen Dreieck ABC ist das Verhältnis aus der Länge der Gegenkathete eines (spitzen) Winkels und der Länge der Ankathete gleich dem Tangenswert dieses Winkels. *Es gilt:*

$$\tan \alpha = \frac{\text{Gegenkathete von } \alpha}{\text{Ankathete von } \alpha} = \frac{a}{b} \quad \text{und} \quad \tan \beta = \frac{\text{Gegenkathete von } \beta}{\text{Ankathete von } \beta} = \frac{b}{a}$$

tan α gesprochen: tangens Alpha

Bestimmungsstücke von Dreiecken berechnen

Prüfe an einer Planfigur, ob du mit dem Kosinus- oder mit dem Tangenswert eines Winkels zum Ziel gelangst.

Wo liegt der rechte Winkel?

Beispiel

Berechne vom rechtwinkligen Dreieck ABC mit $\overline{AB}$ = 9,8 cm und $\overline{BC}$ = 5,2 cm die Größe des Winkels β.

Gesucht: β

Gegeben: c = 9,8 cm; a = 5,2 cm

Lösung: $\cos \beta = \frac{a}{c} = \frac{5,2 \text{ cm}}{9,8 \text{ cm}} \approx 0,53061 \quad \rightarrow \quad \beta \approx 58°$

Hinweis: Zur Kontrolle kannst du das Dreieck ABC mit dem rechten Winkel bei C unter Beachtung des Kongruenzsatzes SsW konstruieren und dann die Größe des Winkels β messen.

Beispiel

Berechne vom rechtwinkligen Dreieck ABC mit α = 47° und $\overline{BC}$ = 7 cm die Länge der Seite $\overline{AC}$.

Gesucht: b

Gegeben: α = 47°; a = 7 cm

Lösung:
$$\tan \alpha = \frac{a}{b} \qquad | \cdot b$$
$$b \cdot \tan \alpha = a \qquad | : \tan \alpha$$
$$b = \frac{a}{\tan \alpha} \approx \frac{7 \text{ cm}}{1,0724} \quad \rightarrow \quad b \approx 6,5 \text{ cm}$$

Hinweis: Zur Kontrolle kannst du das Dreieck ABC unter Beachtung des Kongruenzsatzes wsw konstruieren und dann die Länge der Seite b messen.

Aufgaben

1 Ermittle die Kosinuswerte und Winkelgrößen. Runde jeweils auf vier Dezimalstellen. Vergleiche die Ergebnisse. Formuliere einen Zusammenhang. 🔍
   a) cos 10°   b) cos 25°   c) cos 40°   d) cos 86°
      cos 170°   cos 155°   cos 140°   cos 94°
   e) cos α = 0,8090   f) cos α = 0,4695   g) cos α = 0,6428   h) cos α = 0,2588
      cos 144°   cos 118°   cos 130°   cos 105°

2 Ermittle die Tangenswerte und Winkelgrößen.
   Runde dann auf zwei Dezimalstellen. 🔍
   a) tan 12°   b) tan 85°   c) tan 17,5°   d) tan 16,4°
   e) tan α = 1   f) tan α = 3,4874   g) tan α = 11,438   h) tan α = 19,081

***3** Vergleiche die Kosinus- und die Sinuswerte von 0°, 90° und 180°
   miteinander und formuliere einen Zusammenhang. ✳

4 a) Überprüfe mit einem Taschenrechner. 🔍
      (1) $\cos 0° = \frac{1}{2} \cdot \sqrt{4}$ (2) $\cos 30° = \frac{1}{2} \cdot \sqrt{3}$ (3) $\cos 45° = \frac{1}{2} \cdot \sqrt{2}$
   a) Gib einen spitzen Winkel an, dessen Kosinuswert $\frac{1}{2}$ beträgt.
   b) Gib eine natürliche Zahl n an, für die $\cos 60° = \frac{1}{2} \cdot \sqrt{n}$ wahr ist.

5 Gegeben sind die Dreiecke ①, ② und ③.
   a) Berechne jeweils die Winkel α und β
      mit der Kosinusbeziehung zur anliegenden
      Seite.
   b) Berechne jeweils die fehlende Seitenlänge
      mit der Kosinusbeziehung zum anliegenden
      Winkel.
   c) Kontrolliere deine Ergebnisse.
      Verwende dazu den Innenwinkelsatz
      und den Satz des Pythagoras.

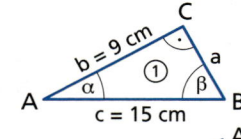

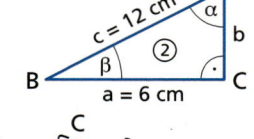

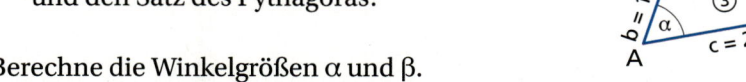

6 Berechne die Winkelgrößen α und β.
   a)   b)

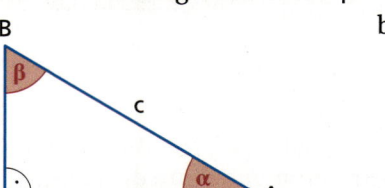

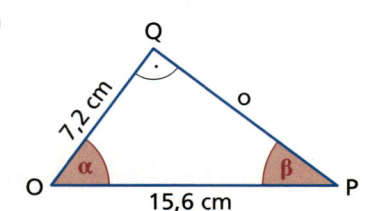

7 Berechne die fehlenden Seitenlängen des Dreiecks ABC. Kontrolliere deine Ergebnisse.
   a) a = 2 cm; α = 35°
   b) b = 4 m; α = 40°
   c) b = 10 dm; β = 60°

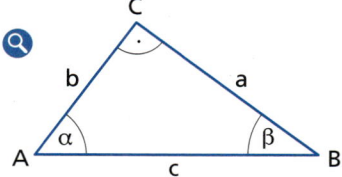

8 Berechne die fehlenden Innenwinkelgrößen des Dreiecks ABC. Kontrolliere deine Ergebnisse.
   a) a = 2 cm; b = 5 cm
   b) a = 4 cm; c = 9 cm
   c) b = 2,5 cm; c = 7,9 cm

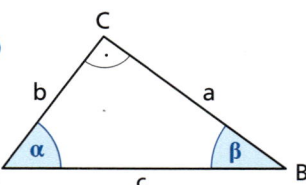

9 Von einem rechtwinkligen Dreieck HKL mit dem rechten Winkel bei K sind die Seitenlängen $\overline{HL}$ = 8,7 cm und $\overline{KL}$ = 4,2 cm bekannt.
   a) Berechne die Größen der beiden fehlenden Innenwinkel.
   b) Konstruiere das Dreieck, miss die Innenwinkel und vergleiche die Messergebnisse mit den berechneten Werten.

10 Der Pkw wird nach einem Unfall über eine Rampe auf einen Lkw verladen.
   a) Berechne den Neigungswinkel α.
   b) Berechne die Länge der Rampe.
   c) Überprüfe deine Ergebnisse durch eine maßstäbliche Konstruktion.

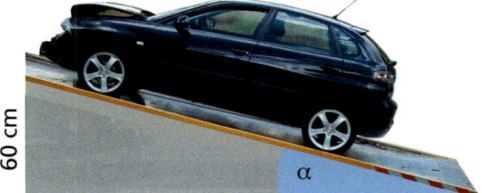

60 cm

5 m

11 Der Schatten eines 1,80 m großen Skiläufers hat eine Länge von 2,70 m.
   a) Berechne, in welchem Winkel die Sonnenstrahlen auf die Ebene treffen.
   b) Berechne die Höhe des Seilbahnmastes, wenn dieser einen Schatten mit einer Länge von 15 m wirft.

12 Auf Seite 47 in diesem Buch steht eine Eselsbrücke für die Berechnung vom Sinus, Kosinus und Tangens eines Winkels im rechtwinkligen Dreieck. Erläutere die Eselsbrücke an nebenstehender Tabelle.

Eselsbrücke		
Gustav	alte	gackern
Hausers	Hennen	abends.

SIN	COS	TAN
Gegenkathete	Ankathete	Gegenkathete
Hypotenuse	Hypotensuse	Ankathete

Berechnungen an geometrischen Figuren

Die Lautsprecher einer Stereoanlage sollten mit dem Hörer ein gleichschenkliges Dreieck bilden.

Entscheide und begründe, wo du den Sessel hinstellen würdest.

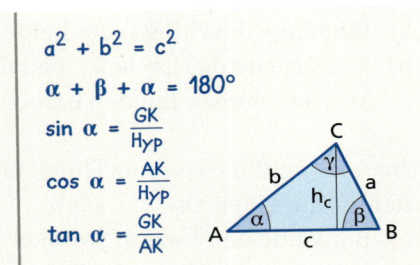

Optimaler Musikgenuss

2 bis 4 m

3 m

3 m

Schreibe bei Berechnungen an geometrischen Figuren Zusammenhänge zwischen Größen auf. Erzeuge in Planfiguren mit Hilfslinien rechtwinklige Dreiecke. Nutze bekannte Formeln.

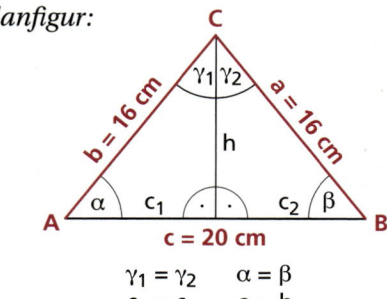

$$a^2 + b^2 = c^2$$

$$\alpha + \beta + \alpha = 180°$$

$$\sin \alpha = \frac{GK}{Hyp}$$

$$\cos \alpha = \frac{AK}{Hyp}$$

$$\tan \alpha = \frac{GK}{AK}$$

Beispiel

Berechne die Höhe zur Basis c, die Innenwinkelgrößen, den Umfang und den Flächeninhalt vom Dreieck ABC.

Gesucht: $h, \alpha, \beta, \gamma, u, A$ *Planfigur:*

Gegeben: $a = 16\,cm, c = 20\,cm$

Lösung:

$c_1 = c_2 = 10$ cm

$b^2 = h^2 + c_1^2 \quad \rightarrow \quad h^2 = b^2 - c_1^2$

$h = \sqrt{b^2 - c_1^2} = \sqrt{356 \text{ cm}^2} \approx 12,5$ cm

$\cos \alpha = \frac{c_1}{b} \quad \rightarrow \quad \cos \alpha = \frac{10 \text{ cm}}{16 \text{ cm}} = 0,625$

$\alpha = 51,3°; \beta = 51,3°$

$\alpha + \beta + \gamma = 180° \quad \rightarrow \quad \gamma = 180° - (\alpha + \beta) = 180° - 102,6° = 77,4°$

$u = a + b + c = 16$ cm $+ 16$ cm $+ 20$ cm $= 52$ cm

$A = \frac{1}{2} \cdot c \cdot h = \frac{1}{2} \cdot 20$ cm $\cdot 12,5$ cm $= 125$ cm^2

Planfigur:

C

γ_1 γ_2

b = 16 cm

a = 16 cm

h

α c_1 c_2 β

A

c = 20 cm

B

$\gamma_1 = \gamma_2 \quad \alpha = \beta$

$c_1 = c_2 \quad a = b$

Aufgaben

1 Markiere in einer Planfigur die Bestimmungsstücke des gleichschenkligen Dreiecks ABC mit $\overline{AB}$ = c als Basis.

Dreieck ABC	(1)	(2)	(3)	(4)	(5)
Bedingung	$\overline{BC}$ = 10,2 cm	$\overline{BC}$ = 3,3 cm	$\overline{BC}$ = 6,8 cm	$\overline{AB}$ = 24,6 cm	$\sphericalangle$ ACB = 60°
	$\sphericalangle$ BAC = 36°	$\sphericalangle$ ACB = 36°	$\overline{AB}$ = 7,5 cm	h_c = 12,3 cm	h_c = 5 cm

a) Berechne die fehlenden Seitenlängen, die fehlenden Winkelgrößen und (wenn nicht gegeben) die Höhe h_c. 🔍

b) Berechne den Umfang und den Flächeninhalt des Dreiecks ABC. 🔍

2 a) Konstruiere die Dreiecke (1) bis (5) aus Aufgabe 1.

b) Miss die Seitenlängen, die Innenwinkelgrößen und die Länge der Höhe h_c in jedem konstruierten Dreieck.

c) Vergleiche die Messwerte mit den errechneten Werten.

3 Beim abgebildeten Drachenviereck ist die Diagonale e mit einer Länge von 10,8 cm dreimal so lang wie die Diagonale f. Berechne folgende Größen: 🔍

a) die Diagonalenlänge f,

b) die Seitenlängen,

c) die Größe aller Innenwinkel,

d) den Flächeninhalt und den Umfang.

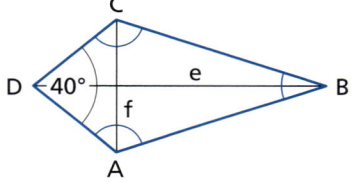

4 Die Diagonalen eines Rechtecks schneiden einander unter einem Winkel von 60°. Jede der Diagonalen ist 20 cm lang. Berechne die Seitenlängen und den Flächeninhalt des Rechtecks. 🔍

*5 Die Abbildung zeigt einen Würfel mit einer Kantenlänge von 5 cm. Berechne die Größe des Winkels α, den die Raumdiagonale mit der Flächendiagonale der Grundfläche des Würfels bildet.

Nachgefragt

1 Erläutere den Innenwinkelsatz für Vierecke.

2 a) Skizziere die Raumdiagonale in einem Würfel mit einer Kantenlänge von 10 cm.

   b) Berechne die Länge dieser Raumdiagonalen.

3 Prüfe mit drei selbst gewählten Winkelgrößen die Gültigkeit der Gleichung: $\tan \alpha = \frac{\sin \alpha}{\cos \alpha}$

Das Bogenmaß eines Winkels

Die Spitze jedes Zeigers bewegt sich von 11:00 bis 13:00 Uhr auf einer Umlaufbahn.

Erläutere Gemeinsamkeiten und Unterschiede der Bewegungen der beiden Zeigerspitzen.

Winkelgrößen können im Gradmaß oder im Bogenmaß angegeben werden. Am Einheitskreis mit einem Radius r = 1 cm gilt:

Kreisumfang:
u = 2πr

u = 2π

Zum Zentriwinkel 360° gehört der Kreisbogen 2π.

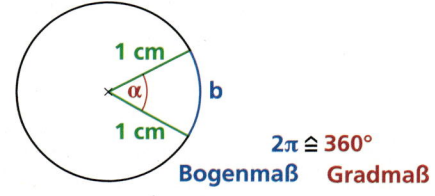

$2\pi \cong 360°$
Bogenmaß Gradmaß

arcus,
(lat.)
Bogen

> ● Am Einheitskreis kann jedem Zentriwinkel α eindeutig ein Kreisbogen b zugeordnet werden. Die Maßzahl der Länge des Kreisbogens b ist das Bogenmaß **arc α.**   *Es gilt:* $\operatorname{arc}\alpha = \frac{\alpha}{180°} \cdot \pi$

Bogenmaße werden als Vielfache von π oder als gerundete Zahlen angegeben.

Gradmaß	−90°	0°	30°	45°	60°	90°	120°	135°	180°	270°	360°
Bogenmaß (gerundet)	$-\frac{\pi}{2}$	0	$\frac{\pi}{6}$	$\frac{\pi}{4}$	$\frac{\pi}{3}$	$\frac{\pi}{2}$	$\frac{2\pi}{3}$	$\frac{3\pi}{4}$	π	$\frac{3\pi}{2}$	2π
	−1,6	0	0,52	0,79	1,05	1,6	2,09	2,4	3,14	4,7	6,3

Ein Zentriwinkel von 720° kann als doppelte Umdrehung entgegen dem Uhrzeigersinn mit einem Bogenmaß von 4π gedeutet werden.

Ein Zentriwinkel von −720° kann als doppelte Umdrehung im Uhrzeigersinn mit einem Bogenmaß von −4π gedeutet werden.

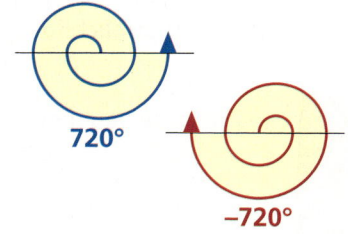

720°

−720°

RAD
ist die
Abkürzung
für Radiant.

Achte darauf, dass beim Rechnen mit Bogenmaßen beim Taschenrechner der **Winkelmodus RAD** eingestellt ist.

Beispiel

Gib $\alpha = 60°$ und $\beta = 87°$ im Bogenmaß an.

$\text{arc } 60° = \frac{60°}{180°} \cdot \pi = \frac{\pi}{3} \approx 1{,}05$

$\text{arc } 87° = \frac{87°}{180°} \cdot \pi \approx 1{,}52$

Berechne $\sin \frac{\pi}{3}$ und $\cos \frac{\pi}{4}$.

$\sin \frac{\pi}{3} = \sin 60° \approx 0{,}8660$

$\cos \frac{\pi}{4} = \cos 45° \approx 0{,}7071$

Aufgaben

1 Rechne das gegebene Gradmaß ins Bogenmaß um. Gib das Ergebnis als Vielfaches von π und als Näherungswert mit vier Dezimalstellen an. 🔍

   a) 15°   b) –30°   c) 45°   d) 60°   e) –75°   f) 90°

   g) 105°   h) 120°   i) –135°   j) 150°   k) 165°   l) 180°

2 Rechne das gegebene Bogenmaß ins Gradmaß um. Gib das Ergebnis mit zwei Stellen nach dem Komma an. 🔍

   a) 0,2865   b) 0,1133   c) –2,3465   d) 3,1416   e) 3,2222   f) –4,9889

   g) –5,275   h) 8,3333   i) 1,4545   j) $\frac{1}{2}\sqrt{2}$ k) $\frac{5}{6}$ l) $\sqrt{3}$

3 Zeichne auf Millimeterpapier einen Einheitskreis mit r = 10 cm.

   a) Zeichne in unterschiedlichen Farben einen spitzen Zentriwinkel α, einen rechten Zentriwinkel β, einen stumpfen Zentriwinkel γ, einen gestreckten Zentriwinkel δ und einen überstumpfen Zentriwinkel ε.

   b) Markiere die zu diesen Winkeln zugehörigen Kreisbögen mit gleicher Farbe und schreibe das zugehörige Bogenmaß dazu.

4 Berechne für jeden Winkel aus Aufgabe 1 und aus Aufgabe 2: 🔍

   a) den Sinuswert,   b) den Kosinuswert,   c) den Tangenswert.

5 a) Ermittle einen Näherungswert im Bogenmaß für den Winkel 1°.

   b) Ermittle für das Bogenmaß 1 einen Näherungswert im Gradmaß.

*6 Schreibe die Gradmaße und die Bogenmaße folgender Drehwinkel auf:

   a) dreifache Umdrehung im Uhrzeigersinn,

   b) 1,5-fache Umdrehung entgegengesetzt zum Uhrzeigersinn,

   c) $2\frac{3}{4}$-fache Umdrehung im Uhrzeigersinn.

*7 Prüfe die Gültigkeit der folgenden Gleichungen für die Bogenmaße:

   $0; \frac{\pi}{2}; \pi; 1{,}5\pi$ und 2π

   a) $\sin x = \sin (x - \pi)$ b) $\sin x = \cos (x - \frac{\pi}{2})$

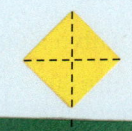

Berechnungen mit dem Sinussatz

Bei der Tangramfigur sind durch Einzeichnen von Höhen und Diagonalen rechtwinklige Dreiecke enstanden.

Prüfe und begründe, ob das bei allen Dreiecks- und Vierecksarten möglich ist.

Der Sinussatz

Bei Berechnungen an rechtwinkligen Dreiecken kannst du bekannte Zusammenhänge nutzen. Einen weiteren Zusammenhang beschreibt der Sinussatz.

Innenwinkelsumme im Dreieck:
$\alpha + \beta + \gamma = 180°$
Trigonometrische Beziehungen:
$\sin\alpha = \frac{a}{c}$; $\cos\alpha = \frac{b}{c}$

● **Sinussatz**

In jedem Dreieck ist das Verhältnis zweier Seitenlängen gleich dem Verhältnis der Sinuswerte der Gegenwinkel.

Es gilt: $\frac{a}{b} = \frac{\sin\alpha}{\sin\beta}$; $\frac{b}{c} = \frac{\sin\beta}{\sin\gamma}$; $\frac{a}{c} = \frac{\sin\alpha}{\sin\gamma}$

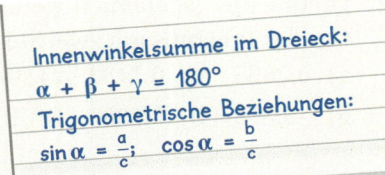

$\sin\alpha = \frac{h_c}{b}$

$\sin\beta = \frac{h_c}{a}$

$\sin\alpha \cdot b = \sin\beta \cdot a$

Mit dem Sinussatz kannst du die Längen von Dreiecksseiten und die Größen von Innenwinkeln beliebiger Dreiecke berechnen.

Beispiel

Gesucht: a   *Gegeben:* $\alpha = 30°$, $\beta = 60°$, b = 8 cm

Lösung: $\frac{a}{b} = \frac{\sin\alpha}{\sin d\,\beta}$ $| \cdot b$

$a = b \cdot \frac{\sin\alpha}{\sin d\,\beta} = 8\,\text{cm} \cdot \frac{\sin 30°}{\sin 60°} \approx 4,6\,\text{cm}$

Gesucht: β *Gegeben:* $\alpha = 30°$, a = 6 cm, b = 8 cm

Lösung: $\frac{\sin\beta}{\sin\alpha} = \frac{b}{a}$ $| \cdot \sin\alpha$

$\sin\beta = \sin\alpha \cdot \frac{b}{a} = \sin 30° \cdot \frac{8\,\text{cm}}{6\,\text{cm}} = 0,\overline{6}$

$\beta_1 = 41,8°$ und $\beta_2 = 138,2°$

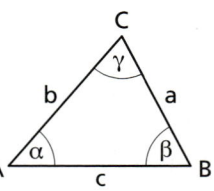

Beachte:
$\sin(180° - \alpha)$
$= \sin\alpha$

Aufgaben

1 Die Diagonalen teilen das Trapez ABCD in Dreiecke.
Verwende den Sinussatz. Ergänze zu wahren Aussagen.

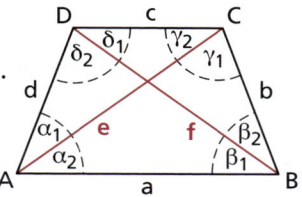

$$\alpha = \alpha_1 + \alpha_2$$
$$\beta = \beta_1 + \beta_2$$
$$\gamma = \gamma_1 + \gamma_2$$
$$\delta = \delta_1 + \delta_2$$

a) $e : b$ b) $\dfrac{d}{c}$ c) $\dfrac{\sin\alpha_1}{\sin\gamma_2}$

d) $\dfrac{f}{\sin\alpha}$ e) $\dfrac{\sin\alpha_2}{b}$ f) $\sin\alpha : \sin\beta_1$

2 Berechne die fehlenden Seitenlängen und Winkelgrößen des Dreiecks
ABC. Verwende den Innenwinkelsatz für Dreiecke und den Sinussatz.
a) $a = 5{,}6$ cm; $\beta = 84°$; $\alpha = 70°$ b) $a = 4{,}0$ cm; $\beta = 42°$; $\alpha = 104°$
c) $c = 121{,}56$ m; $\gamma = 101{,}25°$; $\beta = 13{,}47°$ d) $b = 2{,}389$ km; $\beta = 68°$; $\alpha = 39°$

3 Übertrage die Tabelle in dein Heft und fülle sie aus. Konstruiere dann das
Dreieck und miss die Seitenlängen und Winkelgrößen.
Vergleiche deine Messwerte mit den Werten in der Tabelle.

Dreieck	a	b	c	α	β	γ
①		1,46 m		20°	75°	
②	4,0 m				43°	55°
③	44,8 cm			60°	40°	
④		8,5 cm			81,3°	54,5°

4 Zeichne das Dreieck ABC mit A(–3; 1), C(–3; 4), $\sphericalangle$ BAC = 63° und
$\sphericalangle$ ACB = 95° in ein rechtwinkliges Koordinatensystem und berechne die
Längen der Seiten $\overline{AB}$ und $\overline{BC}$ des Dreiecks ABC.

*5 Zur Positionsbestimmung eines Schiffes wurden
zwei Winkelgrößen durch Peilung ermittelt.
Die Größe des dritten Winkels und der Abstand
des Leuchtturmes zum Hafen wurden einer Karte
entnommen. Berechne, wie weit das Schiff
bei der Peilung vom Hafen entfernt war.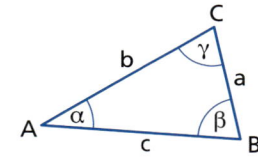

*6 Die Spitze des Brückenpfeilers wird von zwei 420 m voneinander ent-
fernten Geländepunkten A und B aus angepeilt. Die dabei gemessenen
Winkel kannst du der Zeichnung entnehmen.
Berechne die Höhe
des Pfeilers.

Berechnungen mit dem Kosinussatz

Beim abgebildeten Halogen-
seilsystem müssen die beiden
Tragseile einen bestimmten
Abstand voneinander haben.

*Ermittle zeichnerisch, wie groß der
Abstand der beiden Tragseile ist.*

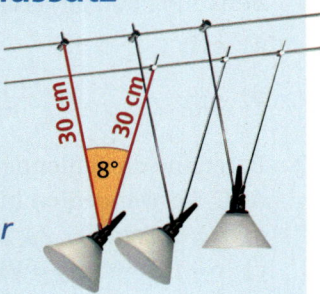

Der Kosinussatz

Bei rechtwinkligen Dreiecken kannst du den
Satz des Pythagoras zum Berechnen von
Seitenlängen nutzen. Für beliebige Dreiecke
gilt der Kosinussatz.

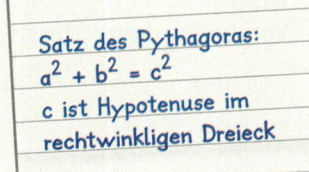

Satz des Pythagoras:
$a^2 + b^2 = c^2$

c ist Hypotenuse im
rechtwinkligen Dreieck

Da muss man ja
immer den ein-
geschlossenen
Winkel kennen.

Kosinussatz

Für beliebige Dreiecke gilt:

$a^2 = b^2 + c^2 - 2bc \cdot \cos \alpha$
$b^2 = a^2 + c^2 - 2ac \cdot \cos \beta$
$c^2 = a^2 + b^2 - 2ab \cdot \cos \gamma$

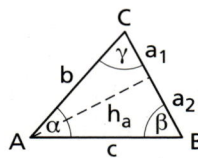

$\cos \gamma = \dfrac{a_1}{h_a}$

$b^2 = (h_a)^2 + (a_1)^2$

$c^2 = (h_a)^2 + (a_2)^2$

Mit dem Kosinussatz kannst du die Längen von Dreiecksseiten und die Größen
von Innenwinkeln beliebiger Dreiecke berechnen.

Beispiel

Gesucht: c   *Gegeben:*   a = 8 cm, b = 14 cm, $\gamma = 60°$

Lösung: $c^2 = a^2 + b^2 - 2ab \cdot \cos \gamma$

$c^2 = 64 \text{ cm}^2 + 196 \text{ cm}^2 - 112 \text{ cm}^2 = 148 \text{ cm}^2$

$c \approx 12{,}2 \text{ cm}$

Gesucht: α *Gegeben:*   a = 3 cm, b = 4 cm, c = 5 cm

Lösung: $c^2 = a^2 + b^2 - 2ab \cdot \cos \gamma$

$\cos \gamma = \dfrac{a^2 + b^2 - c^2}{2ab} = \dfrac{9 \text{ cm}^2 + 16 \text{ cm}^2 - 25 \text{ cm}^2}{24 \text{ cm}^2}$

$\cos \gamma = 0$ $\rightarrow$ $\gamma = 90°$

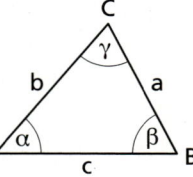

Aufgaben

1 Berechne die fehlende Seitenlänge des Dreiecks ABC mit dem Kosinussatz.
a) $a = 6,1$ m; $c = 4,7$ m; $\beta = 63°$ b) $a = 123,5$ m; $b = 134,2$ m; $\gamma = 102,2°$
c) $b = 17,2$ m; $c = 13,9$ m; $\alpha = 74,32°$ d) $a = 245,9$ dm; $b = 3925$ cm; $\gamma = 47°$

2 Berechne die Größen der Innenwinkel des Dreiecks ABC.
a) $a = 5,38$ m; $b = 1,97$ m; $c = 4,75$ m   b) $a = 27,2$ m; $b = 33,9$ m; $c = 35,1$ m

3 Zeichne das Dreieck ABC mit A(3; 2), B(9; 4) und C(6; 7) in ein Koordinatensystem und berechne die Seitenlängen und die Innenwinkelgrößen des Dreiecks.

4 Von drei Kreisen berühren sich immer zwei Kreise paarweise von außen. Die Mittelpunkte der Kreise M_1, M_2 und M_3 bilden ein Dreieck. Berechne die Innenwinkel von $\triangle\, M_1M_2M_3$ für $r_1 = 6,5$ cm; $r_2 = 5,2$ cm und $r_3 = 3,8$ cm.

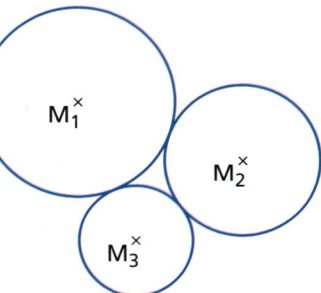

*5 Berechne die Länge der Seite $\overline{BC}$ eines Parallelogramms ABCD mit $\overline{AB} = 6,8$ cm; $\sphericalangle\, CBA = 120°$; $\overline{AC} = 9,6$ cm.

*6 Berechne die Längen der fehlenden Seiten im Trapez ABCD.
a) $\overline{AB} = 10$ cm; $\overline{BD} = 9$ cm; $\sphericalangle\, BAD = 60°$; $\overline{AB} \parallel \overline{CD}$
b) $\overline{AB} = 10$ cm, $\overline{BC} = 8$ cm, $\sphericalangle\, BAD = 75°$, $\sphericalangle\, CBA = 35°$; $\overline{AB} \parallel \overline{CD}$

*7 Zwei Straßen kreuzen einander unter einem Winkel von 120°. Vor der Kreuzung soll eine Querverbindung zwischen den beiden Straßen gebaut werden. Berechne, um wie viel Meter sich die Streckenlänge im Kreuzungsbereich verkürzt, wenn die beiden neuen Anschlussstellen jeweils 500 m vom bisherigen Kreuzungspunkt entfernt liegen.

*8 Zwei Wohngebiete A und B sollen von einer Verteilerstation C mit Strom versorgt werden.
a) Berechne, wie weit A und B auseinanderliegen.
b) Berechne die Winkelgrößen $\sphericalangle\, CBA$ und $\sphericalangle\, BAC$.

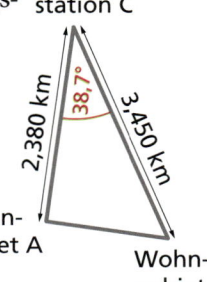

1 a) Gib alle Winkel von 0° bis 360° an, für die $\sin \alpha = 0$ gilt.
  b) Gib alle Winkel von 0° bis 360° an, für die $\cos \alpha = 0$ gilt.
2 Ermittle auf vier Dezimalstellen gerundet.
  a) $\sin 36,9°$ b) $\sin 136,9°$ c) $\cos 36,9°$ d) $\cos 136,9°$
3 Erläutere den Kosinussatz für rechtwinklige Dreiecke.

Flächenberechnungen an beliebigen Dreiecken

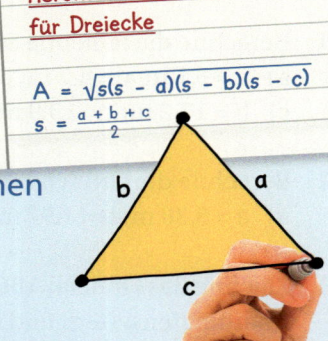

Heronsche Formel
für Dreiecke

$$A = \sqrt{s(s-a)(s-b)(s-c)}$$
$$s = \frac{a+b+c}{2}$$

Mit der heronschen Formel können Flächeninhalte von Dreiecken berechnet werden.

Erläutere die Formel an einem Dreieck mit selbst gewählten Maßen.

Ein Dreieck ist nach dem Kongruenzsatz sws eindeutig bestimmt, wenn zwei Seiten und der von diesen Seiten eingeschlossene Winkel bekannt sind. Somit ist auch der Flächeninhalt des Dreiecks eindeutig festgelegt. Für rechtwinklige Dreiecke gilt die Formel auf der Karteikarte.

$$A = \frac{1}{2}a \cdot b$$
a, b sind Katheten

Für beliebige Dreiecke gibt es eine ähnliche Formel.

● Flächeninhaltsformel für Dreiecke

Für beliebige Dreiecke gilt:
$$A = \frac{1}{2}a \cdot b \cdot \sin\gamma = \frac{1}{2}b \cdot c \cdot \sin\alpha = \frac{1}{2}a \cdot c \cdot \sin\beta$$

$$A = \frac{1}{2}a \cdot h_a$$
$$h_a = b \cdot \sin\gamma$$

Verwende bei dieser Formel immer zwei Seiten und den von diesen Seiten eingeschlossenen Winkel.

Beispiel

Gesucht: A in cm^2

Gegeben: a = 8 cm, b = 14 cm, γ = 30°

Lösung: $A = \frac{1}{2}a \cdot b \cdot \sin\gamma = \frac{1}{2} \cdot 8\,\text{cm} \cdot 14\,\text{cm} \cdot \sin 30° = 28\,\text{cm}^2$

Gesucht: A   *Gegeben:* α = 60°, β = 40°, c = 10 cm

1. Seitenlänge b berechnen.

$\gamma = 180° - (\alpha + \beta) = 80°$

$\dfrac{b}{c} = \dfrac{\sin\beta}{\sin\gamma}$ $\rightarrow$ $b = \dfrac{\sin\beta}{\sin\gamma} \cdot c$

$b = \dfrac{\sin 40°}{\sin 80°} \cdot 10\,\text{cm}$ $\rightarrow$ $b \approx 6{,}53\,\text{cm}$

2. Flächeninhalt A berechnen.

$A = \dfrac{1}{2}b \cdot c \cdot \sin\alpha$

$A = \dfrac{1}{2} \cdot 6{,}53\,\text{cm} \cdot 10\,\text{cm} \cdot \sin 60°$

$A \approx 28{,}28\,\text{cm}^2$

Aufgaben

1 Berechne den Flächeninhalt des Dreiecks ABC.
a) $\overline{BC} = 8{,}7$ m; $\overline{AC} = 7{,}1$ m; $\sphericalangle BCA = 44{,}6°$
b) $\overline{BC} = 52{,}85$ m; $\overline{AB} = 75{,}23$ m; $\sphericalangle ABC = 56{,}91°$
c) $\overline{AB} = 1{,}385$ m; $\overline{AC} = 171{,}8$ cm; $\sphericalangle BCA = 74{,}32°$
d) $\overline{BC} = 5{,}38$ m; $\overline{AC} = 1{,}97$ m; $\overline{AB} = 4{,}75$ m

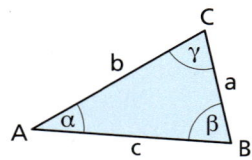

2 Übertrage die Tabelle in dein Heft und fülle sie aus.
Berechne jeweils den Flächeninhalt des Dreiecks ABC.

Dreieck	a	b	c	α	β	γ
①	35,75 m		26,48 m	93,57°		
②		4,3 cm	4,6 cm			20°
③	2,458 km	3,019 km	1,389 km			
④		4,475 km			59,3°	41,3°

3 Berechne den Flächeninhalt des Dreiecks $M_1M_2M_3$ für
$r_1 = 6{,}5$ cm; $r_2 = 5{,}2$ cm und $r_3 = 3{,}8$ cm.

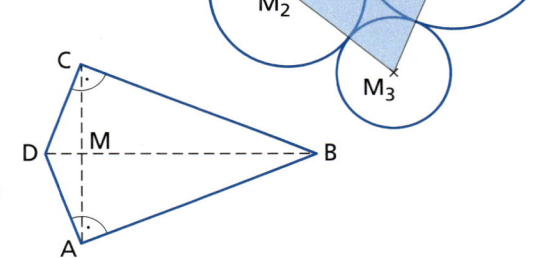

4 Vom Drachenviereck ABCD sind folgende
Stücke gegeben: $\overline{AB} = 9$ cm; $\overline{AM} = 3{,}6$ cm
Berechne die übrigen Seitenlängen und
den Flächeninhalt des Drachenvierecks.

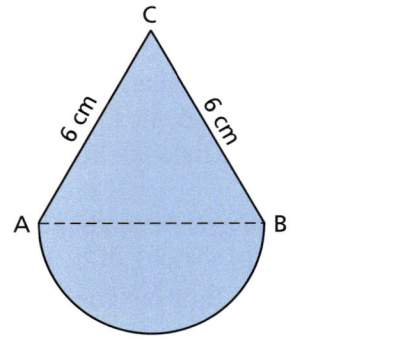

5 Die abgebildete symmetrische Figur lässt
sich in ein gleichschenkliges Dreieck und
einen Halbkreis zerlegen.
a) Berechne den Durchmesser des
Halbkreises für $\sphericalangle BCA = 60°$.
b) Berechne den Flächeninhalt des
Dreiecks für $\sphericalangle BCA = 60°$.
*c) Entscheide und begründe, wie sich der
Durchmesser des Halbkreises und wie
sich der Flächeninhalt des Dreiecks
ändern, wenn sich der $\sphericalangle BCA$ in
5°-Schritten ändert. Du kannst dazu
auch eine Tabellenkalkulation nutzen.
*d) Prüfe und begründe, bei welcher Größe des $\sphericalangle BCA$ der Flächeninhalt
des Halbkreises und der des Dreiecks gleich groß sind.

Gemischte Aufgaben

Wege und Straßen können beträchtliche Steigungen aufweisen.

Erläutere an einer Skizze, warum hier nicht nur für Rollstuhlfahrer Gefahr besteht.

20 %

Gefahr für Rollstuhlfahrer

1 Bei einem Parallelogramm beträgt der Sinus eines spitzen Innwinkels 0,75.
   a) Berechne die Größen aller Innenwinkel des Parallelogramms.
   b) Gib von jedem der Innenwinkel den Kosinuswert an.

2 Vier Sehnen eines Kreises bilden ein Sehnenviereck ABCD.
   Der Kosinus eines Innenwinkels in diesem Viereck beträgt $\frac{12}{13}$.
   a) Schreibe alle Gesetzmäßigkeiten für Sehnenvierecke auf, die du kennst.
   b) Ermittle sowohl die Sinus- als auch die Kosinuswerte aller Innenwinkel und vergleiche diese miteinander.

3 Bei einem Dreieck ABC beträgt die Länge der Seite $\overline{AC}$ = 6,7 cm und die Größe des Innenwinkels BAC = 60°.
   a) Berechne die Größen der anderen beiden Innenwinkel für:
      (1) $\overline{BC}$ = 5 cm   (2) $\overline{BC}$ = 5,8 cm   (3) $\overline{BC}$ = 7 cm
   b) Interpretiere die Lösungen.
   c) Prüfe deine Ergebnisse. Konstruiere dazu das Dreieck und miss die Innenwinkel.

4 Gegeben ist das Viereck PQRS durch die Punkte
   P(2; 2), Q(5; 6), R(5; 2), S(8;10).
   a) Zeichne die Punkte in ein und dasselbe Koordinatensystem.
   b) Berechne jeweils die Abstände der Punkte voneinander.
   c) Berechne die Größe der Innenwinkel im Dreieck PQR und die Größe der Innenwinkel im Dreieck PRS.
   d) Miss die Abstände der Punkte und die Winkelgrößen und vergleiche diese mit deinen Berechnungen.

5 Gegeben sind vom Viereck RSTU die Punkte R(−3; 1), T(3; 5,5), U(−3; 4), die Seite $\overline{RS}$ = 5 cm und die Diagonale $\overline{US}$ = 7 cm.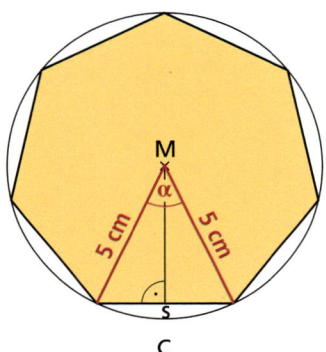

a) Zeichne das Viereck RSTU in ein Koordinatensystem.

b) Lies die Koordinaten vom Punkt S ab und gib die Länge der Seite $\overline{RU}$ an.

c) Berechne, wie lang die Seiten $\overline{ST}$ und $\overline{TU}$ sind.

d) Berechne, wie groß die Winkel SRU und RUT sind.

e) Ermittle den Flächeninhalt des Vierecks auf zwei unterschiedlichen Lösungswegen. Erläutere jeweils dein Vorgehen.

*6 Zeichne einen Kreis um den Punkt M mit einem Radius r = 5 cm.
Der Kreis soll Umkreis eines regelmäßigen Siebenecks sein.

a) Ermittle die Größe des Winkels α.
Gib ihn mit zwei Dezimalstellen gerundet an.

b) Berechne die Seitenlänge s des Siebenecks.
Gib sie mit zwei Dezimalstellen gerundet an.

*7 Der Maler ALBRECHT DÜRER hat ein regelmäßiges Siebeneck nach nebenstehender Konstruktion gezeichnet.

a) Gib eine Konstruktionsbeschreibung an.

b) Konstruiere so ein Siebeneck mit einem Umkreisradius von r = 5 cm.

c) Berechne die Seitenlänge s.
Gib sie mit zwei Dezimalstellen an.

8 Vergleiche die berechneten Seitenlängen der beiden Siebenecke in den Aufgaben 6 und 7 miteinander und berechne, um wie viel Prozent sie voneinander abweichen.

*9 Berechne die Länge der Seite $\overline{CD}$ eines Vierecks ABCD, von dem folgende Stücke gegeben sind: $\overline{AB}$ = 85 m; ∢ ABC = 57,12°; ∢ ABD = 34,24°; ∢ BAC = 44,37°; ∢ BAD = 122,19°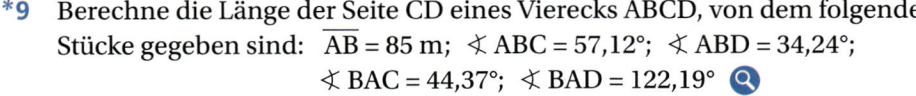

*10 Ein Kraftwerk A soll zwei Wohngebiete B und C mit Fernwärme versorgen. Das Wohngebiet B liegt 2 840 m und das Wohngebiet C liegt 3 020 m vom Kraftwerk A entfernt. Die beiden Wohngebiete B und C sind 5 450 m voneinander entfernt. Berechne den Winkel, den die beiden Rohrleitungen zu B und C beim Kraftwerk A haben müssen, wenn sie auf kürzestem Weg verlegt werden sollen.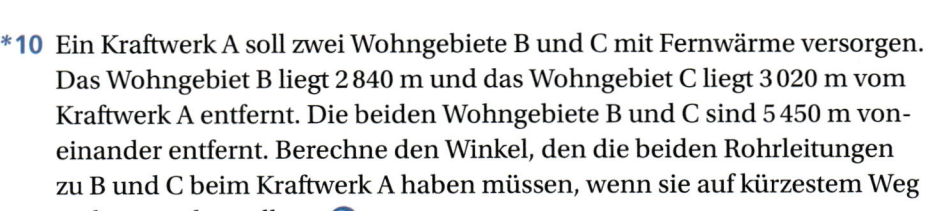

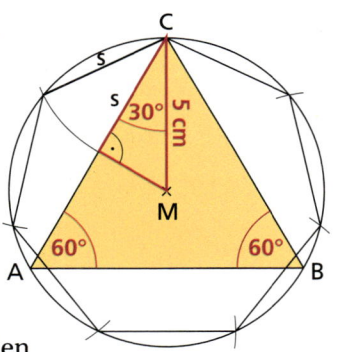

11 Veranschauliche in einer Zeichnung folgende Tangenswerte:

    a) $\tan 0°$ b) $\tan 45°$ c) $-\tan 45°$

12 Ein Geländefahrzeug kann Steigungen bis zu 35° bewältigen. Gib die maximale Steigfähigkeit des Fahrzeugs in Prozent an.

13 Zeige, dass der Sinussatz auch für rechtwinklige Dreiecke gilt. ✪

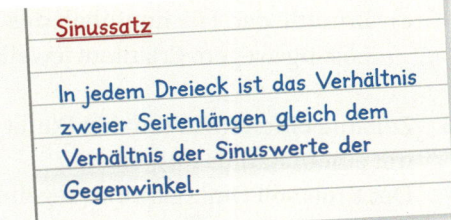

Sinussatz

In jedem Dreieck ist das Verhältnis zweier Seitenlängen gleich dem Verhältnis der Sinuswerte der Gegenwinkel.

14 Finde einen Zusammenhang zwischen dem Kosinussatz und dem Satz des Pythagoras. Erläutere dein Vorgehen. ✪

15 Das Wiesenstück ABCD soll gemäht werden.
Berechne, wie viel Hektar Land das sind.
Verwende folgende Maßangaben:
$\overline{AB} = 470$ m; $\overline{BC} = 675$ m; $\sphericalangle DAB = 115°$;
$\sphericalangle ABD = 26°$; $\sphericalangle DBC = 72{,}5°$

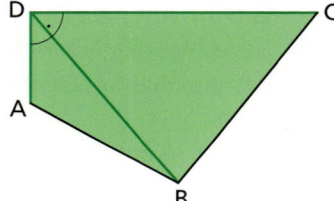

16 Konstruiere das Dreieck ABC. Miss und berechne die Längen der fehlenden Seiten und die Größen der fehlenden Innenwinkel. Vergleiche deine Messwerte mit deinen Rechenergebnissen.

    a) $\beta = 32°$; $\gamma = 87°$; $c = 8{,}5$ cm
    b) $\alpha = 103°$; $\beta = 47°$; $c = 67$ mm
    c) $\alpha = 38°$; $\gamma = 44°$; $b = 1{,}04$ dm
    d) $a = 3$ cm; $b = 4$ cm; $c = 5$ cm

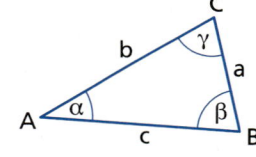

*17 Zur Ermittlung der Flussbreite x wurden zwei Uferpunkte A und B sowie zwei weitere Messpunkte C und D im Gelände festgelegt. Berechne die Flussbreite mit den in der Zeichnung enthaltenen Messwerten. 🔍

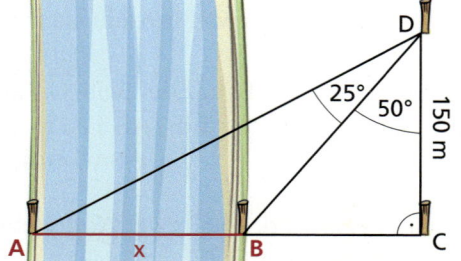

*18 Bei einem gleichschenkligen Trapez ist die Grundseite 10 cm lang. Die Länge der Diagonale beträgt 93 mm. Die Innenwinkel an der Grundseite haben eine Größe von jeweils 65°. Berechne die fehlenden Seitenlängen.

19 Berechne die Länge der Strecke $\overline{DC}$.
  a) $\overline{AB} = 115$ m; $\alpha_1 = 39{,}7°$; $\alpha_2 = 74{,}0°$;
     $\beta_1 = 60{,}0°$; $\beta_2 = 30{,}2°$
  b) $\overline{AB} = 710$ m; $\gamma_1 = 52{,}5°$; $\gamma_2 = 114{,}2°$;
     $\delta_1 = 86{,}7°$; $\delta_2 = 35{,}1°$

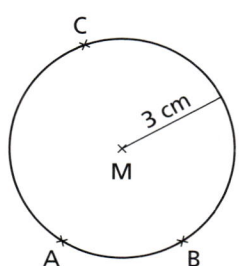

$$\alpha = \alpha_1 + \alpha_2$$
$$\beta = \beta_1 + \beta_2$$
$$\gamma = \gamma_1 + \gamma_2$$
$$\delta = \delta_1 + \delta_2$$

20 Zeichne einen Kreis um M mit einem Radius $r = 3$ cm.
  a) Markiere auf dem Kreis drei
     Punkte A, B und C für die gilt:
     $\overline{AB} = 3{,}5$ cm und $\overline{AC} = 5$ cm
  b) Berechne die Länge von $\overline{BC}$.
  *c) Entscheide und begründe,
     warum die Lösung nicht eindeutig ist.
  *d) Ermittle auch die zweite Lösung.

21 Zwei U-Boote verlassen bei gleichem Tiefgang einen Hafen.
  Das erste U-Boot fährt mit 20 Knoten auf Nordwest-Kurs,
  das zweite U-Boot mit 18 Knoten in Richtung Süd-Südwest.
  a) Fertige eine Planfigur an.
  b) Berechne, wie weit beide U-Boote nach einer
     Stunde voneinander entfernt sind, wenn sie
     gleichzeitig den Hafen verlassen.
  *c) Gib an, welchen Winkel eine Echolotung
     vom Schiff 1 zum Schiff 2 nach einer Stunde
     mit der Nordrichtung ausweist.
  *d) Ermittle, wie weit beide U-Boote nach einer
     Stunde voneinander entfernt wären, wenn
     das zweite U-Boot eine Viertelstunde später
     den Hafen verlassen würde als das erste U-Boot.

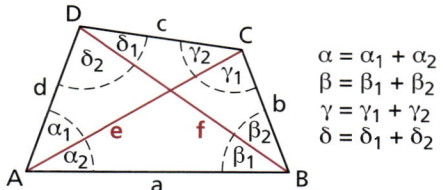

Wie groß ist eigentlich der Überhang?

Der toppt ja den schiefen Turm von Pisa noch.

Der schiefe Turm von Suurhusen

Baujahr:	1450
Masse:	ca. 2 116 t
Grundfläche:	11 m × 11 m
Höhe:	27,37 m
Neigung:	5,19°

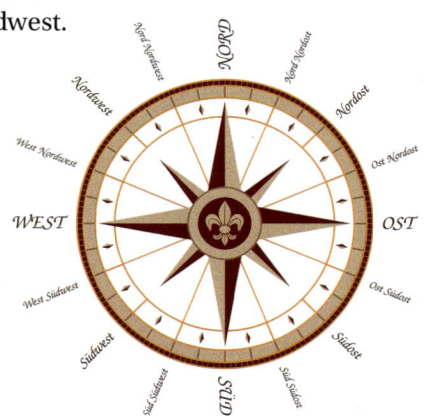

❶ Mathe und mehr

Archimedische Spiralen sind besondere Kurven

ARCHIMEDES VON SYRAKUS (285 bis 212 v. Chr.) war einer der ersten Mathematiker, der sich mit spiralförmigen Kurven beschäftigte. Eine besondere Spiralenart wird nach ihm „archimedische Spirale" genannt. Bei einer archimedischen Spirale nimmt der Abstand der Kurve zum Mittelpunkt gleichmäßig zu. Aufeinanderfolgende Spiralenwindungen haben immer den gleichen Abstand voneinander.

Zeichnen angenäherter archimedischer Spiralen

1 Zeichnet ein Strahlenkreuz aus 16 Strahlen mit jeweils einem Winkel von 22,5° zwischen zwei Strahlen.
   a) Zeichnet 30 Kreise um den Mittelpunkt des Strahlenkreuzes. Die Radien der Kreise sollen sich immer um 1 mm unterscheiden. 👥
   b) Markiert die Schnittpunkte der Kreise mit den Strahlen wie in der Zeichnung und verbindet diese durch eine Kurve miteinander. 👥

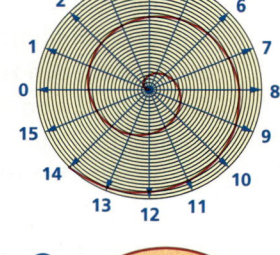

2 Zeichnet zwei Punkte M_1 und M_2 mit $\overline{M_1M_2}$ = 1 cm. 👥 Zeichnet dann abwechselnd um M_1 und um M_2 Halbkreise. Der kleinste Halbkreis hat einen Radius von 1 cm. Die Radien der darauffolgenden Halbkreise vergrößern sich immer um 1 cm.

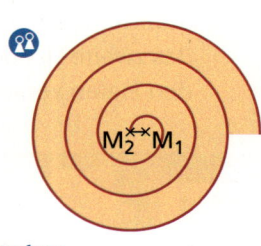

Beschreiben von Punkten mit Kreiskoordinaten

Der Punkt P (x; y) lässt sich mithilfe trigonometrischer Beziehungen beschreiben.
Es gilt:

$$\sin \alpha = \frac{y}{r} \quad \rightarrow \quad y = r \cdot \sin \alpha$$

$$\cos \alpha = \frac{x}{r} \quad \rightarrow \quad x = r \cdot \cos \alpha$$

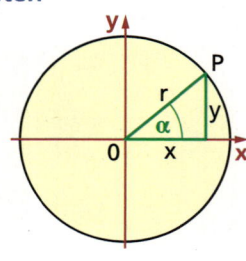

Archimedische Spiralen sind z. B. in dynamischen Geometrieprogrammen darstellbar.

Archimedische Spiralen im Geometrieprogramm GeoGebra

Du kannst im dynamischen Geometrieprogramm GeoGebra
den Abstand und die Anzahl der Spiralwindungen einer
archimedischen Spirale ändern.

3 Zeichnet eine archimedische Spirale
im Geometrieprogramm
GeoGebra.

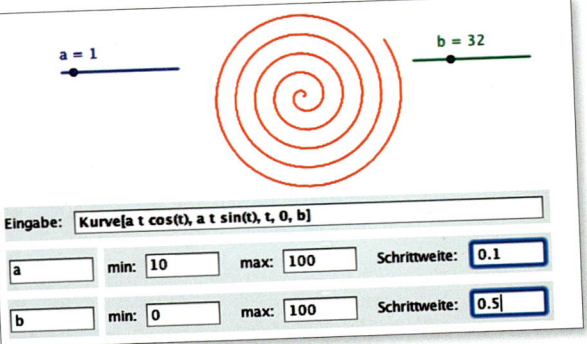

a) Schreibt in die *Eingabezeile:*
Kurve[a t cos(t), a t sin(t), t, 0, b]

b) Erstellt einen *Schieberegler:*
0 < a < 10 mit der Schrittweite 0.1
Erstellt einen *Schieberegler:*
0 < b < 100 mit der Schrittweite 0.5

c) Bewegt die beiden Schieberegler
und erläutert eure Beobachtungen.

Kleine Basteleien mit Spiralen

Zeichnet auf Zeichenkarton eine archimedische
Spirale und schneidet sie aus. Achtet darauf, dass
die Spiralwindungen einen Abstand von etwa
1,5 cm haben. Lagert die Spirale auf einem spitzen
Gegenstand. Ihr könnt die Spirale auch an einem
dünnen Faden aufhängen.
Die Spirale bewegt sich, wenn ihr sie auf eine
Heizung stellt.

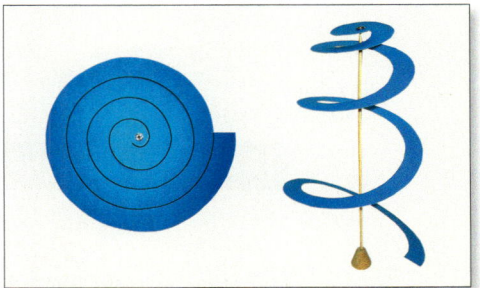

Schneidet zwei 1 cm breite Streifen aus Filz.
Der Streifen für den Körper sollte etwa 70 cm,
der für den Kopf etwa 20 cm lang sein.
Rollt und klebt die Streifen zusammen.
Augen, Ohren, Flügel und andere Körperteile
lassen sich aus Papier herstellen.
Ihr könnt auch andere Figuren entwerfen,
wie beispielsweise Schneemänner, Raben usw.

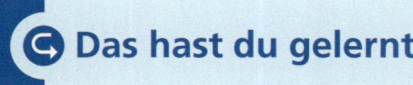 Das hast du gelernt

Trigonometrische Berechnungen

Seiten-Winkel-Beziehungen für rechtwinklige Dreiecke

Begriff	Gleichung	
Sinus von α	$\sin \alpha = \dfrac{a}{c}$	$\left(\dfrac{\text{Gegenkathete}}{\text{Hypotenuse}}\right)$
Kosinus von α	$\cos \alpha = \dfrac{b}{c}$	$\left(\dfrac{\text{Ankathete}}{\text{Hypotenuse}}\right)$
Tangens von α	$\tan \alpha = \dfrac{a}{b}$	$\left(\dfrac{\text{Gegenkathete}}{\text{Ankathete}}\right)$

Es gilt: $\quad \sin \alpha = \cos \beta \quad$ und $\quad \cos \alpha = \sin \beta$

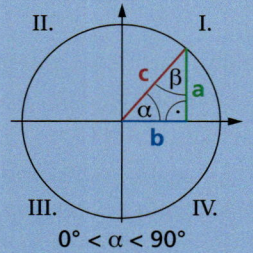

$0° < \alpha < 90°$

Winkelmaße

Winkelmaß	Zusammenhang
Gradmaß	Der Vollwinkel beträgt 360°. *ETR:* Taste ⌑DEG⌑ von „degree"
Bogenmaß	Der Vollwinkel beträgt 2π. ETR: Taste ⌑RAD⌑ von „radiant"

Umrechnungen: $\quad \mathrm{arc}\,\alpha = \alpha \cdot \dfrac{\pi}{180°} \qquad \alpha = 180° \cdot \dfrac{\mathrm{arc}\,\alpha}{\pi}$

Einheitskreis

$2\pi \;\widehat{=}\; 360°$

Bogenmaß **Gradmaß**

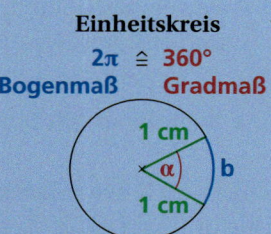

Formeln für Berechnungen an beliebigen Dreiecken

Sinussatz	$\dfrac{a}{\sin \alpha} = \dfrac{b}{\sin \beta} = \dfrac{c}{\sin \gamma}$
Kosinussatz	$a^2 = b^2 + c^2 - 2 \cdot b \cdot c \cdot \cos \alpha$ $b^2 = a^2 + c^2 - 2 \cdot a \cdot c \cdot \cos \beta$ $c^2 = a^2 + b^2 - 2 \cdot a \cdot b \cdot \cos \gamma$
Flächeninhalt	$A = \tfrac{1}{2} \cdot a \cdot b \cdot \sin \gamma$ $A = \tfrac{1}{2} \cdot b \cdot c \cdot \sin \alpha$ $A = \tfrac{1}{2} \cdot a \cdot c \cdot \sin \beta$

Teste dich selbst ③

1 Zeige mithilfe des Taschenrechners, dass folgende Werte gleich groß sind:
a) $\sin 30°$ und $\sin 150°$ b) $\cos 45°$ und $\cos 315°$ c) $\sin 30°$ und $\cos 60°$

2 Entscheide und begründe, welche Aussage für das Dreieck ABC gilt und welche nicht.
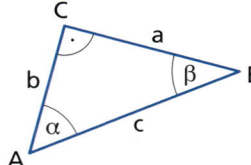
(1) $\sin \alpha$ ist kleiner als 1. (2) $c = \dfrac{a}{\sin \alpha}$
(3) $a \cdot \tan \alpha = b$ (4) $\sin \beta = \cos \alpha$

3 Berechne die folgenden Sinus- und Kosinuswerte:
a) $\sin 135°$ und $\cos 300°$ b) $\sin \frac{4}{3}\pi$ und $\cos \frac{3}{4}\pi$

4 Gib alle Winkel des Intervalls $0° \leq \alpha \leq 180°$ an, für die gilt:
a) $\sin \alpha = 0{,}5$ b) $\cos \alpha = 0{,}5$ c) $\tan \alpha = 0{,}5$

5 Die Steigung einer Straße wird mit 8 % angegeben. Welchen Steigungswinkel hat die Straße? Gib ihn sowohl im Grad- als auch im Bogenmaß an.

6 Markiere in einem gleichseitigen Dreieck ABC mit $\overline{AB} = 5$ cm den Mittelpunkt D von $\overline{AB}$ und verbinde die Punkte D und C miteinander.
a) Gib die Größen der Innenwinkel des Dreiecks ABC an.
b) Berechne die Länge von $\overline{DC}$ mit dem Tangens von $\sphericalangle$ DAC.

7 Berechne die fehlenden Seitenlängen und Innenwinkelgrößen bei einem rechtwinkligen Dreieck ABC mit $\overline{AB} = 8$ cm, $\overline{BC} = 5$ cm und $\sphericalangle$ ABC $= 90°$.

8 Die Einfahrt E und die Ausfahrt A eines geradlinig durch einen Berg verlaufenden Straßentunnels sind von einem Punkt C jeweils 3,455 km entfernt. Der Winkel γ beträgt 53,5°.
a) Ermittle zeichnerisch einen Näherungswert für die Tunnellänge.
b) Berechne die Länge des Tunnels und gib das Ergebnis in Meter an.

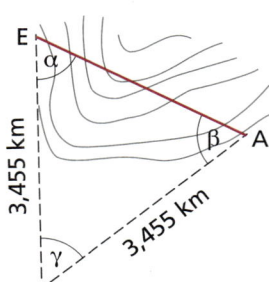

75

Quadratische Gleichungen lösen

FRANÇOIS VIÈTE (gesprochen: Vi-eta),
lebte von 1540 bis 1603 in Frankreich.
Er verwendete u. a. Variablen in Rechnungen
und entdeckte einen nach ihm benannten
Zusammenhang für quadratische Gleichungen.

Informiert euch über das Leben und Wirken von
FRANÇOIS VIÈTE. Erläutert den von ihm
entdeckten Zusammenhang an einem Beispiel.

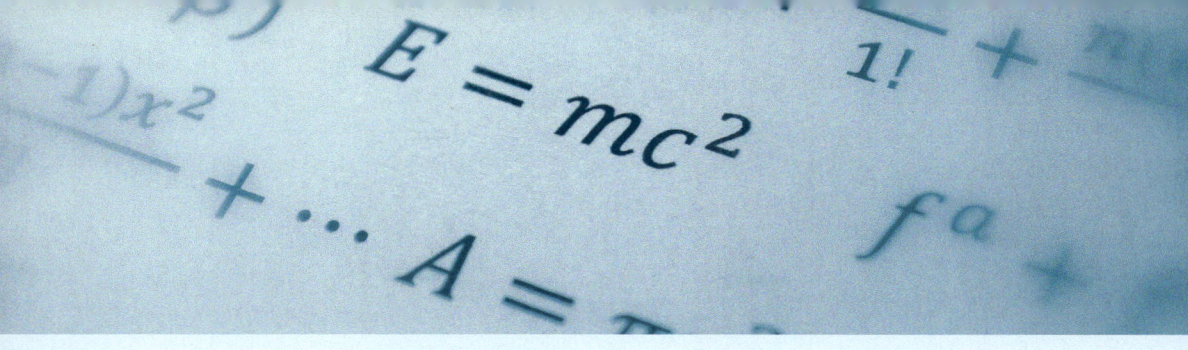

Die „Quadratur" des Kreises

Wenn gleich große Kreise möglichst eng
aneinanderliegen, gibt es immer ein kleinstes
Quadrat, in dem diese Kreise Platz finden.
Skizziert diesen Sachverhalt für vier (fünf, …)
Kreise. In welchen Fällen ist die Seitenlänge
des Quadrats ein Vielfaches vom Kreisradius?

Ungewöhnliche Verhältnisse

Der Oberflächeninhalt eines
Würfels ist von seiner Kantenlänge abhängig.
Faltet aus Papier drei Würfel,
deren Kantenlängen sich wie
1 : 2 : 4 verhalten.
Wie verhalten sich die Ober-
flächeninhalte der drei Würfel
zueinander?

📖 Kannst du das?

Gleichungen lösen

Arbeite *schrittweise* und *übersichtlich*. *Begründe* dein Vorgehen.
Führe einfache Rechnungen im Kopf aus. Orientiere dich an Folgendem:
- ▶ Löse Klammern auf und vereinfache Terme.
- ▶ Bringe Variablen auf die linke Seite der Gleichung.
- ▶ Dividiere niemals durch 0.

Beispiel

Welche ganzen und welche rationalen Zahlen sind Lösung der Gleichung?

$$3(x + 1) + 3(x + 2) = 3x - (-x - 6x) - 2x \quad | \text{Klammern auflösen}$$
$$3x + 3 + 3x + 6 = 3x + x + 6x - 2x \quad | \text{Zusammenfassen}$$
$$6x + 9 = 8x \quad | -8x - 9$$
$$-2x = -9 \quad | : (-2)$$
$$x = 4{,}5$$

Probe:
l. S.: $3 \cdot (4{,}5 + 1) + 3 \cdot (4{,}5 + 2) = 3 \cdot 5{,}5 + 3 \cdot 6{,}5 = 16{,}5 + 19{,}5 = 36$
r. S.: $3 \cdot 4{,}5 - (-4{,}5 - 6 \cdot 4{,}5) - 2 \cdot 4{,}5 = 13{,}5 - (-31{,}5) - 9 = 13{,}5 + 31{,}5 - 9 = 36$

Die Gleichung hat im Bereich der ganzen Zahlen $\mathbb{Z}$ keine Lösung: $L = \emptyset$
Für rationale Zahlen $\mathbb{Q}$ gilt: $L = \{4{,}5\}$

Gleichungen können auch **mehrere Lösungen** haben.
Führe bei solchen Gleichungen immer eine **Fallunterscheidung** durch.

Beispiel

Welche natürlichen Zahlen gehören zur Lösung der Gleichung?

1. Fall $\quad 2x \cdot (x - 4) = 0 \quad$ 2. Fall

$2x = 0 \qquad\qquad x - 4 = 0 \quad$ | Ein Produkt ist null, wenn
$x = 0 \qquad\qquad x = 4 \quad$ mindestens ein Faktor null ist.
$$L = \{0; 4\}$$

Welche rationalen Zahlen $\mathbb{Q}$ gehören zur Lösung der Gleichung?

1. Fall $\quad |x + 3| = 5 \quad$ 2. Fall

$x + 3 = 5 \qquad\qquad -(x + 3) = 5 \quad$ | 5 kann Betrag einer **positiven**
$x = 2 \qquad\qquad x = -8 \quad$ oder **negativen** Zahl sein.
$$L = \{-8; 2\}$$

Aufgaben

1 Prüfe und begründe, ob folgende Aussagen wahr oder falsch sind: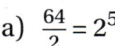
  a) $\frac{64}{2} = 2^5$ b) $-3 \cdot (5 - 2) = 9$ c) $(\frac{2}{5} - 0,4) \cdot (-3) \cdot 2 \cdot (-5) \cdot (-7) > 0$

2 Vereinfache die Terme möglichst weit.
  a) $\frac{\frac{1}{2} + \frac{2}{3}}{\frac{3}{5} - \frac{1}{2}}$ b) $\frac{2a}{5} : \frac{8a^2}{6bc}$ c) $\sqrt{25^2 - 20^2}$ d) $2^{-3} \cdot 8$ e) $\sqrt{2\frac{7}{9}}$

3 Berechne die Termwerte für $x = -2$, $x = 0$ und $x = 2$.
  a) $2x - 3$ b) $2 \cdot (x - 3)$ c) $x^2 - 3$ d) $(x - 3)^2$

4 Setze beim Term $4x - 2y - 6$ Klammern so, dass bei der Belegung $x = y = 2$
  der Termwert dabei einmal -14 und einmal 16 ist.

*5 Tim, Lea und Paul haben 100 rote Kugeln gleicher Masse und 100 grüne
  Kugeln gleicher Masse. Eine rote Kugel ist schwerer als eine grüne Kugel.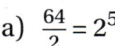
  ① Tim legt auf eine Seite der Balkenwaage zwei rote
     Kugeln und auf die andere Seite sechs grüne Kugeln.
     Dabei ist die Waage im Gleichgewicht.
  ② Lea legt auf eine Seite der Waage fünf rote Kugeln und
     auf die andere Seite drei rote und sechs grüne Kugeln.
  ③ Paul legt auf eine Seite der Waage sieben rote Kugeln
     und auf die andere Seite zwei rote und fünfzehn grüne Kugeln.
  Skizziere die Sachverhalte. Entscheide und begründe, ob Leas und Pauls
  Waagen auch im Gleichgewicht sind.

6 Löse jede der Gleichungen und führe immer eine Probe durch.
  a) $3x + 8 + 6x - 3 = -13$ b) $20y + 82 = -158$ c) $6x - 5 - 4x - 2 = 15$
  d) $2(5x - 8) - 3(4x - 5) = 4(3x - 4) + 11$ *e) $2 \cdot (x + 2) \cdot (x - 2) = 0$
  *f) $\frac{3}{5x} = \frac{60}{x}$ *g) $6(3x - 4)(3x + 4) - (5x - 7)^2 = (9x - 4)^2 - 13(2x - 5)^2 - 13$

*7 Informiere dich im Internet bzw. in deiner Formelsammlung über die
  physikalischen Sachverhalte, die durch folgende Formeln beschrieben
  werden. Erläutere die Sachverhalte und stelle jede Formel nach den in
  Klammern stehenden Größen um.
  a) $v = v_0 + g \cdot t$ (v_0, t) b) $\frac{1}{R} = \frac{1}{R_1} + \frac{1}{R_2}$ (R_1, R_2) c) $T_F - T_C \cdot \frac{9}{5} = 32$ (T_F, T_C)

Quadratische Gleichungen lösen

Die Körper ergeben zusammen einen Würfel. Der Oberflächeninhalt des blauen Körpers beträgt 96 cm².

Zeichne von jedem Körper ein Zweitafelbild im Maßstab 1 : 1.

Quadratische Gleichungen erkennen

Gleichungen mit einer Variablen, in denen auch das **Quadrat dieser Variablen** auftritt, heißen **quadratische Gleichungen.**

Beispiel

> Eine quadratische Gleichung kann zwei Lösungen, eine oder keine Lösung haben.

$x^2 = 9$ $\qquad$ $x^2 - 2x = -1$ $\qquad$ $x^2 + 4 = -2$

$L = \{-3; 3\}$ $\qquad$ $L = \{1\}$ $\qquad$ $L = \emptyset = \{\}$

> Und welche binomische Formel nehme ich?

Es ist nicht immer sofort erkennbar, ob eine Gleichung quadratisch ist:

$(x + 17) \cdot x = -7$ $\quad$ | Ausmultiplizieren $\qquad$ $\dfrac{x}{x+1} = x + 1$ $\quad$ $| \cdot (x + 1)$

$x^2 + 17x = -7$ $\quad$ $| + 7$ $\qquad\qquad\qquad$ $x = (x + 1)^2$ $\quad$ | binomische Formel

$x^2 + 17x + 7 = 0$ $\qquad\qquad\qquad\qquad$ $x = x^2 + 2x + 1$ $\quad$ $| -x$

$\qquad\qquad\qquad\qquad\qquad\qquad\qquad\qquad$ $0 = x^2 + x + 1$

Spezialfälle quadratischer Gleichungen untersuchen

Für spezielle Zahlenwerte a, b und c ergeben sich Spezialfälle der quadratischen Gleichung:

> Für a = 0 gilt: b · x + c = 0
> Das ist keine quadratische Gleichung.

$a \cdot x^2 + b \cdot x + c = 0$ mit $a \neq 0$

$a \cdot x^2 + b \cdot x + c = 0$		
b = 0	c = 0	a = 1
$a \cdot x^2 + c = 0$	$a \cdot x^2 + b \cdot x = 0$	$x^2 + b \cdot x + c = 0$

Lösungsmengen quadratischer Gleichungen ermitteln

Löse quadratische Gleichungen
inhaltlich oder wende Rechengesetze an.

$$4x^2 - 16 = 0$$
$$(2x + 4) \cdot (2x - 4) = 0$$
$$2x_1 + 4 = 0 \qquad 2x_2 - 4 = 0$$
$$2x_1 = -4 \qquad 2x_2 = 4$$
$$x_1 = -2 \qquad x_2 = 2$$

● So kannst du vorgehen

Löse die quadratische Gleichung $4x^2 - 16 = 0$.

▶ **Schritt 1**   Stelle die Gleichung um. $x^2 = 4$
▶ **Schritt 2**   Ziehe die Quadratwurzel. $x_{1;2} = \pm\sqrt{4} = \pm 2$
▶ **Schritt 3**   Führe eine Probe durch. ± 2 in Gleichung einsetzen
▶ **Schritt 4**   Gib die Lösungsmenge an. $L = \{-2; 2\}$

Achte beim Lösen quadratischer Gleichungen immer auf den Zahlenbereich.
Im Bereich der natürlichen Zahlen hat die Gleichung $4x^2 - 16 = 0$ nur eine
Lösung.

● So kannst du vorgehen

Löse die quadratische Gleichung $4x^2 - 16x = 0$.

▶ **Schritt 1**   Klammere aus. $4x \cdot (x - 4) = 0$
▶ **Schritt 2**   Prüfe die Faktoren. $x_1 = 0$ und $x_2 = 4$
▶ **Schritt 3**   Führe eine Probe durch.   0; 4 in Gleichung einsetzen
▶ **Schritt 4**   Gib die Lösungsmenge an. $L = \{0; 4\}$

Du kannst quadratische Gleichungen
im Bereich der natürlichen und ganzen
Zahlen auch durch Probieren lösen.
Tabellenkalkulationen können dabei
hilfreich sein.

Löse die folgende Gleichung
in einer Tabellenkalkulation:

$2x^2 - 2x - 4 = 0$

– Richte eine geeignete Tabelle ein.
– Lege ein geeignetes Intervall fest.
– Entscheide, wo sich die Lösungen
  in der Tabelle befinden.

	A	B	C	D
1	Gleichung	y = 2*x^2−2*x−4		
2				
3	x	2*x^2	2*x	2*x^2−2*x−4
4	-5	50	-10	56
5	-4	32	-8	36
6	-3	18	-6	20
7	-2	8	-4	8
8	-1	2	-2	0
9	0	0	0	-4
10	1	2	2	-4
11	2	8	4	0
12	3	18	6	8
13	4	32	8	20
14	5	50	10	36
15				
	Die Lösungen sind: $x_1 = -1$ und $x_2 = 2$			

Aufgaben

1 a) Ermittle die Quadrate folgender Zahlen: 9; 17; 120; 3,5; $\frac{1}{3}$; $-\frac{2}{5}$; -300

b) Prüfe und begründe, ob es noch andere Zahlen mit den gleichen Quadraten wie in Aufgabe a gibt.

2 Gib alle Zahlen an, mit denen sich die folgenden Quadrate bilden lassen: 25; 144; $\frac{4}{9}$; $\frac{6}{25}$; $\frac{36}{121}$; 6,25; 0,0036

3 Berechne.

a) $\sqrt{5^2 + 12^2}$ b) $\sqrt{5^2} + \sqrt{12}^{\,2}$ c) $\sqrt{5^2} \cdot \sqrt{12}^{\,2}$ d) $5^2 - \sqrt{12^2}$

4 Löse die folgenden Gleichungen im Kopf:

a) $x^2 = 49$ b) $x^2 = 125$ c) $x^2 = \frac{25}{9}$ d) $x^2 = 2{,}89$

5 Entscheide und begründe, welche Gleichung quadratisch ist.

a) $x^2 = 3$ b) $x^3 = 64$ c) $x^2 = 25$ d) $x - 2x^2 = 1$

e) $2^x - 2 = 2x$ f) $(x + 2)(x - 2) = 0$ g) $x^2 - \frac{2}{x} = 4$

6 Löse alle quadratischen Gleichungen aus Aufgabe 5.

7 Berechne die Termwerte für $x_1 = 2$ und $x_2 = -4$.

a) $\sqrt{\left(x + \frac{x}{2}\right)^2}$ b) $\sqrt{\left(\frac{x}{2}\right)^2 + \left(\frac{x}{2}\right)^2}$ c) $x^2 + \sqrt{\left(\frac{x}{2}\right)^2}$ d) $\sqrt{\frac{x^2}{4}} + \sqrt{\left(\frac{x}{2}\right)^2}$

8 Löse folgende Gleichungen. Forme sie im ersten Schritt mithilfe der binomischen Formeln so um, dass jeweils auf der linken Seite ein Produkt auftritt. Führe auch immer eine Probe durch.

a) $x^2 - 16 = 0$ b) $x^2 - \frac{121}{169} = 0$ c) $x^2 = 0{,}09$

9 Forme jede Gleichung in die Form $a \cdot x^2 + b \cdot x + c = 0$ um.

① $x(4x - 3) = 5x$ ② $4x^2 + 9 = 7x^2 + 6x$ ③ $\frac{8x + 48}{x} = 8x$

a) Gib jeweils die Zahlenwerte für a, b und c an.

b) Entscheide und begründe, welche der Zahlen -3; -2; 0; 1; 3 und 4 Lösungen der Gleichungen sind.

10 Löse folgende Gleichungen durch inhaltliche Überlegungen:

a) $(x + 1)(x - 1) = 0$ b) $(x + 2)(x - 2) = 0$ c) $(x - 3)^2 = 0$

d) $x(x - 4) = 0$ e) $(x + \frac{1}{2})(x + \frac{1}{2}) = 0$ f) $(x + 0{,}25)^2 = 0$

11 Löse folgende Gleichungen ausführlich und führe jeweils eine Probe durch:

a) $x^2 - 36 = 0$ b) $x^2 - 400 = 0$ c) $x^2 - 4 = 32$

d) $2x^2 = 288$ e) $2x^2 + 4x = 6x$ f) $\frac{1}{3}x^2 - 3 = 9$

12 Löse folgende Gleichungen mit dem Taschenrechner und runde die Ergebnisse jeweils auf zwei Dezimalstellen. Erläutere an einem Beispiel, warum mit diesen gerundeten Zahlen keine exakten Proben möglich sind.

a) $x^2 = 15$ b) $3x^2 = 12$ c) $2x^2 + 4 = 2$

13 Gib eine quadratische Gleichung an, die die gegebene Lösungsmenge hat.

a) $L = \{-1; 1\}$ b) $L = \{0; 1\}$ c) $L = \{-1\}$ d) $L = \{\}$

14 Ermittle alle Zahlen, für die folgende Bedingung zutrifft:

a) Das Dreifache vom Quadrat einer Zahl ergibt 27.

b) Das Produkt aus dem Vorgänger und dem Nachfolger einer Zahl ist 0.

15 Der Oberflächeninhalt eines Würfels beträgt 13,5 cm².

a) Ermittle die Kantenlänge des Würfels.

b) Zeichne das Netz des Würfels.

c) Berechne das Volumen des Würfels.

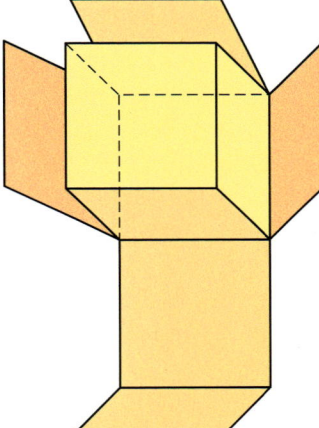

16 Erläutere an den Formeln zur Berechnung der Flächeninhalte von Quadrat und Kreis, warum es sich dabei um quadratische Gleichungen handelt. ✪

*17 Erläutere, unter welchen Bedingungen die Formel zur Flächeninhaltsberechnung eines Trapezes $A = \frac{a+c}{2} \cdot h$ eine quadratische Gleichung ist. ✪

18 Suche im Internet und in deiner Formelsammlung nach Beispielen für quadratische Zusammenhänge. Schreibe jeweils die zugehörige Formel auf und erläutere, zwischen welchen Größen der quadratische Zusammenhang auftritt. 👥 ✪

Da hatten wir doch im Physikunterricht ...

Nachgefragt

1 Gib alle Quadratzahlen an, die zwischen 100 und 200 liegen.

2 Berechne die folgenden Wurzelwerte:

a) $\sqrt{0,49}$ b) $\sqrt{\frac{64}{4}}$ c) $\sqrt{-36}$ d) $\sqrt{2\frac{1}{4}}$ e) $\frac{1}{3} \cdot \sqrt{9}$

3 Ermittle die Seitenlänge eines Quadrats, bei dem die Maßzahlen des Flächeninhalts und des Umfangs gleich groß sind.

Lösungsformel für quadratische Gleichungen

Pia meint, dass x hier nur 3 sein kann, denn für das Quadrat gilt:
$x^2 + 10x + 25 = 64$
Tom meint, dass auch x = –13 Lösung sein muss.

Was meinst du?

	8 cm
5x	25 cm²
x²	5x

Quadratische Gleichungen der Form $x^2 + p \cdot x + q = 0$

Die Gleichung $x^2 + \mathbf{10}x - \mathbf{39} = 0$
ist für a = 1 ein **Spezialfall**
der Gleichung $ax^2 + \mathbf{b}x + \mathbf{c} = 0$

> Es gilt: b = 10
> c = –39

Für **c** = **p** und für **c** = **q** heißt die Gleichung: $x^2 + p \cdot x + q = 0$
Eine solche Gleichungsform heißt **Normalform.**

> Für die quadratische Gleichung $x^2 + px + q = 0$
>
> gilt die **Lösungsformel:** $x_{1;2} = -\frac{p}{2} \pm \sqrt{\left(\frac{p}{2}\right)^2 - q} = -\frac{p}{2} \pm \sqrt{D}$
>
> $$x_1 = -\frac{p}{2} + \sqrt{\left(\frac{p}{2}\right)^2 - q} \qquad\qquad x_2 = -\frac{p}{2} - \sqrt{\left(\frac{p}{2}\right)^2 - q}$$
>
> Der Term $\left(\frac{p}{2}\right)^2 - q$ heißt **Diskriminante D.**
> Es gilt: D > 0   **zwei** Lösungen
> D = 0   **eine** Lösung (Doppellösung)
> D < 0   **keine** Lösung

Diskriminante kommt vom lateinischen discriminare und bedeutet unterscheiden.

> $2^2 = 4$ und $(-2)^2 = 4$
> aber
> $\sqrt{4} = 2$

Untersuche die Diskriminante D, um die Anzahl der Lösungen einer quadratischen Gleichung in der Normalform zu ermitteln.

Beispiel

Ermittle die Anzahl der Lösungen der Gleichung $x^2 + 10x - 39 = 0$.
Für p = 10 und q = –39 gilt: $D = \left(\frac{p}{2}\right)^2 - q = \left(\frac{10}{2}\right)^2 + 39 = 25 + 39 = 64$
Die Diskriminante D ist größer als 0.
Somit hat die Gleichung zwei Lösungen.

Lösungen quadratischer Gleichungen mit der Lösungsformel ermitteln

> ### ⊙ So kannst du vorgehen

Löse die quadratische Gleichung $2x^2 + 20x - 78 = 0$ mit der Lösungsformel.

▶ **Schritt 1**   Forme die Gleichung in die Normalform um. $x^2 + 10x - 39 = 0$

▶ **Schritt 2**   Gib p und q an und berechne die Diskriminante.

$p = 10; \quad q = -39$
$D = \left(\frac{p}{2}\right)^2 - q = 25 + 39 = 64$

▶ **Schritt 3**   Prüfe die Lösbarkeit der Gleichung.

Die Gleichung hat zwei Lösungen. $(D > 0)$

▶ **Schritt 4**   Berechne den Term $-\frac{p}{2}$.

$-\frac{p}{2} = -\frac{10}{2} = -5$

▶ **Schritt 5**   Setze die Zahlen in die Lösungsformel ein und vereinfache.

$x_{1;2} = -\frac{p}{2} \pm \sqrt{\left(\frac{p}{2}\right)^2 - q} = -5 \pm \sqrt{64}$
$x_1 = -5 + 8 = 3; \quad x_2 = -5 - 8 = -13$

▶ **Schritt 6**   Gib die Lösungsmenge an. $L = \{-13; 3\}$

Weitere Spezialfälle quadratischer Gleichungen untersuchen

Für $p = 0$ und $q = 0$ ergeben sich Spezialfälle der Normalform $x^2 + p \cdot x + q = 0$.

$p = 0$	$q = 0$
$x^2 + q = 0$	$x^2 + p \cdot x = 0$

Unterschiedliche Lösungswege beim Lösen quadratischer Gleichungen

Prüfe immer genau, welcher Lösungsweg sinnvoll ist.

Beispiele

$x^2 - 4x + 4 = 0 \quad \rightarrow \quad (x - 2) \cdot (x - 2) = 0 \quad \rightarrow \quad x_1 = x_2 = 2$

$a^2 + 8a = 0 \quad \rightarrow \quad a \cdot (a + 8) = 0 \quad \rightarrow \quad a_1 = 0; \ a_2 = -8$

$x^2 - 6x + 9 = 25 \quad \rightarrow \quad x^2 - 6x - 16 = 0 \quad \rightarrow \quad p = -6; \ q = -16$

$\rightarrow \quad x_{1;2} = -\frac{(-6)}{2} \pm \sqrt{\left(\frac{(-6)}{2}\right)^2 - (-16)} \quad \rightarrow \quad x_1 = 8; \ x_2 = -2$

Aufgaben

1 Forme jede Gleichung in die Normalform um. Gib dann p und q an.

a) $x^2 - 2x = 1$

b) $\frac{2}{x+1} = \frac{x+1}{2}$

c) $5x + 2x^2 = 4x - 3$

d) $2(x-3)^2 = 18$

e) $(x-3)(x+1,5) = 0$

f) $x + 1 = -\frac{x^2}{4}$

2 Gegeben sind quadratische Gleichungen der Form $x^2 + px + x = 0$.

① $a^2 + 5a + 6 = 0$

② $b^2 + 2 = 3b$

③ $c^2 + c - 12 = 0$

④ $d^2 + 4d = 0$

⑤ $e^2 + 7 = 0$

⑥ $f^2 + 3f - 6 = 0$

a) Gib für jede Gleichung p und q an.

b) Löse die Gleichungen.

c) Führe jeweils eine Probe durch.

3 Löse die folgenden quadratischen Gleichungen mit der Lösungsformel:

a) $x^2 - 6x + 8 = 0$

b) $x^2 + 8x + 15 = 0$

c) $x^2 - x - 30 = 0$

d) $x^2 + 2x - 120 = 0$

e) $x^2 + x - 1 = 0$

f) $x^2 + 6x + 25 = 0$

g) $x^2 - \frac{5}{4}x + \frac{3}{8} = 0$

h) $x^2 + \frac{1}{5}x - \frac{3}{100} = 0$

i) $x^2 - 0,1x - 0,02 = 0$

4 Löse folgende Gleichungen. Forme zuerst in die Normalform um.

a) $2x^2 + x - 15 = 0$

b) $3x^2 - 10x + 8 = 0$

c) $9x^2 - 18x + 8 = 0$

d) $2x^2 - 3x - 2 = 0$

e) $35 - 22x + 3x^2 = 0$

f) $6x^2 - 13x + 6 = 0$

g) $x^2 - 4 = 3x$

h) $x^2 = 2x - 1$

i) $\frac{x^2}{2} + 8 = -5x$

j) $2x^2 = 13x + 7$

k) $5x^2 + 0,1 = 1,5x$

l) $4x^2 - 4x = 15$

5 Löse folgende Gleichungen. Forme zuerst in die Normalform um.

a) $(x-4)^2 = (2x-4)^2$

b) $(5x-3)^2 + (5x+3)^2 = 26$

*c) $(x-5)^2 - 97 = (x+1)^2 - (2x+3)^2$

*d) $(2x+1)^2 - (x-1)^2 = 11 - (x+3)^2$

6 Entscheide und begründe, wie viele Lösungen die Gleichung hat. Berechne dazu immer die Diskriminante $D = \left(\frac{p}{2}\right)^2 - q$.

a) $x^2 - 4x - 4 = 0$

b) $x^2 + 3x - 70 = 0$

c) $x^2 - 6x + 18 = 0$

d) $x^2 + x - 1 = 0$

e) $x^2 + 25 = 0$

f) $x^2 - 16x + 64 = 0$

g) $x^2 + 11x = 0$

h) $4x^2 + x = -10$

*i) $5x^2 + 9 = 2x^2 + 4x$

7 Gib für jeweils Zahlen so an, dass die Gleichung

a) zwei Lösungen, b) keine Lösung, c) eine Doppellösung

hat. ✪

① $x^2 + 5x +$? $= 0$

② $x^2 +$? $x - 12 = 0$

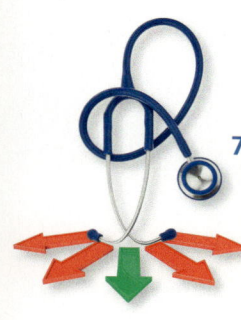

8 Löse die folgenden Gleichungen:

a) $x(x+1)=42$ b) $40=x(x-3)$ c) $\dfrac{2x}{x-3}=\dfrac{x}{2}$

d) $5x^2=(x+4)(2-x)$ e) $\dfrac{5x-1}{x}=x-\dfrac{1}{x}$ f) $\dfrac{2}{x}=4-2x$

Und wann soll ich die Lösungsformel nehmen?

9 Die Lösungen der beiden quadratischen Gleichungen $x^2+2x+3=0$ und $2x^2+2x+2=0$ haben etwas gemeinsam. Finde diese Gemeinsamkeit. ✪

*10 Der Umfang eines Rechtecks beträgt 38 cm, sein Flächeninhalt 90 cm². Berechne, wie lang und wie breit das Rechteck ist. 🔍

11 Bei einem Dreieck mit einem Flächeninhalt von 180 cm² ist die Höhe um 9 cm kürzer als die zugehörige Grundseite.

a) Fertige eine Planfigur mit den gegebenen Größen an.

b) Berechne, wie lang die Grundseite und wie lang die Höhe ist.

12 Das Rechteck ABCD hat einen Flächeninhalt von 39 cm².

a) Berechne die Länge x des einbeschriebenen Quadrats AEFD.

b) Gib den Umfang und den Flächeninhalt des Quadrats AEFD an.

c) Ermittle den Umfang des Rechtecks ABCD.

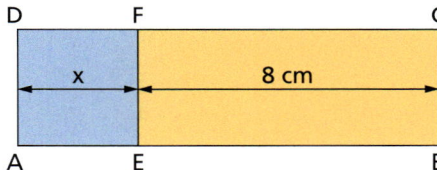

13 Die Summe zweier Zahlen soll 11 und das Produkt der gleichen Zahlen 10 sein. Finde zwei Zahlen, auf die diese Bedingung zutrifft. ✪

14 Ermittle alle natürlichen Zahlen mit folgenden Eigenschaften: ✪

a) Das Produkt aus der Zahl und ihrem Nachfolger ist 240.

b) Das Produkt aus dem Vorgänger und dem Nachfolger der Zahl ist 143.

*15 Der Flächeninhalt eines Rechtecks beträgt 512 cm². Eine Seite des Rechtecks ist doppelt so lang wie die andere Seite. Berechne die Länge der beiden Seiten des Rechtecks.

Nachgefragt

1 Berechne im Kopf.

a) $\sqrt{90\,000}$ b) $\sqrt{5^2\cdot 4^2}$ c) $\sqrt{4^3}$ d) $\sqrt{5^2-4^2}$

2 Löse folgende Gleichungen:

a) $\dfrac{x}{2}=\dfrac{2}{x}$ b) $x^2-2x+1=0$ c) $\dfrac{x+1}{3}=\dfrac{3}{x+1}$

3 Das Produkt aus dem Vorgänger und dem Nachfolger einer natürlichen Zahl ist gleich 99. Wie heißt diese Zahl?

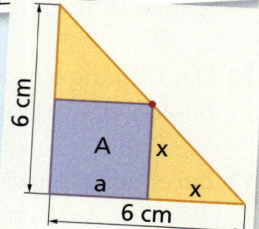

	A	B	C	D
	x in cm	a in cm	b in cm	A in cm^2
1				
2	0	6	0	0
3	1	5	1	5
4	2	4	2	8
5	3	3	3	9
6	5	1	5	5
7	6	0	6	0

Gemischte Aufgaben

Finn hat in einer Tabellen-kalkulation den Flächen-inhalt des Rechtecks in Abhängigkeit von x berechnet.

Welche Formeln würdest du für die Berechnungen verwenden?

1 Löse die Gleichungen im Kopf und führe immer eine Probe durch.
a) $(x - 9)(x + 2) = 0$
b) $5x^2 - 3x = 0$
c) $2x = 4x^2$
d) $4(2 - x)(5x - 3) = 0$
e) $\frac{1}{2}x^2 + \sqrt{5} = \sqrt{5}$
f) $x^2 - 1 = (x - 1) \cdot (x + 1)$

2 Forme die folgenden Gleichungen in die Normalform um. Gib p und q an.
a) $4x^2 - 8x = 60$
b) $2x^2 = \frac{8}{5}x$
c) $(x - 1)^2 + (x - 2)^2 = 13$
d) $(x - 4)^2 - 256 = 0$
e) $\frac{1}{x} = 2(x + 1)$
f) $(x + 1)(x - 1) = (x + 2)^2$

3 Löse die folgenden quadratischen Gleichungen mit der Lösungsformel.
a) $x^2 - 9x + 20 = 0$
b) $x^2 - 6x - 16 = 0$
c) $x^2 + 27x + 162 = 0$
d) $x^2 - 104x + 204 = 0$
e) $x^2 + 15x + 56 = 0$
f) $x^2 - x - 12 = 0$
g) $x^2 - 4,7x + 2,1 = 0$
h) $x^2 - x - 8,75 = 0$
i) $x^2 - 0,4 \cdot x - 3,96 = 0$

4 Gib jeweils die Normalform der quadratischen Gleichung an, ermittle die Diskriminante und entscheide, ob die Gleichung zwei Lösungen, eine Lösung oder keine Lösung hat.
a) $2x^2 - 4x - 30 = 0$
b) $-2x^2 - 4x + 6 = 0$
c) $4x^2 + x - 3 = 0$
d) $8x^2 + x = 12$
e) $(x + 2)^2 = 16$
*f) $\frac{x + 1}{2} = \frac{2}{x + 1}$

5 Prüfe und begründe, ob die angegebenen Lösungsmengen zu den Gleichungen gehören oder nicht.
a) $x^2 - 11 = 0$
$L = \{0; 11\}$
b) $20x = 10x^2$
$L = \{0; -2\}$
c) $3x^2 - 9 = 0$
$L = \{-3; 3\}$
d) $\frac{x^2}{2} + \frac{x}{4} = 0$
$L = \{0; \frac{1}{2}\}$
e) $x^2 + 6x + 5 = 0$
$L = \{1; 5\}$
f) $(x + 1)^2 = 36$
$L = \{4; 7\}$
g) $(1 - x)^2 = -4$
$L = \{\}$
h) $2(x + 1)^2 + 3 = 3$
$L = \{-1; 1\}$

6 Für die Lösungen x_1 und x_2 von quadratischen Gleichungen in der Normalform $x^2 + px + q = 0$ gilt:
$x_1 + x_2 = -p$ und $x_1 \cdot x_2 = q$
Prüfe und begründe mit diesem Zusammenhang, ob die beiden Zahlen x_1 und x_2 wirklich die Lösungen der gegebenen Gleichung sind.

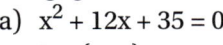

a) $x^2 + 12x + 35 = 0$
$L = \{1; 5\}$

b) $x^2 - x + 0{,}75 = 0$
$L = \{-1{,}5; 0{,}5\}$

c) $2x^2 - 2x - 4 = 0$
$L = \{-1; 2\}$

*7 Entscheide und begründe, für welches ?⃝ die Gleichung nur eine Lösung hat. ✪

a) $(x + \boxed{?})^2 = 0$
b) $(x - \boxed{?})^2 = 0$
c) $x^2 + 2x + \boxed{?} = 0$

8 Gib eine quadratische Gleichung mit der vorgegebenen Lösungsmenge an. ✪
a) $L = \{0; 1\}$ b) $L = \{1; 2\}$ c) $L = \{-3; 3\}$ d) $L = \{-3\}$ e) $L = \{\}$

9 Gib jeweils eine andere quadratische Gleichung an. ✪
Sie soll mit der Gleichung $x^2 - 2x - 3 = 0$
a) *genau* eine gemeinsame Lösung, b) *keine* gemeinsame Lösung haben.

10 Löse die folgenden Gleichungen mit der einfachsten Methode. Begründe dein Vorgehen. Prüfe jeweils immer zuerst, ob es sich um eine quadratische Gleichung handelt, ob du eine binomische Formel nutzen kannst, ob ein Umformen in die Normalform quadratischer Gleichungen sinnvoll ist.

a) $x^2 - 2x = 0$
b) $5x + 4x = 2x - 3$
c) $x(x - 1{,}2) = 0$
d) $x^2 - 1 = 0$
e) $x^2 + 1 = 2x$
f) $4x^2 - 2x = 0$
g) $(x + 2)^2 - 1 = 0$
h) $-3x^2 + 9 = -3$
i) $x^2 - 4x + 29 = 0$

11 Löse die Aufgaben mithilfe eines Taschenrechners. Runde die Ergebnisse auf zwei Dezimalstellen. 🔍

a) $x^2 = 3$
b) $3x^2 = 15$
c) $x^2 + 5 = 12$
d) $2x^2 + 1 = 3x^2 - 7$
e) $\dfrac{x^2 - 8}{2} = 1$
f) $2x^2 - 20 = 2$

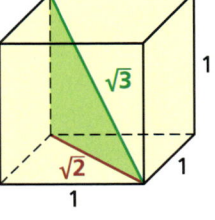

Nachgefragt

1 Berechne den Oberflächeninhalt eines Würfels mit der Kantenlänge $a = 1{,}25$ cm. Runde das Ergebnis auf zwei Dezimalstellen.
2 Löse die Gleichung $x^2 - 12x + 35 = 0$ und führe eine Probe durch.
3 Entscheide und begründe, ob folgende Aussagen wahr oder falsch sind:
   a) Die Gleichung $a^2 = 1$ hat genau eine Lösung.
   b) Die Gleichung $\dfrac{1}{a} = \dfrac{a}{1}$ ist eine quadratische Gleichung.

12 Gib jeweils alle Zahlen an, die folgende Bedingungen erfüllen: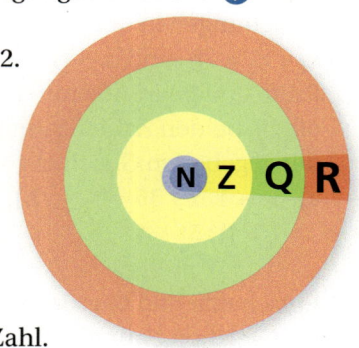

   a) Die Summe aus dem Quadrat einer natürlichen Zahl und der Zahl 8 beträgt 72.

   b) Die Differenz aus dem Quadrat einer negativen Zahl und der Zahl 8 beträgt 56.

   c) Das Produkt aus dem Quadrat einer gebrochenen Zahl und dem Kehrwert dieser Zahl beträgt 0,5.

   d) Der Quotient aus dem Quadrat einer rationalen Zahl und der Zahl 2 ist gleich dem Doppelten dieser rationalen Zahl.

13 a) Denke dir eine Zahl zwischen 10 und 20. Halbiere diese Zahl und multipliziere das Ergebnis mit dem dritten Teil dieser Zahl. Addiere dazu die Hälfte der gedachten Zahl. Vergleiche dein Ergebnis mit der gesuchten Zahl. Formuliere einen Zusammenhang.

   b) Das Produkt aus der Hälfte einer Zahl und dem dritten Teil einer Zahl vermehrt um die Hälfte dieser Zahl ergibt 30. Wie heißt diese Zahl?

14 a) Denke dir sechs aufeinanderfolgende natürliche Zahlen. Vergleiche das Produkt der beiden kleinsten dieser Zahlen mit der Summe der vier anderen Zahlen.

   b) Das Produkt der beiden kleinsten von sechs aufeinanderfolgenden natürlichen Zahlen soll dreimal so groß sein wie die Summe der vier anderen Zahlen. Ermittle die sechs Zahlen.

*15 a) Für welche Zahl ist das Produkt aus der um 6 verkleinerten Zahl und dem Dreifachen der ursprünglichen Zahl am kleinsten?

   b) Denke dir selbst ein Zahlenrätsel wie in Aufgabe a aus und löse es.

*16 Die Kosten für ein Geschenk von 24 € werden auf alle Beteiligten gleichmäßig aufgeteilt. Es beteiligen sich aber vier Personen weniger als geplant an den Kosten. Der Preis pro Person musste somit um 1 € erhöht werden. Berechne, wie viele Personen sich ursprünglich beteiligen wollten.

Lösungsansatz:

	A	B	C
		Anzahl	**Preis**
1		**Anzahl**	**Preis**
2	**Planung**	n	x
3	**Wirklichkeit**	n − 4	x + 1
4			
5	Kosten (Planung):	n · x = 24	
6	Kosten (Wirklichkeit):	(n − 4) · (x + 1) = 24	

17 Ein Vieleck (n-Eck) hat $\frac{n \cdot (n-3)}{2}$ Diagonalen.
Ermittle sowohl durch Probieren (in einer Tabellenkalkulation) als auch durch Rechnung, wie viele Ecken ein Vieleck mit 54 Diagonalen hat.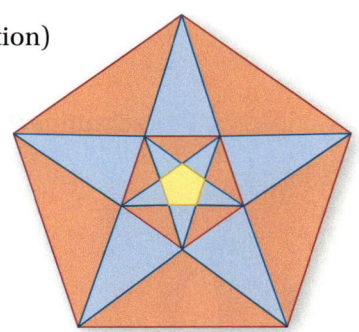

18 Der Flächeninhalt eines Trapezes beträgt 9 cm^2.
Die größere der beiden zueinander parallelen Seiten ist um 0,5 cm länger, die kleinere der beiden zueinander parallelen Seiten ist um 0,5 cm kürzer als die Höhe.
a) Fertige eine Planfigur mit den gegebenen Größen an.
b) Berechne, wie lang die Höhe des Trapezes ist.
c) Berechne die Längen der zueinander parallelen Seiten des Trapezes.

Ein Fünfeck hat fünf Diagonalen, die ein Pentagramm bilden.

*19 Ein Rechteck mit einem Flächeninhalt von 160 cm^2 ist 2 cm länger als breit. Berechne die Länge, die Breite und den Umfang des Rechtecks.

20 Ein rechtwinkliges Dreieck hat eine 20 cm lange Hypotenuse. Eine Kathete ist um 4 cm länger als die andere Kathete.
a) Berechne die Länge jeder Kathete.
b) Berechne den Flächeninhalt des Dreiecks.
c) Zeichne das Dreieck im Maßstab 1:2 in dein Heft.

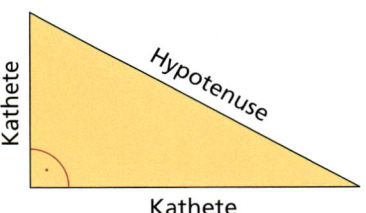

*21 Zwei Quadrate haben zusammen einen Flächeninhalt von 100 cm^2.
Die Seite des einen Quadrats ist um 25 % kürzer als die Seite des anderen Quadrats. Berechne die Seitenlänge und den Flächeninhalt von jedem der beiden Quadrate.

Wenn ich nur wüsste, ob die Lösungsformel hilft!

Die Summe der Quadrate zweier Zahlen, von der die eine ebenso viel über 10 liegt, wie die andere darunter, ist 202. Welche Zahlen sind es?

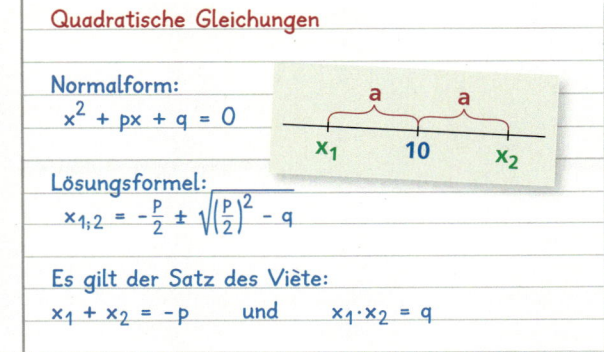

Quadratische Gleichungen

Normalform:
$x^2 + px + q = 0$

Lösungsformel:
$x_{1;2} = -\frac{p}{2} \pm \sqrt{\left(\frac{p}{2}\right)^2 - q}$

Es gilt der Satz des Viète:
$x_1 + x_2 = -p$ und $x_1 \cdot x_2 = q$

⊕ Wusstest du schon?

Betrachtungen zur „Goldenen Zahl Φ"

Die „Goldene Zahl" Phi (*kurz: Φ*) entsteht immer dann, wenn zwei Strecken ein „Goldenes Verhältnis" bilden. Maler und Architekten verwenden dieses Streckenverhältnis, wenn für einen Betrachter etwas besonders harmonisch und ästhetisch erscheinen soll.

Die beiden Teile a und b der Gesamtstrecke a + b bilden solch ein Verhältnis.

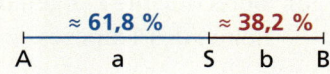

Es gilt: $\Phi = a : b = (a + b) : a = 61{,}8\,\% : 38{,}2\,\% = 1{,}62\ldots$

Die Zahl Φ ist eine reelle Zahl. Das zugehörige Streckenverhältnis lässt sich durch Konstruktion ermitteln.

Streckenteilung - Goldener Schnitt

- Zeichne eine Strecke $\overline{AB}$.
- Konstruiere zu $\overline{AB}$ in B eine Senkrechte.
- Zeichne um B einen Kreis mit $r = 0{,}5 \cdot \overline{AB}$ und nenne den Schnittpunkt mit der Senkrechten C.
- Verbinde A und C miteinander und zeichne um C einen Kreis mit $r = \overline{BC}$. Der Schnittpunkt mit $\overline{AC}$ soll D sein.
- Zeichne um A einen Kreis mit $r = \overline{AD}$. Der Schnittpunkt mit $\overline{AB}$ sei S.

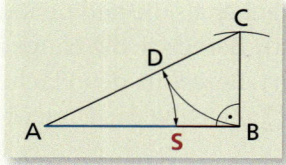

Die Zahl Φ kann auch rechnerisch ermittelt werden.

Berechnen der „Goldenen Zahl Φ"

$$a : b = (a + b) : b \qquad | \text{ Goldenes Verhältnis}$$

$$\frac{a}{b} = \frac{a + b}{a} \qquad | \text{ Bruchschreibweise}$$

$$\frac{a}{b} = 1 + \frac{b}{a} \qquad | \frac{a}{b} = x$$

$$x = 1 + \frac{1}{x} \qquad | \cdot x$$

$$x^2 = x + 1 \qquad | -x - 1$$

$$x^2 - x - 1 = 0$$

$$p = -1; \; q = -1$$

$$x_{1;2} = -\frac{p}{2} \pm \sqrt{\frac{p^2}{4} - q}$$

$$x_{1;2} = \frac{1}{2} \pm \sqrt{\frac{1}{4} + 1}$$

$$x_{1;2} = \frac{1}{2} \pm \sqrt{\frac{5}{4}}$$

$$x_1 = \frac{1}{2} + \frac{1}{2}\sqrt{5} = \frac{1 + \sqrt{5}}{2}$$

$$x_2 = \frac{1}{2} - \frac{1}{2}\sqrt{5} \; \text{(kleiner als 0)}$$

Betrachtungen zum „Goldenen Schnitt"

Es gibt viele Möglichkeiten zum Zeichnen „Goldener Streckenverhältnisse".

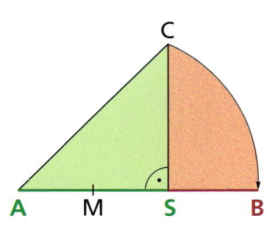 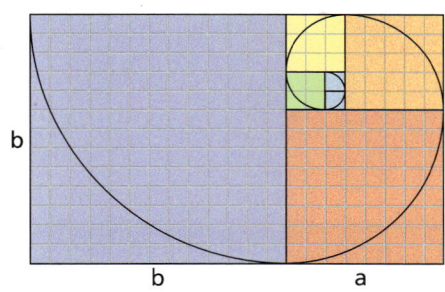 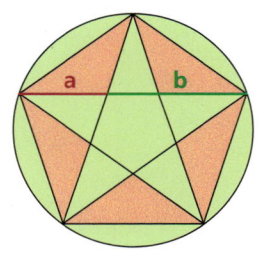

1 Wählt eine der oben dargestellten Möglichkeiten, führt die Konstruktion in eurem Heft aus und erläutert eure Konstruktionsschritte. 👥

2 Die Seitenlängen der Quadrate in der mittleren Zeichnung bilden die Fibonacci-Folge: 1, 1, 2, 3, 5, 8, 13 …
Setzt die Folge um sechs weitere Zahlen fort und dividiert dann immer eine der Zahlen durch die vorangegangene Zahl. Was stellt ihr fest? 👥

3 Prüft und begründet, ob Tischlerlehrling Hobel die Schranktür mit den angegebenen Maßen nach den Regeln des „Goldenen Schnitts" angefertigt hat. 👥

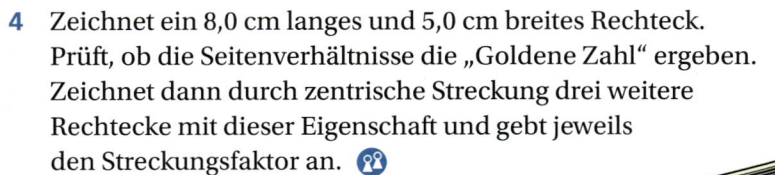

4 Zeichnet ein 8,0 cm langes und 5,0 cm breites Rechteck. Prüft, ob die Seitenverhältnisse die „Goldene Zahl" ergeben. Zeichnet dann durch zentrische Streckung drei weitere Rechtecke mit dieser Eigenschaft und gebt jeweils den Streckungsfaktor an. 👥

5 Informiert euch im Internet und in Nachschlagewerken über den größten Tempel Athens, den Parthenon. Fertigt eine Skizze dieses berühmten Denkmals in eurem Heft an und erläutert, wo beim Bau des Tempels die Griechen „Goldene Streckenverhältnisse" beachtet haben. 👥

⟳ Das hast du gelernt

Quadratische Gleichungen untersuchen

Forme quadratische Gleichungen so um, dass die Zahl 0 auf einer Seite steht.

Allgemeine Form	Vereinfachte Form	Normalform
$a \cdot x^2 + b \cdot x + c = 0$	$x^2 + \frac{b}{a} \cdot x + \frac{c}{a} = 0$	$x^2 + p \cdot x + q = 0$

Lösungsformel für Gleichungen in Normalformdarstellung

$$x_{1;2} = -\frac{p}{2} \pm \sqrt{\left(\frac{p}{2}\right)^2 - q} = -\frac{p}{2} \pm \sqrt{\frac{p^2}{4} - q}$$

$$x_1 = -\frac{p}{2} + \sqrt{\frac{p^2}{4} - q} \qquad\qquad x_2 = -\frac{p}{2} - \sqrt{\frac{p^2}{4} - q}$$

Diskriminantenuntersuchung (Lösbarkeitsuntersuchung)

Diskriminante D (Wert unter dem Wurzelzeichen): $\quad D = \left(\frac{p}{2}\right)^2 - q = \frac{p^2}{4} - q$

$D > 0$	$D = 0$	$D < 0$
Zwei Lösungen	Eine Doppellösung	Keine Lösung
$x_{1;2} = -\frac{p}{2} \pm \sqrt{D}$	$x_1 = x_2 = -\frac{p}{2}$	
$L = \{-\frac{p}{2} - \sqrt{D}; -\frac{p}{2} + \sqrt{D}\}$	$L = \{-\frac{p}{2}\}$	$L = \{\} = \emptyset$

Lösungen bei Sonderfällen quadratischer Gleichungen

$x^2 + a \cdot x = 0$ $x \cdot (x + a) = 0$	$x^2 - r = 0$ $x^2 = r$	$(x + a) \cdot (x + a) = 0$	$(x + a) \cdot (x - a) = 0$
$x_1 = 0; x_2 = -a$	$x_{1;2} = \pm \sqrt{r}$	$x_{1;2} = -a$	$x_1 = -a; x_2 = a$
$L = \{0; -a\}$	$L = \{-\sqrt{r}; \sqrt{r}\}$	$L = \{-a\}$	$L = \{-a; a\}$

Teste dich selbst

1 Entscheide und begründe, welche Gleichung quadratisch ist.

a) $x^2 = -2^2$ b) $2x - 3^2(x - 3) = 0$ c) $x^2 - 4x - 12 = 0$ d) $x(x - 3) = -6{,}75$

2 Schreibe jede Gleichung in der Normalform $x^2 + px + q = 0$.

a) $(x + 3)^2 - 8 = 0$ b) $0 = (x - 1)^2 + 3$ c) $(x + 0{,}5)^2 = 6{,}25$

3 Entscheide und begründe, in welchem Fall die Normalform einer quadratischen Gleichung gegeben ist.

a) $x^2 - 4x - 12 = 0$ b) $x(x - 4) = 12$ c) $2x^2 - 8x - 24 = 0$ d) $x^2 - 16 = 0$

4 Löse die Gleichungen aus Aufgabe 3 ausführlich.

5 Prüfe und begründe, ob hier immer die richtige Lösungsmenge zugeordnet wurde.

a) $x^2 - 5x - 84 = 0$
   $L = \{-7; 12\}$
b) $x^2 - 10x + 25 = 0$
   $L = \{5\}$
c) $x^2 = 0$
   $L = \{\}$
d) $x^2 + 24x - 25 = 0$
   $L = \{-25; 1\}$
e) $x^2 + 81 = 0$
   $L = \{-9; 9\}$
f) $x^2 + 2 = 1$
   $L = \{\}$

6 Löse jede Gleichung ausführlich.

a) $x^2 + 10x + 24 = 0$ b) $x^2 - x - 12 = 0$ c) $x^2 - \frac{1}{6}x - \frac{1}{3} = 0$

d) $x^2 - 144 = 0$ e) $x^2 - 4x = 0$ f) $x^2 + \sqrt{2} \cdot x = 0$

7 Entscheide nach Untersuchung der Diskriminante, ob bei folgenden quadratischen Gleichungen die Lösungsmenge leer ist oder nicht:

a) $x^2 + 5x - 24 = 0$ b) $x^2 + 12x + 11 = 0$

c) $x^2 - 8x + 16 = 0$ d) $x^2 - 0{,}7x + 0{,}1 = 0$

e) $x^2 + 0{,}7x - 0{,}1 = 0$ f) $x^2 + \frac{2}{5}x + \frac{1}{15} = 0$

KEINE LÖSUNG

8 Löse das folgende Zahlenrätsel:
Addiere zum Quadrat einer natürlichen Zahl die nächstgrößere Quadratzahl. Die Summe der beiden Zahlen beträgt 481. Wie heißt die Zahl?

9 Gegeben ist die Gleichung $x^2 - 2ax = 0$. Gib für a jeweils eine Zahl an.

a) Es soll eine Gleichung mit der Lösungsmenge $L = \{0; 3\}$ entstehen.

b) Es soll eine Gleichung mit der Lösungsmenge $L = \{0; -6\}$ entstehen.

5 Quadratische Funktionen untersuchen

In den Wurfsportarten möchte jeder Teilnehmer möglichst genau oder möglichst weit werfen.

Nennt solche Sportarten. Erläutert, wie ihr als Wettkampfteilnehmer versuchen würdet, Sieger zu werden, und skizziert jeweils die Wurfbahnen.

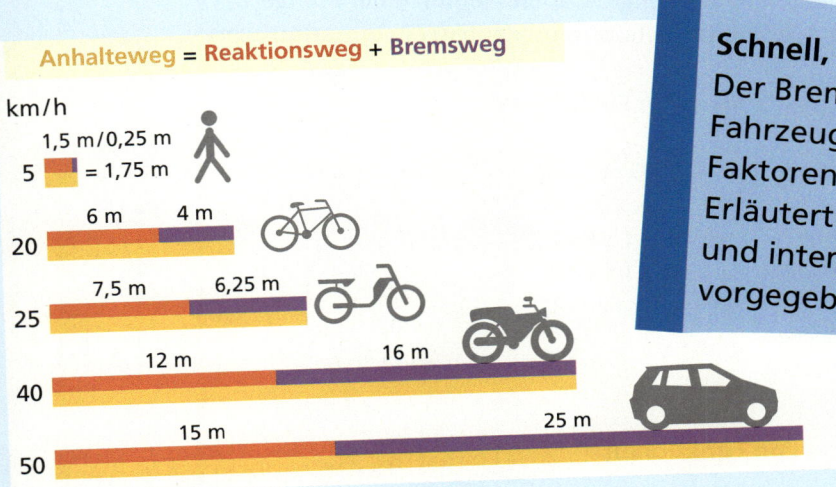

Anhalteweg = Reaktionsweg + Bremsweg

km/h

1,5 m/0,25 m
5   = 1,75 m

6 m   4 m
20

7,5 m   6,25 m
25

12 m   16 m
40

15 m   25 m
50

Schnell, schneller
Der Bremsweg von Fahrzeugen ist von vielen Faktoren abhängig. Erläutert diese Faktoren und interpretiert die vorgegebene Übersicht.

Ungewöhnliche Bewegungen
Die erste Phase des Sprungs beim Bungee-Jumping erfolgt im freien Fall. Beschreibt die Bewegung in den ersten Sekunden nach dem Absprung.

Fall

97

📖 Kannst du das?

Funktionen und ihre Eigenschaften

Menge X:
Definitions-
bereich D

Menge Y:
Werte-
bereich W

Eine **Funktion** $y = f(x)$ ist eine **eindeutige Zuordnung**
von Elementen einer Menge X zu Elementen einer Menge Y.
Zu jedem **Argument x** gehört immer genau ein **Funktionswert y.**

Darstellungsformen von Funktionen

Wortvorschrift	Gleichung	Wertetabelle		Graph
Bilde von allen Zahlen x des Intervalls von –1 bis 1 das Dreifache vermehrt um 2.	$y = 3x + 2$ D: $-1 \leq x \leq 1$ W: $-1 \leq y \leq 5$	**x** –1 0 0,5 1	**y** –1 2 3,5 5	

Nullstellen von Funktionen

Ein x-Wert des Definitionsbereichs D,
bei dem der y-Wert gleich 0 ist,
heißt **Nullstelle.**
Für Nullstellen x_0 gilt immer: $f(x_0) = 0$

> Eine Nullstelle ist kein Punkt, sondern eine Zahl.
> Eine Funktion kann keine, eine oder mehrere Nullstellen haben.

Zwei Nullstellen	Eine Nullstelle	Keine Nullstelle
$x_1 = -1$ $x_2 = 1$	$x_0 = 2$	

Beispiele für Funktionen

Lineare Funktion	Graph	Exponentialfunktion
Funktionsgleichung: $y = 1,5x$ *Es gilt:* – Anstieg $m = 1,5$ – Nullstelle $x_0 = 0$	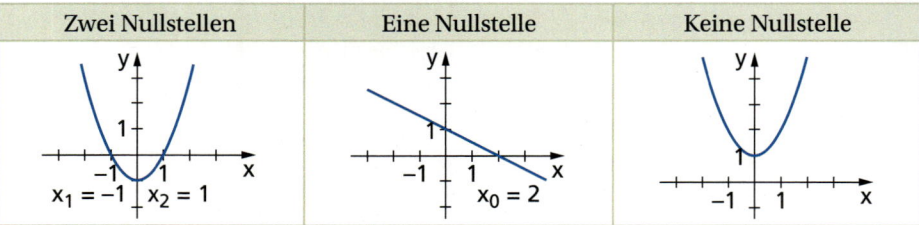	*Funktionsgleichung:* $y = 2^x$ *Es gilt:* – monoton steigend – keine Nullstelle

Aufgaben

1 Entscheide und begründe, welche Kurve Graph einer Funktion ist.

a) 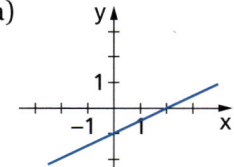 b) 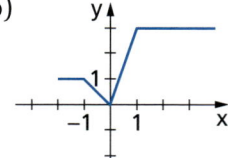 c) 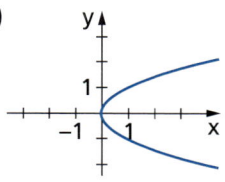 d)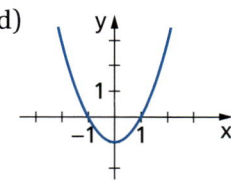

2 Untersuche, welche der Punkte A(0; 6), B(−6; 0), C(2; 0), D(−1; 3),
E(−3; −3), F(4; 36) und G(−2; 0) zum Graphen von $y = f(x) = 3x + 6$ gehören.

3 Erstelle für $y = f(x) = −2x + 1$ und $y = g(x) = 2^x$ jeweils eine Wertetabelle mit
den Argumenten −3; −2; −1; 0; 1; 2; 3; 4 und 5.

4 Berechne die Nullstellen folgender Funktionen:
a) $y = 4x + 2$ b) $y = −2x + 4$ c) $y = 8x + 12$ d) $y = x − 1$
e) $y = −x − 8$ f) $y = 3x − 2$ g) $y = −3x + 7,5$ h) $y = 0,2x − 0,4$

5 Zeichne die Graphen folgender Funktionen:
a) $y = x$ b) $y = x + 1$ c) $y = −x + 3$ d) $y = 2x + 2$
e) $y = −2x − 1$ f) $y = 0,5x − 2$ g) $y = 2x + 0,5$ h) $y = x + 1,5$

6 Ermittle die Nullstellen der Funktionen aus Aufgabe 5.

7 Zeichne die Graphen der Funktionen $y = f(x) = x + 2$ und $y = g(x) = −x + 2$
im Intervall $−5 \leq x \leq 5$ in ein und dasselbe Koordinatensystem.
a) Berechne jeweils die Nullstelle und prüfe dann am Graphen.
b) Gib die Schnittpunkte der Graphen mit den Koordinatenachsen an.
c) Erläutere jeweils das Monotonieverhalten der Funktionen.

8 Übertrage die gegebene Wertetabelle in dein Heft
und fülle sie für die Funktion $y = f(x) = 4x − 4$ aus.
a) Ermittle die Schnittpunkte des Graphen
   mit den Koordinatenachsen.
b) Gib den Wertebereich von f für das Intervall $−3 \leq x \leq 4$ an.
*c) Prüfe, ob $f(x) = 4x − 4$ und $g(x) = 2x$ gemeinsame Wertepaare haben.

x	−2			2	5
y		−4	0	1	

Quadratische Zusammenhänge um uns

Die Zorbkugel rollt den Berg hinunter.

Begründe, warum zwischen den Größen t und s hier kein linearer Zusammenhang besteht.

Zusammenhänge zwischen zwei Größen sind nicht immer linear.
Für nichtlineare Zusammenhänge gibt es viele Beispiele.

Eine von einer Algenart bedeckte Fläche verdoppelt sich in gleichen Zeitabständen.
Je größer die Geschwindigkeit eines Gegenstandes, umso größer ist seine Bewegungsenergie.

Prüfe quadratische Zusammenhänge so wie proportionale Zusammenhänge.

Direkt proportionale Zusammenhänge	Quadratische Zusammenhänge
Bei direkt proportionalen Zusammenhängen ist der Quotient von y durch x immer gleich groß. Es gilt: $\frac{y}{x} = k$	Bei quadratischen Zusammenhängen ist der Quotient von y durch x^2 immer gleich groß. Es gilt: $\frac{y}{x^2} = k$

Quotienten zusammengehöriger Wertepaare müssen immer gleich groß sein.

Beispiel

Du kannst die Wege einer rollenden Kugel entlang einer geneigten Ebene und die dafür benötigten Zeiten untersuchen.

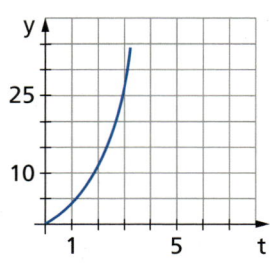

x	t in s	1,3	2,0	2,7	3,9
y	s in cm	5	12	22	45
$\frac{y}{x^2}$	$\frac{s}{t^2}$	2,96	3,00	3,02	2,96

Aufgaben

1 Entscheide, ob ein linearer oder ein quadratischer Zusammenhang vorliegt. Begründe deine Entscheidung immer mit einer Gleichung.
a) Flächeninhalt und Seitenlänge eines Quadrats
b) Umfang und Radius eines Kreises
c) Volumen und Grundkreisradius eines Zylinders
d) Volumen und Höhe eines Zylinders
e) Durchmesser und Volumen einer Kugel

2 a) Fertige für jede der Funktionen
$y = f(x) = 2x$, $y = g(x) = x^2$ und $y = h(x) = 2^x$
eine Wertetabelle mit folgenden
Argumenten an: $-3, -2, -1, 0, 1, 2$ und 3
b) Zeichne die Graphen der drei Funktionen.
*c) Gib Gemeinsamkeiten und Unterschiede der drei Funktionsgraphen an.

3 Berechne Umfang und Flächeninhalt des Quadrats mit der Seitenlänge a.
a) $a = 2{,}5\text{ cm}$ b) $a = 4{,}8\text{ cm}$ c) $a = 8{,}5\text{ cm}$ d) $a = 6{,}0\text{ cm}$

4 Ermittle die Seitenlänge eines Quadrats mit dem Flächeninhalt $7{,}3\text{ cm}^2$.

5 Erstelle eine Wertetabelle mit jeweils fünf Wertepaaren. Zeige, ob bei den Teilaufgaben ein quadratischer Zusammenhang vorliegt oder nicht.
a) $A = \pi r^2$ b) $V = \pi r^2 h$ c) $s = \frac{g}{2} t^2$ d) $E_{kin} = \frac{m}{2} v^2$ e) $F = \frac{m}{r} v^2$

6 Untersuche, ob ein quadratischer Zusammenhang vorliegt.

a)
x	2	4	6
y	6	24	54

b)
x	3	5	6
y	9	45	64,8

c)
x	2	5	6
y	10	62,5	90

*7 Eine Algenart vermehrt sich so, dass sie stets nach vier Tagen eine doppelt so große Fläche bedeckt. Begründe, warum das kein quadratischer Zusammenhang ist. 🔍

8 Berechne die kinetische Energie $E_{kin} = \frac{m}{2} v^2$ für folgende Angaben: 🔍
a) $m = 2\text{ kg}; v = 7{,}2\,\frac{m}{s}$ b) $m = 5\text{ kg}; v = 4{,}8\,\frac{m}{s}$ c) $m = 890\text{ kg}; v = 30\,\frac{km}{h}$

9 Berechne die Radialkraft $F = \frac{m}{r} v^2$ für folgende Angaben:
a) $m = 75\text{ kg}; v = 2\,\frac{m}{s}; r = 250\text{ m}$ b) $m = 1\,100\text{ kg}; v = 50\,\frac{km}{h}; r = 100\text{ m}$

Eigenschaften quadratischer Funktionen untersuchen

Rechts im Bild entsteht beim Schneiden eine Ellipse.

Was passiert, wenn die Ebene noch stärker geneigt wird?

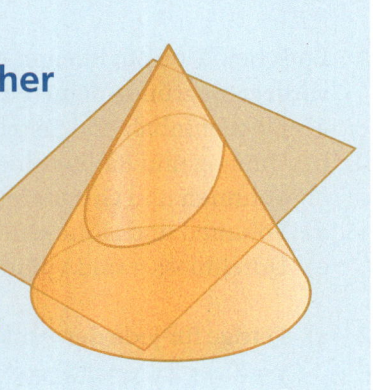

Quadratische Funktionen $y = f(x) = a \cdot x^2 + c$

Graphen quadratischer Funktionen heißen **Parabeln.**
Der Graph der quadratischen Funktion $y = x^2$ heißt **Normalparabel.**
Der **Scheitelpunkt S** einer Parabel teilt die Parabel in zwei Parabeläste.

Graphen von $y = x^2 + c$ können mit Schablonen gezeichnet werden.

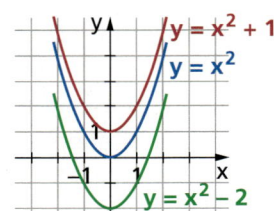

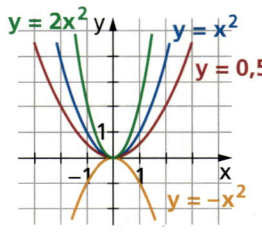

Bedingung	Eigenschaft der Parabel	Beispiele
$a > 0$	nach oben geöffnet	$y = 2x^2$; $y = 2x^2 + 3$
$a < 0$	nach unten geöffnet	$y = -x^2$; $y = -2x^2 + 1$
$|a| > 1$	schmaler als Normalparabel	$y = 2x^2$; $y = -2x^2 + 3$
$|a| < 1$	breiter als Normalparabel	$y = 0{,}5x^2$; $y = -0{,}5x^2 - 1$
$c > 0$	nach oben verschoben	$y = x^2 + 1$
$c < 0$	nach unten verschoben	$y = x^2 - 1$

Sie entstehen durch Verschieben des Graphen $y = x^2$ um c Einheiten in y-Richtung.

Die Scheitelpunktskoordinaten und die Öffnungsrichtung einer Parabel legen weitere **Eigenschaften** fest. Der **Wertebereich,** die **Nullstellen** und das **Monotonieverhalten** sind wichtige Angaben zum Zeichnen von Parabeln.

Nullstellen quadratischer Funktionen

Eine quadratische Funktion $y = f(x) = a \cdot x^2 + c$ kann zwei Nullstellen, eine Nullstelle oder keine Nullstelle haben.

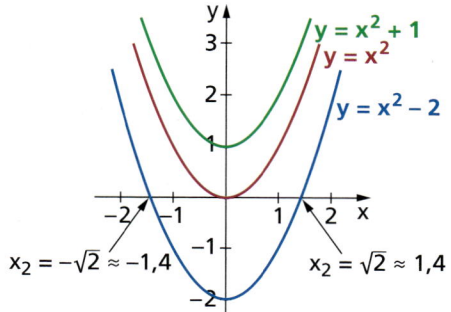

Bedingung	$a > 0$	$a < 0$
$c > 0$	keine Nullstelle	zwei Nullstellen
$c < 0$	zwei Nullstellen	keine Nullstelle

Definitions- und Wertebereich quadratischer Funktionen

Quadratische Funktionen $y = f(x) = a \cdot x^2 + c$ sind für alle reellen Zahlen x definiert. Der Scheitelpunkt $S(0; c)$ ist für $a > 0$ der Punkt mit dem kleinsten Funktionswert und für $a < 0$ der Punkt mit dem größten Funktionswert.

Beispiele

Gib für jede Funktion den Definitionsbereich D und den Wertebereich W an.

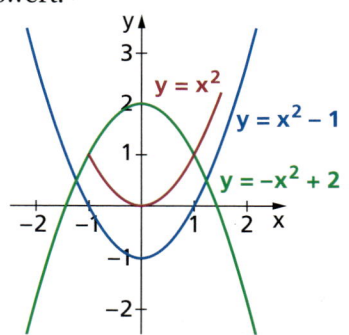

Funktion	D	W
$y = x^2 - 1$	$x \in \mathbb{R}$	$y \in \mathbb{R}; y \leq -1$
$y = -x^2 + 2$	$x \in \mathbb{R}$	$y \in \mathbb{R}; y \leq 2$
$y = x^2; -1 \leq x \leq 1,5$	$x \in \mathbb{R}; -1 \leq x \leq 1,5$	$y \in \mathbb{R}; 0 \leq y \leq 2,25$

Monotonie- und Symmetrieverhalten quadratischer Funktionen

Das Monotonieverhalten quadratischer Funktionen $y = f(x) = a \cdot x^2 + c$ wechselt am Scheitelpunkt S. Die Symmetrieachse durch den Scheitelpunkt ist zur y-Achse parallel.

Beispiel

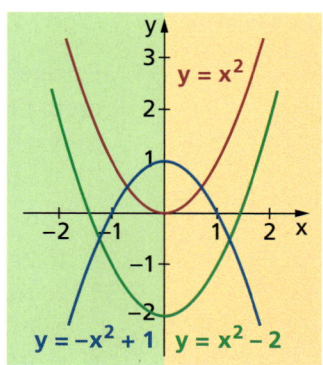

Funktion	Monoton fallend	Monoton steigend
$y = x^2$	$x \leq 0$	$x \geq 0$
$y = x^2 - 2$	$x \leq 0$	$x \geq 0$
$y = -x^2 + 1$	$x \geq 0$	$x \leq 0$

103

Aufgaben

1 Entscheide und be-
gründe, welcher Graph
zu einer quadratischen
Funktion gehört.

a) 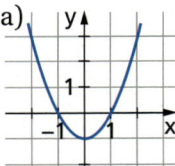   b) 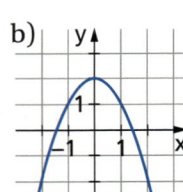   c)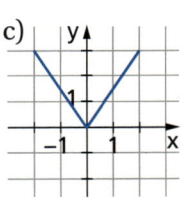

2 Prüfe, welche der Punkte zum Graphen der Funktion $y = f(x) = x^2$ gehören.
$A(1,2; 1,44)$, $B(-2; 4)$, $C(0,2; 0,4)$, $D(-1; -1)$, $E(-3; 9)$, $F(4; 8)$

3 Fertige eine Wertetabelle an und zeichne den Funktionsgraphen.
a) $y = f(x) = x^2$ b) $y = f(x) = 2 \cdot x^2$ c) $y = f(x) = x^2 + 1$

4 Gib für jede quadratische Funktion jeweils ihren
Scheitelpunkt an und entscheide,
in welche Richtung sich die Parabel öffnet.

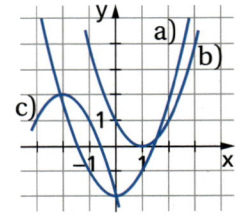

d) $y = f(x) = x^2 + 3$ e) $y = f(x) = 2x^2 + 1$
f) $y = f(x) = x^2 - 2$ g) $y = f(x) = -2x^2$
h) $y = f(x) = -0,5x^2 + 1$ i) $y = f(x) = 0,2x^2$
j) $y = f(x) = 2x^2 + 0,5$ k) $y = f(x) = -5x^2 - 2$

5 Zeichne jeweils den Funktionsgraphen, gib die Koordinaten
des Scheitelpunktes, den kleinsten oder den größten
Funktionswert und den Wertebereich an.
a) $y = f(x) = x^2 + 1$ b) $y = g(x) = x^2 - 1$ c) $y = h(x) = x^2 - 3$
d) $y = k(x) = -x^2$ e) $y = l(x) = -x^2 + 1$ f) $y = m(x) = -x^2 - 1$
g) $y = s(x) = -2x^2$ h) $y = t(x) = -2x^2 + 1$ i) $y = v(x) = -2x^2 + 4$

6 Ermittle alle Nullstellen der Funktionen aus Aufgabe 5 rechnerisch.
Vergleiche dann mit den abgelesenen Werten am Funktionsgraphen.

7 Fertige jeweils Wertetabellen an und zeichne die Funktionsgraphen. Lies
dann die Nullstellen am Graphen ab und prüfe die Ergebnisse rechnerisch.
a) $y = f(x) = 0,25x^2 - 1$ b) $y = f(x) = 0,5x^2 - 4,5$ c) $y = f(x) = 2x^2 + 3$
d) $y = f(x) = 3x^2 - 3$ e) $y = f(x) = -0,5x^2 + 1$ f) $y = f(x) = -2x^2 + 2$

Nachgefragt

1 Zeichne die Graphen der Funktionen $y = x^2$, $y = x^2 + 2$ und $y = (x + 2)^2$.
2 Nenne Gemeinsamkeiten und Unterschiede der drei Graphen aus 1.
3 Gib die Scheitelpunktskoordinaten des Graphen von $y = x^2 - 1$ an.
4 Welche der Wertepaare $(0; 0)$, $(2; 12)$, $(-1; -3)$, $\left(\frac{1}{2}; \frac{9}{4}\right)$ gehören zu $y = 3x^2$?

8 Übertrage die Graphen ins Heft, schreibe die Definitions- und Wertebereiche auf, kennzeichne die Scheitelpunkte und gib das Monotonieverhalten an.

a) 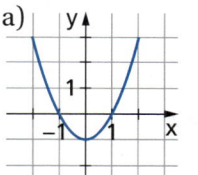 b) 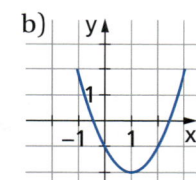 c)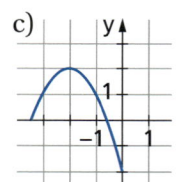

9 Zeichne die Graphen der Funktionen
$y = f(x) = x^2$, $y = g(x) = 1,5\,x^2$ und $y = h(x) = x^2 + 0,5$
im Intervall $-2 \leq x \leq 2$.

a) Gib die Wertebereiche der Funktionen an.

b) Kennzeichne die Scheitelpunkte der Parabeln.
   Gib ihre Koordinaten an.

*c) Kennzeichne gemeinsame Punkte der Parabeln.
   Gib ihre Koordinaten an. Überprüfe dann rechnerisch.

10 Von zwei quadratischen Funktionen sind Wertetabellen gegeben.

①
x	−2	−1	0	1	2
y	5	2	1	2	5

②
x	−2	−1	0	1	2
y	2	3,5	4	3,5	2

a) Zeichne die Graphen der beiden Funktionen.

b) Gib die Funktionsgleichungen an.

c) Zeichne die Symmetrieachsen ein.

d) Kennzeichne die Scheitelpunkte und gib ihre Koordinaten an.

e) Entscheide und begründe, woran erkennbar ist,
   ob sich eine Parabel nach oben oder nach unten öffnet.

*f) Formuliere eine allgemeine Aussage über die Anzahl
   der Nullstellen quadratischer Funktionen.

*11 Das waagerechte Rohr in nebenstehender
Abbildung ist 80 cm hoch. Die Bahn des
Wasserstrahls kann durch die Gleichung
$y = -0,2x^2 + 0,8$ beschrieben werden.

a) Zeichne die zugehörige Parabel in ein
   Koordinatensystem. Trage in y-Richtung
   die Höhe und in x-Richtung die Entfernung des Strahls ab.

b) Ermittle zeichnerisch und rechnerisch,
   wie lang die Auffangrinne mindestens
   sein muss, damit der Wasserstrahl noch
   auf die Rinne trifft. 🔍

Quadratische Funktionen $y = f(x) = (x + d)^2 + e$

Parabeln in y-Richtung zu verschieben ist ja einfach.

Was passiert eigentlich beim Verschieben in x-Richtung?

Du kannst die Parabeln der Funktionen $y = f(x) = (x + d)^2 + e$ durch Verschieben der Normalparabel $y = f(x) = x^2$ erzeugen.

$$y = (x + d)^2 + e$$

Nach **links:** für **d > 0**
Nach **rechts:** für **d < 0**

Nach **oben:** für **e > 0**
Nach **unten:** für **e < 0**

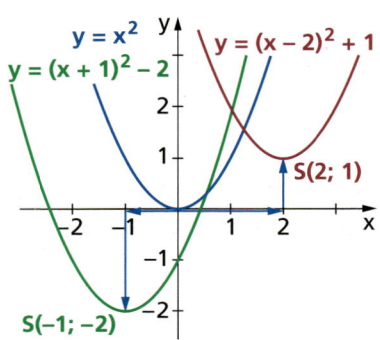

Eigenschaften quadratischer Funktionen $y = f(x) = (x + d)^2 + e$

Für quadratische Funktionen $y = f(x) = (x + d)^2 + e$ gilt:
- **Definitionsbereich D:** $x \in \mathbb{R}$
- **Wertebereich W:** $y \in \mathbb{R}, y \geq e$
- **Scheitelpunkt:** $S(-d; e)$
- **Nullstellen:** zwei für $e < 0$
  eine für $e = 0$
  keine für $e > 0$
- **Monotonie:** fallend für $x \leq -d$
  steigend für $x \geq -d$

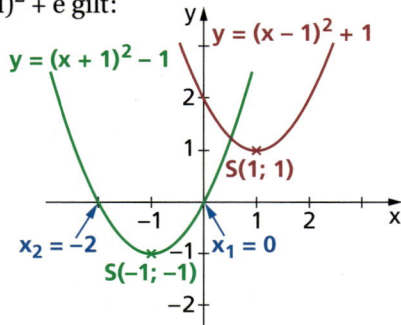

Hier ist eine Fallunterscheidung notwendig.

Beispiel

Berechne die Nullstellen von $y = (x + 1)^2 - 1$.

Setze $y = 0$ und forme die Gleichung nach x um.

$$0 = (x + 1)^2 - 1 \quad | + 1$$
$$1 = (x + 1)^2 \quad | \sqrt{}$$
$$1 = \pm (x + 1)$$

$1 = x_1 + 1 \qquad -1 = x_2 + 1$
$x_1 = 0 \qquad\quad x_2 = -2$

Aufgaben

1 Prüfe, welche der Punkte zum Graphen von $y = (x + 2)^2 - 3$ gehören.
A(0; 1),   B(–2; –3),   C(–1; –2),   D(1; 5),   E(2; 13),   F(3; 25)

2 Zeichne den Funktionsgraphen. Verwende dazu eine Parabelschablone.
Ermittle auch den Scheitelpunkt und die Nullstellen.
a) $y = f(x) = (x - 1)^2$ b) $y = g(x) = (x + 1)^2$ c) $y = h(x) = (x + 3)^2$

3 Gib den Scheitelpunkt an, zeichne den Funktionsgraphen
und lies die Nullstellen ab. Ermittle die Nullstellen auch rechnerisch.
a) $y = (x + 2)^2 - 1$ b) $y = (x + 1)^2 - 2{,}25$ c) $y = (x - 1)^2 - 2$

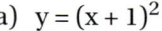

4 Entscheide und begründe (ohne zu rechnen), wie viele
Nullstellen die Funktion hat. Ermittle die Nullstellen rechnerisch.
a) $y = (x + 1)^2$ b) $y = (x + 3)^2 + 2$ c) $y = (x - 1)^2 - 4$
d) $y = (x + 1)^2 - 6{,}25$ e) $y = (x - 9)^2 - 9$ f) $y = (x + 4)^2 + 1$
g) $y = (x + 4)^2 - 10$ h) $y = (x - 0{,}5)^2 - 1$ i) $y = (x - 3)^2 + 4$

5 Gib jeweils die Gleichung einer Funktion an, deren Graph den gegebenen
Scheitelpunkt und die gleiche Öffnung wie die Normalparabel hat.
a) S(5; 1)   b) S(0; 6)   c) S(–3; 2)   d) S(–2; –1)
e) S(6; –3)   f) S(–2; 0)   g) S(0; 0)   h) S(–3; 3)

6 Erläutere das Monotonieverhalten der Funktion.
Gib auch immer den Wertebereich der Funktion an.
a) $y = (x - 1)^2 - 3$ b) $y = (x + 4)^2$ c) $y = x^2 + 3$
d) $y = (x + 2)^2 + 5$ e) $y = (x - 3)^2 - 3$ f) $y = (x + 1)^2 + 4$

7 Gegeben sind die Funktionen $y = f(x) = (x - 1)^2 - 2$ und $y = g(x) = 2x - 1$.
a) Zeichne beide Funktionsgraphen im Intervall $-1 \le x \le 5$.
b) Gib die Koordinaten der gemeinsamen Punkte beider Graphen an.
*c) Berechne die Koordinaten der beiden Schnittpunkte.

8 Gegeben ist die Gleichung $y = (x + 2)^2 + e$.
a) Zeichne die Funktionsgraphen der
jeweiligen Funktion für e = 2, e = –1 und e = 0.
b) Gib die Koordinaten der Scheitelpunkte an.
c) Entscheide und begründe, wie viele
Nullstellen jede Funktion hat.

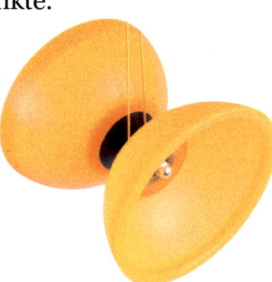

Quadratische Funktionen $y = x^2 + p \cdot x + q$ untersuchen

Hier siehst du einen von FRANÇOIS VIÈTA entdeckten Zusammenhang.

Welche Zahlen erhältst du beim Addieren und beim Multiplizieren der beiden Lösungen?

François Viète (1540–1603)

$(x - 5) \cdot (x + 2) = 0$
$x^2 - 3x - 10 = 0$
Lösungen:
$x_1 = 5$
$x_2 = -2$

Satz von Vieta:
$5 + (-2) = 3$
$5 \cdot (-2) = -10$

Scheitelpunktskoordinaten ermitteln

Die **Normalform** der Gleichung einer quadratischen Funktion ist: $y = f(x) = x^2 + p \cdot x + q$
Die Scheitelpunktsform quadratischer Funktionen kann in die Normalform umgewandelt werden.

$y = (x - 3)^2 - 2$
$y = x^2 - 6x + 9 - 2$
$y = x^2 - 6x + 7$
$p = -6$ und $q = 7$

● Graphen quadratischer Funktionen in Normalformdarstellung sind verschobene Normalparabeln mit dem Scheitelpunkt: $S(-\frac{p}{2}; -\frac{p^2}{4} + q)$

Der Term $\frac{p^2}{4} - q$ wird Diskriminante genannt.

Die Diskriminante $D = \frac{p^2}{4} - q$ bestimmt die Lage des Scheitelpunkts bezüglich der x-Achse.

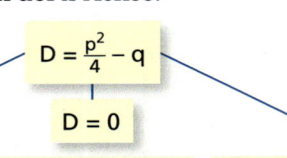

$D = \frac{p^2}{4} - q$

D > 0 | D = 0 | D < 0

S **unterhalb** der x-Achse | S auf der x-Achse | S **oberhalb** der x-Achse

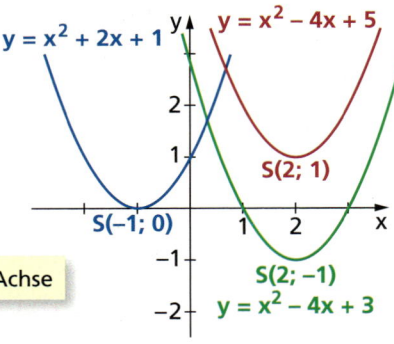

$y = x^2 + 2x + 1$
$y = x^2 - 4x + 5$
S(2; 1)
S(−1; 0)
S(2; −1)
$y = x^2 - 4x + 3$

Nullstellen ermitteln

Nullstellen werden mit der **Lösungsformel** für quadratische Gleichungen berechnet.

Beispiel

Berechne die Nullstellen von:
$y = f(x) = x^2 - 4x + 3$

$x_{1;2} = -\frac{p}{2} \pm \sqrt{\frac{p^2}{4} - q}$
$x_{1;2} = \frac{4}{2} \pm \sqrt{\frac{16}{4} - 3}$
$x_{1;2} = 2 \pm 1$
$x_1 = 1$ $x_2 = 3$

Aufgaben

1 Prüfe, welche der Punkte zum Graphen von $y = x^2 + 4x + 1$ gehören.
  a) $P_1(2; 13)$ b) $P_2(-1; 2)$ c) $P_3(-2; -3)$ d) $P_4(-3; -4)$ e) $P_5(-4; 1)$

2 Ermittle den Scheitelpunkt der Funktion.
  a) $y = x^2 + 2x + 9$ b) $y = x^2 + 4x - 8$ c) $y = x^2 - 6x + 1$
  d) $y = x^2 + x - 3$ e) $y = x^2 - x - 0{,}75$ f) $y = x^2 + 3x + \frac{1}{4}$

3 Zeichne den Funktionsgraphen und lies die Nullstellen ab.
  a) $y = x^2 + 2x - 8$ b) $y = x^2 - 3x - 10$ c) $y = x^2 - x - 6$
  d) $y = x^2 + 5x + 6$ e) $y = x^2 - 4x + 4$ f) $y = x^2 + 4x + 5$

4 Ermittle die Nullstellen jeder Funktion sowohl zeichnerisch
  als auch rechnerisch.
  a) $y = x^2 + 2x - 1{,}25$ b) $y = x^2 - \frac{5}{2}x + \frac{3}{2}$ c) $y = x^2 - 5x + 6{,}25$
  d) $y = x^2 + 3x + 2{,}25$ e) $y = x^2 - x - 2{,}64$ f) $y = x^2 + \frac{10}{3}x + 1$

5 Ermittle die Nullstellen jeder Funktion und schreibe die Funktionsgleichung dann auch in der Scheitelpunktsform auf.
  a) $y = x^2 + 4x + 8$ b) $y = x^2 - 5x + 3{,}25$ c) $y = x^2 - x + 2{,}75$

6 Wandle jeweils in die Normalform um und berechne die Nullstellen.
  a) $y = (x + 4)^2 - 4$ b) $y = (x + 1)^2 - 4$
  c) $y = (x - 0{,}5)^2 - 6{,}25$ d) $y = (x + 11)^2 - 16$
  e) $y = (x - 5)^2 - 9$ f) $y = (x - 7)^2 - 81$

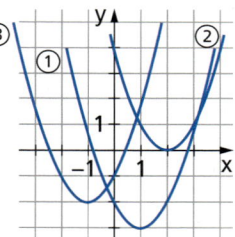

7 a) Ermittle den Scheitelpunkt von jedem der
    Funktionsgraphen ①, ② und ③.
  b) Gib die Funktionsgleichungen sowohl in
    Scheitelpunkts- als auch in Normalform an.
  c) Lies jeweils am Funktionsgraphen die
    Nullstellen ab und prüfe dann rechnerisch.

*8 Beurteile den Wahrheitsgehalt der Aussage
  und begründe deine Entscheidung. ✪

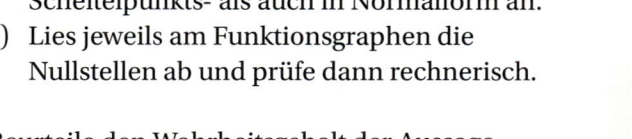

Eine quadratische Funktion mit positivem p und positivem q kann Nullstellen haben.

*9 Gegeben sind die Funktionen $y = f(x) = x^2 - 4x + 2$ und $y = g(x) = x - 2$.
  a) Zeichne beide Funktionsgraphen im Intervall $0 \le x \le 5$.
  b) Berechne die Koordinaten der gemeinsamen Punkte beider Graphen.

Gemischte Aufgaben

Der Querschnitt des abgebildeten Solarkochers ist parabelförmig.

Beschreibe den Aufbau und die Funktionsweise solcher Kocher. Analysiere den Verlauf der Strahlen.

1 Zeichne die Graphen folgender Funktionen. Entscheide und begründe, in welchen Fällen keine quadratische Funktion vorliegt.

a) $y = 2x + 1$ b) $y = x^2 + 1$ c) $y = (x + 3)^2$ d) $y = (x - 1)^2 + 1$

e) $y = x + 3$ f) $y = -x^2$ g) $y = x - 2^2$ h) $y = (x + 2)^2 - 3$

2 Ermittle die Nullstellen der Funktionen zeichnerisch und rechnerisch.

a) $y = x^2 - 4$ b) $y = (x - 4)^2$ c) $y = x^2 + 2x - 3$ d) $y = x^2 + x + 0,25$

e) $y = (x - 1)^2 - 1$ f) $y = x^2 + 5x + 6$ g) $y = (x + 1)^2 + 2$ h) $y = (x + 2)^2 - 4$

3 Hier sind vier verschobene Normalparabeln f_1, f_2, f_3 und f_4 abgebildet.

a) Gib jeweils den Scheitelpunkt an.

b) Ermittle für jede Funktion die Funktionsgleichung sowohl in Scheitelpunktsform als auch in Normalform.

c) Begründe, warum die Funktionen $y = f_1(x)$ und $y = f_4(x)$ keine Nullstellen besitzen.

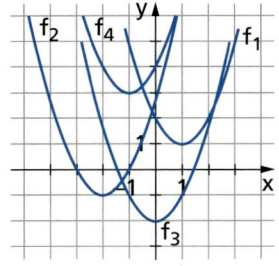

4 Zeichne die Normalparabel $y = f(x) = x^2$ in ein Koordinatensystem. Verschiebe wie vorgegeben und gib jeweils eine Gleichung für die verschobene Parabel an.

a) Verschiebe die Normalparabel um zwei Einheiten nach unten.

b) Verschiebe die Normalparabel um drei Einheiten nach links.

c) Verschiebe das Bild von Aufgabe b um eine Einheit nach rechts.

d) Verschiebe die Normalparabel um zwei Einheiten nach links und um drei Einheiten nach oben.

Mit der Schablone geht das ganz einfach.

5 Prüfe und begründe, welche der folgenden Punkte zum Graphen der Funktion $y = f(x) = x^2 - 2x - 10$ gehören und welche nicht.
 a) $P_1(6; 14)$ b) $P_2(-1; -11)$ c) $P_3(-2; -2)$ d) $P_4(-4; 14)$

6 Berechne die Nullstellen. Gib die Ergebnisse mit zwei Dezimalstellen an:
 a) $y = x^2 + 4x + 3$ b) $y = x^2 + 9x + 6$ c) $y = x^2 + 6x - 7$
 d) $y = x^2 - 4x - 2$ e) $y = x^2 - x - 2$ f) $y = x^2 + 4x + 5$

7 Wandle jeweils in die Normalform um und berechne die Nullstellen.
 a) $y = (x - 4)^2 - 9$ b) $y = (x - 5)^2 - 1$ c) $y = (x + 3)^2 - 4$
 d) $y = (x + 0{,}5)^2$ e) $y = (x + 1)^2 - 16$ f) $y = (x - 1{,}5)^2 - 6{,}25$

8 Entscheide und begründe, welche der gegebenen Scheitelpunkte zu welchen Funktionen gehören.

9 Beschreibe, wo sich die Symmetrieachse der Parabel mit der gegebenen Gleichung befindet.
 a) $y = f(x) = x^2 - 2$ b) $y = f(x) = (x + 2)^2 - 16$
 c) $y = f(x) = x^2 + 2x - 16$ d) $y = f(x) = x^2 + 4x + 3$
 e) $y = f(x) = x^2 - 6x + 3$ f) $y = f(x) = x^2 + x + 1$

Scheitelpunkte:
$S_1(1; 0)$, $S_2(-1; 5)$, $S_3(-4; -2)$,
$S_4(-1{,}5; 2{,}5)$, $S_5(5; -1)$

Funktionen:
$y = f_1(x) = x^2 + 8x + 14$
$y = f_2(x) = x^2 - 10x + 24$
$y = f_3(x) = x^2 - 2x + 1$
$y = f_4(x) = x^2 + 3x + 4{,}75$
$y = f_5(x) = x^2 + 2x + 6$

10 Gib die Diskriminante jeder Funktion an. Entscheide und begründe dann, wie viele Nullstellen die Funktion besitzt.
 a) $y = f(x) = x^2 + 4x - 11$ b) $y = f(x) = x^2 + x + 1$ c) $y = f(x) = x^2 - 5x + 1$
 d) $y = f(x) = x^2 - 6x + 9$ e) $y = f(x) = x^2 - 10x + 10$ f) $y = f(x) = x^2 - 2x + 2$
 g) $y = f(x) = x^2 - x - 1$ h) $y = f(x) = x^2 - 2x + 1$ i) $y = f(x) = x^2 + 8x$

*11 a) Entscheide, für welche Zahlen q die Funktion $y = f(x) = x^2 + 3x + q$ genau eine Nullstelle besitzt. Beschreibe, wie du vorgegangen bist.
 b) Gib alle Zahlen q für die Funktion $y = g(x) = x^2 - 4x + q$ an, bei denen keine Nullstelle auftritt.

Nachgefragt

 1 Gib die Scheitelpunktkoordinaten folgender Parabel an:
   $y = f(x) = (x + 3)^2 + 1$
 2 Ermittle die Scheitelpunktskoordinaten und den Wertebereich von:
   $y = f(x) = x^2 + 4x - 1$
 3 Berechne die Nullstellen folgender Funktion: $y = f(x) = x^2 + 4x$
 4 Warum hat die Funktion $y = x^2 + x + 0{,}25$ genau eine Nullstelle?

12 Die Funktion $y = f(x) = (x - 4)^2 + e$ soll zwei verschiedene Nullstellen haben. Entscheide und begründe, welcher der angegebenen Punkte dann kein Scheitelpunkt von f sein kann: $P_1(4; -4)$, $P_2(4; 4)$, $P_3(4; -1)$, $P_4(4; 0)$

13 Ermittle die Koordinaten der Schnittpunkte folgender Funktionsgraphen:
a) $y = f(x) = x^2 + 2x - 2$
$y = g(x) = x$
b) $y = f(x) = (x - 1)^2 - 1$
$y = g(x) = -x + 2$
c) $y = f(x) = (x + 2)^2 - 3$
$y = g(x) = x^2 + 2x - 5$

14 Erstelle für die Funktionen $f(x) = 1,5x^2$ und $g(x) = -1,5x^2$ jeweils eine Wertetabelle mit den Argumenten –2; –1,5; –1; –0,5; 0; 0,5; 1; 1,5 und 2. Zeichne beide Funktionsgraphen in ein gemeinsames Koordinatensystem.

15 Ordne jedem Funktionsgraphen die zugehörigen Punkte zu.

16 Gib von jeder Funktion den Wertebereich an und beschreibe das Monotonieverhalten.
a) $y = x^2 + 2$
b) $y = (x + 2)^2$
c) $y = x^2 + 2x - 5$
d) $y = x^2 + 3x$
e) $y = x^2 - x - 5,75$
f) $y = (x - 1)^2 - 3$
g) $y = x^2 - 8x + 7$
h) $y = (x - 3)^2 - 2$
i) $y = x^2 - 2x + 1$
j) $y = (x + 3)^2 - 5$

> **Punkte:**
> A(3; 4,5), B(1; –1), C(0,5; 1), D(–1; –2),
> E(2; 8), F(–1; 1), G(2; –4), H(–2; 4)
>
> **Funktionsgraphen:**
> $y = f_1(x) = x^2$ $y = f_2(x) = 2x^2$
> $y = f_3(x) = -x^2$ $y = f_4(x) = 0,5x^2$
> $y = f_5(x) = -2x^2$ $y = f_6(x) = 4x^2$

17 Gegeben ist die Funktion $y = f(x) = x^2 + 4x + 2$.
a) Erstelle eine Wertetabelle mit acht Argumenten (x-Werten).
b) Zeichne die zugehörige Parabel in ein Koordinatensystem.
c) Gib den Wertebereich, den kleinsten Funktionswert, den Scheitelpunkt und die Nullstellen der Funktion an.
d) Beschreibe das Monotonieverhalten der Funktion.
e) Berechne die Argumente für $y = 28,25$ auf zwei Dezimalstellen.

> Das Muster soll nur aus Geraden entstanden sein?

18 Von zwei quadratischen Funktionen sind die Wertetabellen gegeben.

①
x	-2	-1	0	1	2
y	8	2	0	2	8

②
x	-1	0	1	2	3
y	1	4	5	4	1

a) Gib die Scheitelpunktskoordinaten beider Funktionen an.
b) Entscheide und begründe, ob die Parabel nach oben geöffnet ist.
c) Ermittle die Wertebereiche beider Funktionen.
d) Was kannst du über die Anzahl ihrer Nullstellen sagen?
e) Beschreibe das Monotonieverhalten beider Funktionen.

19 Die folgende Gleichung beschreibt den Benzinverbrauch B eines Fahrzeugs in Abhängigkeit von der gefahrenen Geschwindigkeit: 🔍

$B(v) = 0,0008v^2 - 0,094v + 8,9$

a) Stelle den Sachverhalt grafisch dar.

*b) Vergleiche den Benzinverbrauch bei $130\frac{km}{h}$ mit dem bei $180\frac{km}{h}$.

*c) Erläutere, warum es Geschwindigkeitsbeschränkungen gibt.

20 Die Wurfkurve (Parabel) bei einem waagerechten Wurf wird durch folgende Gleichung beschrieben:

$y = -2,5x^2 + 40$ 🔍

a) Zeichne diese Wurfkurve in ein Koordinatensystem.

b) Entscheide, welche Informationen du aus der Gleichung und aus dem zugehörigen Graphen entnehmen kannst, wenn als Längeneinheit 1 m angenommen wird.

*c) Ermittle die Abwurfhöhe und die maximale Wurfweite.

21 Die abgebildete Wertetabelle enthält Messwerte einer gleichmäßig beschleunigten Bewegung.

a) Begründe, dass es sich hier um einen quadratischen Zusammenhang zwischen Weg (s) und Zeit (t) handelt.

b) Fertige ein Weg-Zeit-Diagramm an.

*c) Beschreibe den Zusammenhang zwischen s und t durch eine Funktionsgleichung.

t in s	s in m
0,5	0,2
1,0	0,8
1,5	1,8
2,0	3,2
2,5	5,0

22 Die Breite b eines Rechtecks ist um 6 cm kürzer als seine Länge a. ✪

a) Gib eine Gleichung für den Flächeninhalt in Abhängigkeit von b an.

b) Welcher Definitionsbereich für b ist sinnvoll?

c) Berechne die Seitenlängen des Rechtecks für $A = 112\ cm^2$.

Der Brückenbogen sieht wie eine Parabel aus.

Dann könnten wir ja eine Gleichung dafür emitteln.

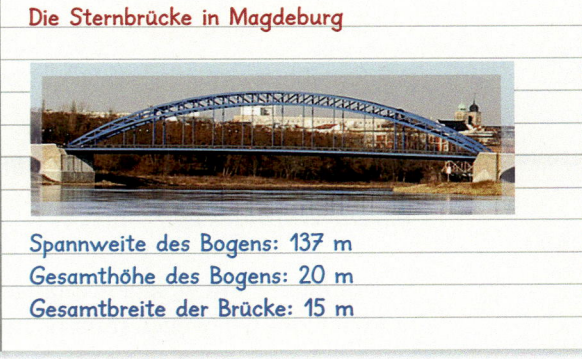

Die Sternbrücke in Magdeburg

Spannweite des Bogens: 137 m
Gesamthöhe des Bogens: 20 m
Gesamtbreite der Brücke: 15 m

❗ Mathe und mehr

Wurfbewegungen in Tabellenkalkulationen untersuchen

Ein senkrecht nach oben geworfener Gegenstand mit einer Anfangsgeschwindigkeit v_0 bleibt irgendwann stehen und fällt dann wieder auf die Erde zurück. Er wird bei seiner Aufwärtsbewegung immer langsamer, bewegt sich kurzzeitig nicht und wird bei seiner Abwärtsbewegung immer schneller.
   Zwischen der Höhe des Balls und der Zeit besteht ein quadratischer Zusammenhang.

Es gilt: $\quad h(t) = -\frac{g}{2} \cdot t^2 + v_0 \cdot t = -4{,}9 \cdot t^2 + v_0 \cdot t$

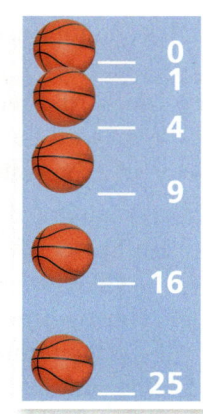

Die Fallbeschleunigung g an der Erdoberfläche beträgt etwa $9{,}81\,\frac{m}{s^2}$.

Für eine Anfangsgeschwindigkeit $v_0 = 14{,}7\,\frac{m}{s}$ und mit der Fallbeschleunigung $g = 9{,}8\,\frac{m}{s^2}$ kannst du vereinfacht schreiben:

$$y = f(x) = -4{,}9 \cdot x^2 + 14{,}7 \cdot x$$

Die Variable x beschreibt die Zeit in Sekunden. Die Variable y beschreibt die Höhe in Meter.

1 Erstelle für $y = -4{,}9 \cdot x^2 + 14{,}7 \cdot x$ in einer Tabellenkalkulation eine Wertetabelle im Intervall $0 \le x \le 3$ mit einer Schrittweite von 0,25.

2 Berechne die Höhen mit Formeln.

3 Vergleiche die Formeln miteinander und erläutere ihre Struktur.

4 Erstelle ein geeignetes Diagramm für diese Tabelle.

	A	B
	Zeit	Höhe
1	Zeit	Höhe
2	0	0
3	0,25	3,36875
4	0,5	6,125
5	0,75	
6	1	
7	1,25	
8	1,5	
9	1,75	
10	2	
11	2,25	
12	2,5	
13	2,75	
14	3	

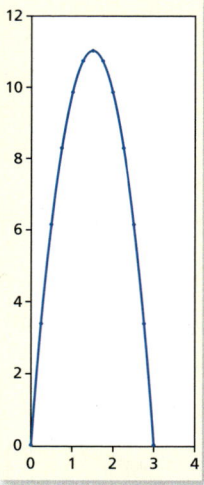

Im Beispiel wird die maximale Höhe von etwa 11 m nach 1,5 s erreicht.

Für die Wurfhöhe gilt: $\quad h(t) = \frac{v_0^2}{2 \cdot g} \qquad f(x) = \frac{14{,}7^2}{2 \cdot 9{,}81} = 11{,}013\ldots$

5 Berechne, mit welcher Anfangsgeschwindigkeit v_0 sich ein Gegenstand nach oben bewegen müsste, um eine Höhe von 2,40 m zu erreichen.

Wege im Straßenverkehr vergleichen

Jeder Fahrschüler lernt, dass der Bremsweg eines Verkehrsmittels nicht der „Anhalteweg" ist. Es gilt eine Faustformel:

> Faustformel im Straßenverkehr
>
> Anhalteweg = Reaktionsweg + Bremsweg

Reaktions- und Bremswege hängen u. a. von der Aufmerksamkeit des Fahrzeugführers, von den Fahrbahnverhältnissen und vom Reifenprofil ab.

Für Bremswege s_B gilt die Faustformel: $\quad s_B = \left(\frac{v}{10}\right)^2$

Für Reaktionswege s_R gilt die Faustformel: $\quad s_R = 3 \cdot \frac{v}{10}$

Die Zahlenwerte werden hier bei Geschwindigkeiten in Kilometer pro Stunde und bei Wegen in Meter angegeben.

1 Verwende die Faustformel und erstelle eine Tabelle mit den gegebenen Geschwindigkeiten.

Geschwindigkeit in $\frac{km}{h}$	30	50	80	100	130	180
Reaktionsweg in m						
Bremsweg in m						
Anhalteweg in m						

2 Vergleiche die Bremswege und erläutere, wie sich der Bremsweg in Abhängigkeit von der Geschwindigkeit verhält.

Ersetze in den Faustformeln für s_B und s_R die Variable v durch die Variable x. Die Faustformel für den Anhalteweg s ist eine quadratische Gleichung:

> Faustformel für den Anhalteweg
>
> $s = 0{,}01 \cdot x^2 + 0{,}3 \cdot x$

3 Leite die Formel für s in Abhängigkeit von x her.

4 Zeichne den Graphen der Funktion.

5 Gib einen sinnvollen Definitionsbereich für die Funktion und den dazugehörigen Wertebereich an.

6 Berechne mit den Reaktions- und Bremswegen auf Seite 97 die zugehörigen Anhaltewege.

115

Das hast du gelernt

Quadratische Funktionen $y = f(x) = ax^2 + c$

Funktionsgleichung: $y = f(x) = ax^2 + c$

	a > 0	a < 0
Parabelöffnung	nach oben	nach unten
Scheitelpunkt	S(0; c)	
Definitionsbereich	$x \in \mathbb{R}$	
Wertebereich	$y \in \mathbb{R}$; $y \geq c$	$y \in \mathbb{R}$; $y \leq c$
Nullstellen	c > 0 (keine)	c < 0 (keine)
	c = 0 (eine)	

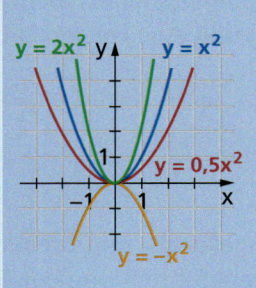

Quadratische Funktionen $y = f(x) = (x + d)^2 + e$ (Scheitelpunktsform)

Funktionsgleichung: $y = f(x) = (x + d)^2 + e$

Scheitelpunkt	S(–d; e)
Definitionsbereich	$x \in \mathbb{R}$
Wertebereich	$y \in \mathbb{R}$; $y \geq e$
Nullstellen	e < 0 (zwei)
	e = 0 (eine)
	e > 0 (keine)

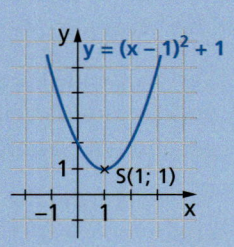

Quadratische Funktionen $y = f(x) = x^2 + px + q$ (Normalform)

Funktionsgleichung: $y = f(x) = x^2 + px + q$

Scheitelpunkt	$S\left(-\frac{p}{2}; -\frac{p^2}{4} + q\right)$	
Definitionsbereich	$x \in \mathbb{R}$	
Wertebereich	$y \in \mathbb{R}$; $y \geq -\frac{p^2}{4} + q$	
Nullstellen	$x_{1;2} = -\frac{p}{2} \pm \sqrt{\frac{p^2}{4} - q}$	$\frac{p^2}{4} - q > 0$ (zwei)
		$\frac{p^2}{4} - q = 0$ (eine)
		$\frac{p^2}{4} - q < 0$ (keine)

Teste dich selbst   ⑤

1 a) Erstelle für die Funktion $y = f(x) = 2,5x^2$ eine Wertetabelle.
Wähle folgende Argumente: –2; –1,5; –1; –0,5; 0; 0,5; 1; 1,5; 2

   b) Zeichne den Graphen dieser Funktion im Intervall $-2 \leq x \leq 2$.

2 Entscheide, welches der folgenden Wertepaare zur Funktion
$y = f(x) = x^2 - 7x + 8,25$ gehört und welches nicht:
A(2; –1,5),   B(0; –7),   C(1,5; 0),   D(–3; 40)

3 a) Gib die Koordinaten des Scheitelpunkts der
abgebildeten Funktion $y = f(x)$ an.

   b) Lies die Nullstellen der Funktion ab.

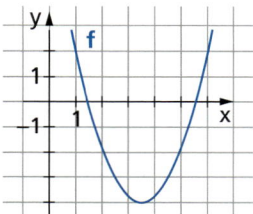

4 a) Ermittle die Koordinaten des Scheitelpunkts
von $y = f(x) = (x + 1)^2 - 3$.

   b) Entscheide und begründe, wie viele Nullstellen
die Funktion $y = f(x) = (x + 1)^2 - 3$ hat.

5 Gegeben ist die quadratische Funktion $y = f(x) = x^2 + 2x + 1$.
   a) Zeichne den Graphen der Funktion in ein Koordinatensystem.
   b) Berechne die Nullstellen der Funktion ausführlich.
   c) Gib den Wertebereich und das Monotonieverhalten der Funktion an.
   d) Prüfe rechnerisch, ob P(2; 12) zum Graphen der Funktion gehört.

6 Zeichne die Graphen der Funktionen $y = f(x) = x - 1$ und
$y = g(x) = x^2 - 2x - 1$ in ein und dasselbe Koordinatensystem.
   a) Die beiden Funktionsgraphen haben zwei Punkte gemeinsam.
Ermittle die Koordinaten dieser beiden Schnittpunkte.
   b) Gib die Gleichung einer Funktion $y = h(x)$ an, deren Graph
zum Graphen der Funktion $y = f(x)$ parallel ist.

7 Die Gleichung $y = -0,5x^2 + 4,5$ beschreibt
die Kurve eines Wasserstrahls.
   a) Stelle für das Intervall $0 \leq x \leq 3$ eine
Wertetabelle auf.
   b) Zeichne die Kurve in diesem Intervall.
   c) Beschreibe, was mit dem Wasserstrahl
an der Intervallgrenze x = 3 passiert.

6 Sinusfunktionen untersuchen

Die beiden Ventile eines Fahrrads bewegen sich ebenfalls, wenn sich die Räder des Fahrrads bewegen.

Entscheidet euch für eine der Antworten und begründet eure Entscheidung.
① Sie bewegen sich auf- und abwärts.
② Sie bewegen sich vor- und rückwärts.
③ Sie bewegen sich auf Kreisbahnen.
④ Sie bewegen sich auf gekrümmten Kurven.

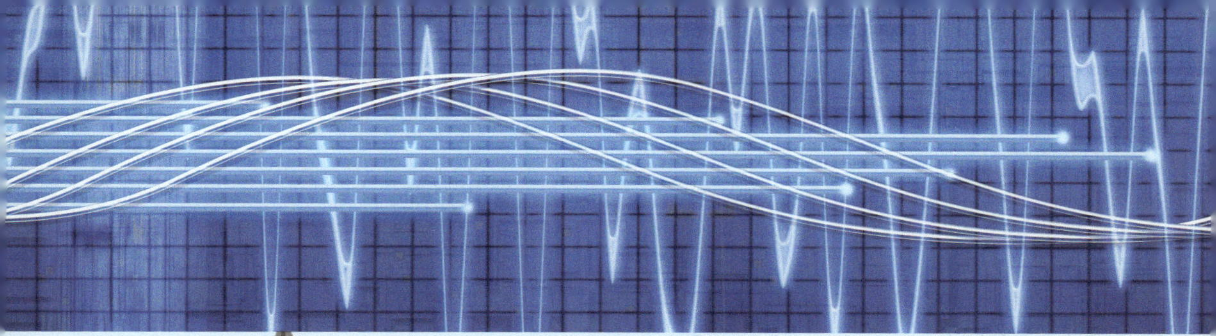

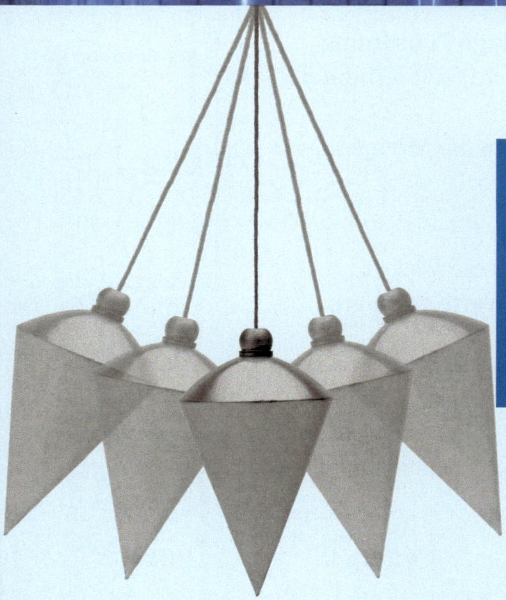

Periodische Wiederholungen
Pendelbewegungen haben charakteristische Eigenschaften. Skizziert und beschreibt solche Bewegungen.

Unglaublich, aber wahr
Der Klang eines Sirenensignals ist nicht immer gleich. Erläutert eure Empfindungen beim Näherkommen und beim Entfernen der Signalquelle.

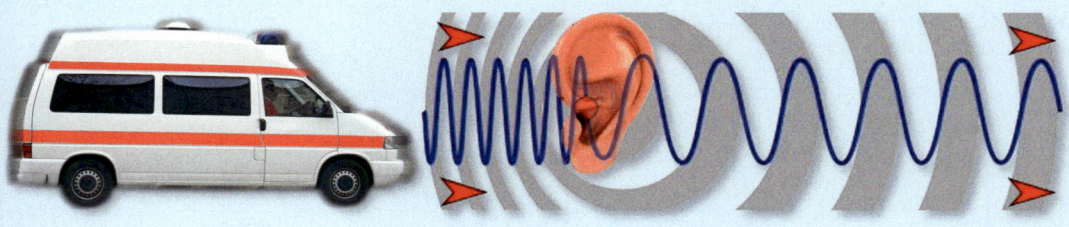

Kannst du das?

Funktionen erkennen und beschreiben

Eine Funktion $y = f(x)$ ist eine eindeutige Zuordnung von Elementen einer Menge X (x-Werte) zu Elementen einer Menge Y (y-Werte).
Die Menge X heißt Definitionsbereich, die Menge Y heißt Wertebereich.

Hinweis:
Zu einem x-Wert gehört immer genau ein y-Wert.
Zu einem y-Wert können mehrere x-Werte gehören.

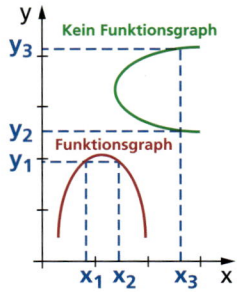

Eigenschaften von Funktionen

Funktions-klasse	Lineare Funktion	Potenz-funktion	Exponential-funktion
Gleichung	$y = f(x) = mx + n$	$y = f(x) = x^n \, (n > 0)$	$y = f(x) = a^x \, (a > 1)$
Beispiel	$y = f(x) = 0{,}5x - 2$ 	$y = f(x) = x^2$	$y = f(x) = 2^x$
Definitionsbereich D	$x \in \mathbb{R}$	$x \in \mathbb{R}$	$x \in \mathbb{R}$
Wertebereich W	$y \in \mathbb{R}$	*Für gerade n:* $y \in \mathbb{R}; y \geq 0$ *Für ungerade n:* $y \in \mathbb{R}$	$y \in \mathbb{R}; y > 0$
Nullstelle x_0	$x_0 = -\frac{n}{m}$	$x_0 = 0$	keine
Schnittpunkt mit der y-Achse	$S_y(0; n)$	$S_y(0; 0)$	$S_y(0; 1)$
Monotonieverhalten	*Für m > 0:* monoton steigend *Für m < 0:* monoton fallend	*Für ungerade n:* monoton steigend *Für gerade n:* wechselnd	*Für alle x:* monoton steigend

Aufgaben

1 Zeichne den Funktionsgraphen in ein Koordinatensystem.
Lies den Anstieg m, den Schnittpunkt mit der y-Achse und die Nullstelle ab.
a) $y = 2x + 2$ b) $y = -2x$ c) $y = x - 3$ *d) $y - 0{,}5x = 1$

2 Gegeben sind die folgenden vier Funktionsgleichungen:
$y = f_1(x) = 5x - 4$; $y = f_2(x) = -2x + 4$; $y = f_3(x) = \frac{1}{4}x + 1$; $y = f_4(x) = -x - \frac{1}{2}$
a) Zeichne die Funktionsgraphen.   b) Berechne die Nullstellen.
c) Gib eine Funktion an, deren Graph zu f_4 parallel ist.

3 Erstelle eine Wertetabelle und zeichne den Funktionsgraphen in ein
Koordinatensystem. Erläutere das Monotonie- und Symmetrieverhalten.
a) $y = x^3$ b) $y = x^{-1}$ c) $y = x^{-2}$ d) $y = x^4$ e) $y = \frac{1}{x^3}$

4 Prüfe, welche der folgenden Wertepaare zur Funktion $y = x^{-3}$ gehören:
(1) $(1; 1)$ (2) $(-1; -1)$ (3) $(2; -\frac{1}{8})$ (4) $(-\frac{1}{2}; -8)$ (5) $(0; 0)$

5 Berechne jeweils die fehlende Koordinate für $y = x^3$.
a) $(2; y_a)$ b) $(x_b; 27)$ c) $(x_c; -1)$ d) $(0{,}1; y_d)$ e) $(x_e; 1000)$

6 Gib für die Funktion $y = f(x) = x^{-1}$ sowohl den kleinsten als auch
den größten Funktionswert im Intervall $0{,}1 \leq x \leq 5$ an.

7 Gegeben ist die Exponentialfunktion $y = f(x) = 2^x$.
a) Erstelle eine Wertetabelle für folgende x-Werte: $-3; -2; -1; 0; 1; 2; 3$
b) Zeichne den Funktionsgraphen im Intervall $-3 \leq x \leq 3$.
*c) Ermittle näherungsweise den x-Wert für $y = 6{,}5$.
*d) Zeichne durch den Punkt $P(0; 2)$ den Graphen einer linearen Funktion
und gib die zugehörige Funktionsgleichung an: ✪
(1) Der Graph soll f zwei Mal schneiden.
(2) Der Graph soll f ein Mal schneiden.

8 Entscheide und begründe, welche der gegebenen
Funktionsgleichungen zu welchem der abgebildeten
Funktionsgraphen gehört.

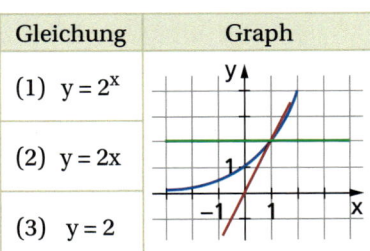

Gleichung	Graph
(1) $y = 2^x$	
(2) $y = 2x$	
(3) $y = 2$	

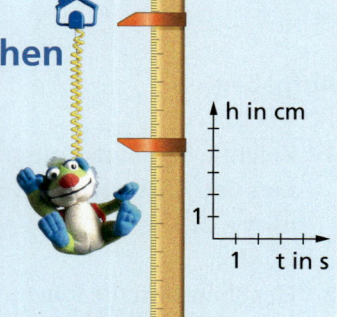

Die Sinusfunktion untersuchen

Die Figur schwingt, wenn die Spiralfeder losgelassen wird.

Beschreibe, wie sich die Lage der Figur in Abhängigkeit von der Zeit ändert.

Bogenmaße bei der Sinusfunktion

Der Sinus des Drehwinkels α am Einheitskreis mit dem Radius r = 1 bestimmt die Größe des y-Wertes des Punktes P. Bewegt sich der Punkt auf dem Kreis entgegengesetzt zum Uhrzeigersinn, ist der Drehwinkel positiv, bei Bewegung im Uhrzeigersinn negativ.
Du kannst Drehwinkel sowohl im Gradmaß als auch im Bogenmaß angeben.

Drehwinkel über eine volle Umdrehung hinaus sind bei positiver Drehrichtung größer als 360° (2π) und bei negativer Drehrichung kleiner als –360° (–2π).

Für die Sinusfunktion gilt:

	Gradmaß	Bogenmaß
I	$0° < \alpha < 90°$	$0 < x < \frac{\pi}{2}$
II	$90° < \alpha < 180°$	$\frac{\pi}{2} < x < \pi$
III	$180° < \alpha < 270°$	$\pi < x < \frac{3}{2}\pi$
IV	$270° < \alpha < 360°$	$\frac{3}{2}\pi < x < 2\pi$

● **Die Sinusfunktion y = f(x) = sin x**
Wertetabelle:

x	$-\pi$	$-\frac{\pi}{2}$	0	$\frac{\pi}{6}$	$\frac{\pi}{4}$	$\frac{\pi}{2}$	π	2π
sin x	0	–1	0	0,5	≈ 0,71	1	0	0

Funktionsgraph:

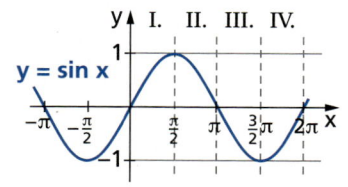

Jedem x-Wert der Sinusfunktion ist genau ein y-Wert zugeordnet.
Umgekehrt gibt es zu jedem y-Wert unendlich viele x-Werte.

Eigenschaften der Sinusfunktion

Die Funktion $y = f(x) = \sin x$ hat folgende Eigenschaften:

Definitionsbereich	$x \in \mathbb{R}$
Wertebereich	$y \in \mathbb{R}, -1 \leq y \leq 1$
Nullstellen	$x_0 = 0, x_1 = \pi, x_2 = 2\pi, \ldots$ (*allgemein gilt:* $x_k = k\pi; k \in \mathbb{Z}$)
Monotonie	abwechselnd monoton steigend und fallend
Symmetrie	symmetrisch zum Koordinatenursprung

Der Funktionsgraph der Sinusfunktion wird häufig als Sinuskurve bezeichnet.

> ● *Für Sinuskurven gilt:* $\sin x = \sin (x + 2k\pi)$ mit $k \in \mathbb{Z}$
>
> Ein beliebiger Funktionswert wiederholt sich periodisch immer wieder in festen Abständen, hier immer nach 2π.

Symmetrieeigenschaften des Funktionsgraphen von y = sin x

Der Funktionsgraph von $y = \sin x$ ist symmetrisch zu einer Parallelen zur y-Achse durch $x = \frac{\pi}{2}$, also für $\alpha = 90°$.

Beispiel

$\sin \frac{1}{3}\pi = \sin \frac{2}{3}\pi$

$\sin \frac{1}{3}\pi = \frac{1}{2} \cdot \sqrt{3}$

$\sin \frac{1}{3}\pi \approx 0{,}866$

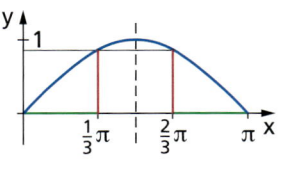

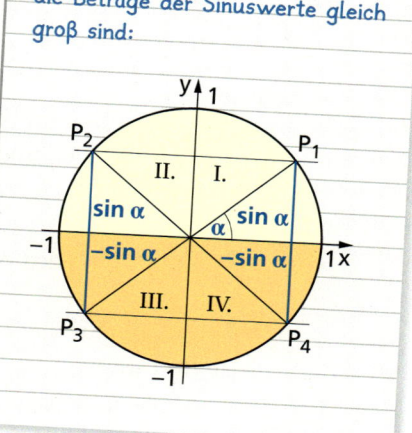

Winkelgrößen bis 360°, bei denen die Beträge der Sinuswerte gleich groß sind:

Der Funktionsgraph von $y = \sin x$ ist symmetrisch zum Koordinatenursprung.

Beispiel

$\sin \frac{1}{4}\pi = -\sin (-\frac{1}{4}\pi)$

$\sin \frac{1}{4}\pi = \frac{1}{2} \cdot \sqrt{2} \approx 0{,}71$

$\sin -\frac{1}{4}\pi \approx -0{,}71$

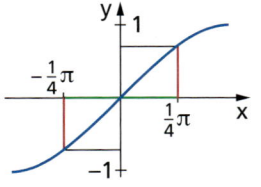

Aus **sin (180° – α)** folgt:
Der Sinus eines Winkels im I. und II. Quadranten ist stets positiv,
der eines Winkels im III. und IV. Quadranten stets negativ.

Aufgaben

1 Entscheide und begründe, welcher der dargestellten Drehwinkel die folgende Winkelgröße hat:

a) +40°   b) –50°   c) +100°
d) –160°   e) +135°   f) +180°

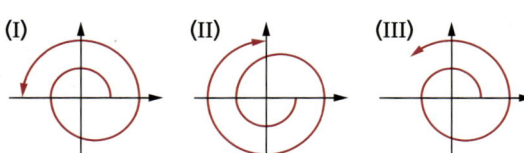

2 Skizziere folgende Drehwinkel in einer Zeichnung im Heft:

a) 45°   b) –60°   c) 120°
d) 180°   e) –90°   f) 270°

Wie viel Umdrehungen sind das?

3 Gib die Größe des dargestellten Drehwinkels an.

(I)   (II)   (III)

4 Gib jeweils das Bogenmaß x als Vielfaches von π an.

a) 0°   b) 90°   c) 180°   d) 45°   e) 60°
f) 270°   g) 360°   h) 450°   i) 135°   j) 540°
k) –90°   l) –180°   m) 15°   n) –75°   o) 105°

5 Rechne das Bogenmaß in Gradmaß um.

a) π b) $-\pi$ c) -3π d) $\frac{3}{2}\pi$ e) $\frac{2}{3}\pi$

f) $-\frac{\pi}{2}$ g) $\frac{\pi}{5}$ h) $-\frac{\pi}{6}$ i) $\frac{5}{12}\pi$ j) $\frac{12}{5}\pi$

6 Gib für den im Bogenmaß gegebenen Winkel x das Gradmaß α auf zwei Dezimalstellen an.

a) $x_1 = 1$ b) $x_2 = -2$ c) $x_3 = 10$ d) $x_4 = -18$

7 Zeige, dass der Winkel 180° das Bogenmaß π hat.

8 Erstelle für die Sinusfunktion $y = f(x) = \sin x$ eine Wertetabelle im Intervall $-2\pi \le x \le 2\pi$ mit einer Schrittweite von $\frac{\pi}{4}$.

a) Zeichne den Funktionsgraphen im angegebenen Intervall.

b) Gib alle Nullstellen der Sinusfunktion im angegebenen Intervall an.

c) Lege die Kurvenschablone für die Sinusfunktion auf den Graphen. Was stellst du fest?

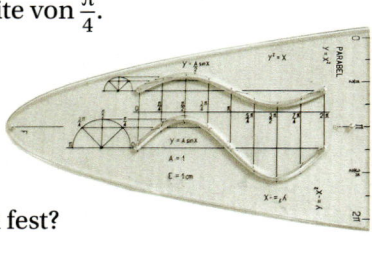

9 Gib die Anzahl der Nullstellen von y = sin x im Intervall $-7\pi \leq x \leq 9\pi$ an.

10 Gib an, welche Winkel den Nullstellen der Funktion y = f(x)= sin x
entsprechen.

(1) 720°   (2) 270°   (3) –540°   (4) –450°   (5) 1 890°

(6) 1 980°   (7) –2 340°   (8) 990°   (9) 1 260°   (10) 3 060°

11 Zeichne den Funktionsgraphen y = f(x) = sin x im Intervall $-\pi \leq x \leq 3\pi$.
a) Bestimme alle Argumente der Funktion für: ✪
(1) sin x = 0,5   (2) sin x = 1   (3) sin x = 0
b) Gib alle Intervalle an, in denen die Funktion monoton steigt. ✪

12 Zeige, dass die Gleichung für die gegebenen Winkel wahr ist. Verwende
deinen Taschenrechner und veranschauliche die Beziehungen grafisch. 🔍
$\alpha_1 = 30°$, $\alpha_2 = 60°$, $\alpha_3 = 90°$, $\alpha_4 = 100°$, $\alpha_5 = -45°$, $\alpha_6 = -75°$
a) sin α = sin (180° – α)   b) sin (–α) = –sin α

*13 Zeige, dass die Gleichung für alle Winkel α wahr ist.
a) sin (α + 360°) = sin α   b) sin (α + k · 360°) = sin α für (k ∈ ℤ, k ≠ 0)

14 Prüfe, ob die gegebene Aussage wahr ist. Begründe deine Entscheidung. 🔍
a) sin 120° = sin 60°   b) sin 30° = sin 150°   c) sin 190° = –sin 10°
d) sin 360° = sin 720°   e) sin 10° = sin 350°   f) sin (–60°) = sin 300°
g) sin 30° = sin 390°   h) sin 200° = sin 340°   i) sin 90° = sin 270°
j) sin 30° < sin 60°   k) sin 90° < sin 150°   l) sin 270° < sin 300°

15 Berechne alle Winkelgrößen α im gegebenen Intervall. Veranschauliche
die Ergebnisse jeweils am Funktionsgraphen der Sinusfunktion. 🔍
a) sin α = 0,25 für –180° ≤ α ≤ 360°   b) sin α = 0,7 für –270° ≤ α ≤ 360°
c) sin α = –1 für –360° ≤ α ≤ 360°   d) sin α = –0,3 für –180° ≤ α ≤ 360°
*e) |sin α| = 0,4 für –180° ≤ α ≤ 270°   *f) |sin α| = 1 für –270° ≤ α ≤ 450°

16 Gib den Wertebereich der Funktion an.
a) y = f(x) = sin x für $0 \leq x \leq \frac{7}{6}\pi$ b) y = f(x) = sin x für $-\pi \leq x \leq \frac{\pi}{4}$

Nachgefragt

1 Gib jeweils die Größe des Drehwinkels an, wenn ein Strahl
um seinen Anfangspunkt gedreht wird:
a) bei vier Umdrehungen,   b) bei zweieinhalb Umdehungen.
2 Berechne auf vier Dezimalstellen gerundet.
a) 2 · sin 60°   b) $\frac{1}{2}$ · sin 60°   c) 2 · cos 60°   d) $\frac{1}{2}$ · cos 60°
e) $\frac{\pi}{4}$ f) $\frac{2}{3}\pi$ g) $\frac{3}{4}\pi$ h) $\frac{5}{2}\pi$

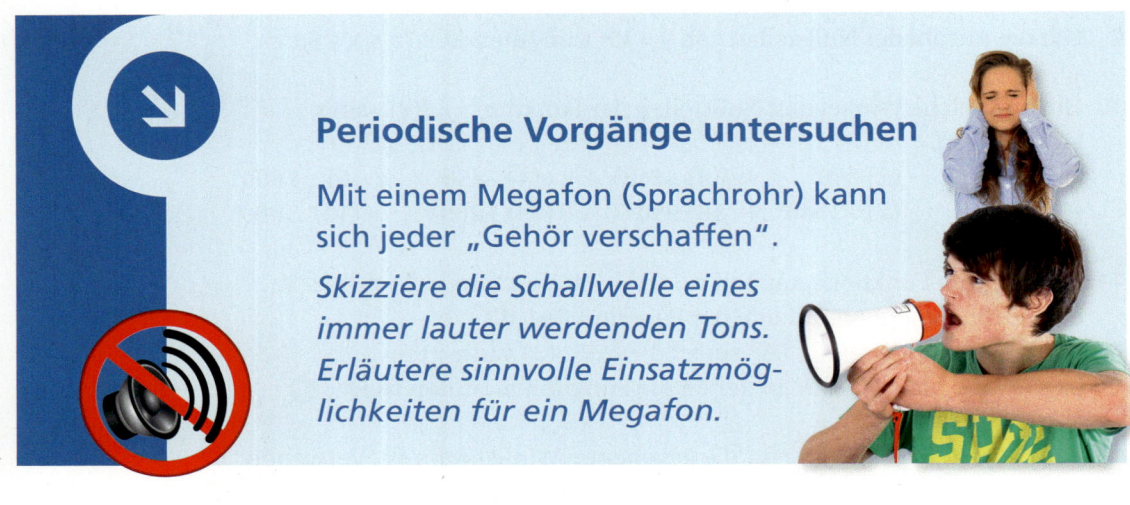

Periodische Vorgänge untersuchen

Mit einem Megafon (Sprachrohr) kann sich jeder „Gehör verschaffen".

Skizziere die Schallwelle eines immer lauter werdenden Tons. Erläutere sinnvolle Einsatzmöglichkeiten für ein Megafon.

Periodische Vorgänge erkennen und beschreiben

Jeder hat schon einmal bewusst oder unbewusst periodische Vorgänge erlebt.

Beispiel

Das Ventil eines Fahrradschlauchs während der Fahrt, ein Uhrenpendel, unser Herz oder die Gondel einer Seilbahn führen periodische Bewegungen aus.

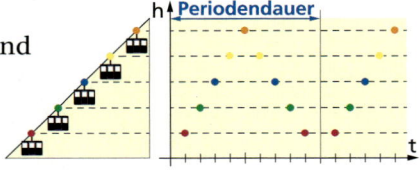

Periodische Vorgänge bestehen aus Teilvorgängen, die sich immer wiederholen.

Kein periodischer Vorgang:

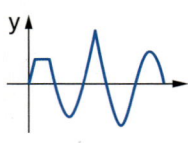

● Eine Funktion $y = f(x)$ heißt periodisch, wenn sich ihre Funktionswerte in festen Abständen wiederholen.

Es gilt: $f(x + p) = f(x)$

Die kleinste positive Zahl p mit dieser Eigenschaft heißt **kleinste Periode** von f.

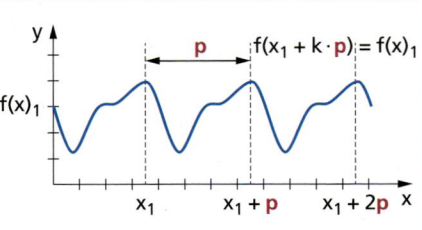

Die Sinusfunktion ist eine periodische Funktion.

Beispiel

Bei einer Umdrehungsgeschwindigkeit von 2,7 $\frac{km}{h}$ beträgt die kleinste Periode des ca. 65 m hohen Riesenrads im Wiener Prater etwa 5 min.

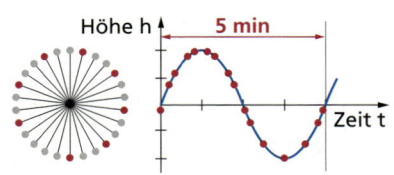

126

Sinusfunktionen y = f(x) = a·sin x für a > 0 untersuchen

Periodische Vorgänge lassen sich häufig nicht allein mit der Funktion y = sin x beschreiben. Oft helfen Funktionen y = f(x) = a sin x mit a > 0 weiter. Der Faktor a beeinflusst nur den Wertebereich der Funktion. Die kleinste Periode und die Nullstellen der Funktion stimmen mit denen der Funktion y = f(x) = sin x überein.

Beispiel

Zeichne die Graphen der Funktionen
y = f(x) = sin x und y = g(x) = 2 sin x in
ein und dasselbe Koordinatensystem und
markiere bei der Kurve g den Wertebereich,
die kleinste Periode und die Nullstellen.

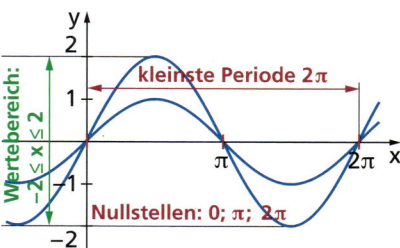

Die Funktion y = f(x) = a sin x mit a > 0 hat folgende Eigenschaften:

Definitionsbereich	$x \in \mathbb{R}$
Wertebereich	$y \in \mathbb{R}$, $-a \leq y \leq a$
Nullstellen	$x_0 = 0$, $x_1 = \pi$, $x_2 = 2\pi$ … (*allgemein gilt:* $x_k = k\pi$)
Monotonie	symmetrisch zum Koordinatenursprung
Symmetrie	abwechselnd monoton steigend und fallend
Kleinste Periode	$p = 2\pi$

Das Monotonieverhalten der Funktion y = f(x) = a sin x wechselt immer an den größten Funktionswerten (Maximumstellen) und an den kleinsten Funktionswerten (Minimumstellen).

Beispiel

Zeichne den Funktionsgraphen von
y = f(x) = 1,5 sin x im Intervall $-\pi \leq x \leq 2\pi$.

a) Gib die Nullstellen in diesem Intervall an.
b) Gib den Wertebereich der Funktion an.
c) An welchen Stellen hat die Funktion ihre
    größten und an welchen Stellen ihre
    kleinsten Funktionswerte?

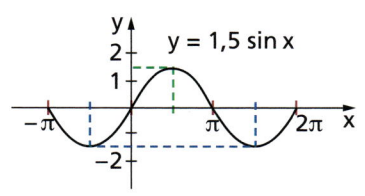

Wertebereich der Funktion: $-1,5 \leq y \leq 1,5$

Somit ist der **kleinste Funktionswert −1,5**
und der **größte Funktionswert 1,5.**

Nullstellen: $-\pi$, 0, π, 2π
Maximumstelle: $\frac{\pi}{2}$
Minimumstellen: $-\frac{\pi}{2}$, $\frac{3}{2}\pi$

127

Aufgaben

1 Entscheide und begründe, welcher Vorgang periodisch ist, welcher nicht.
   a) Bewegung der Erde um die Sonne   b) Bewegung eines Uhrzeigers
   c) Bewegung der Erde um sich selbst   d) Wasserstand einer Regentonne
   e) Bewegung einer Schaukel   f) Fahrt zum Urlaubsort

2 Skizziere jeweils den Funktionsgraphen einer periodischen und einer nichtperiodischen Funktion.

3 Die Kugel des Hammerwerfers soll sich kreisförmig mit gleichbleibender Geschwindigkeit bewegen.
   a) Stelle die Lage der Kugel in Abhängigkeit von der Zeit für drei Umdrehungen grafisch dar.
   *b) Skizziere die Veränderungen der Kurve bei einer Vergrößerung bzw. bei einer Verkleinerung der Umlaufgeschwindigkeit. Die Länge des Halteseils soll dabei gleich bleiben. Erläutere die Veränderungen.

4 Ein Auto fährt mit gleichbleibender Geschwindigkeit auf einem Rundkurs in Form eines gleichseitigen Dreiecks. Stelle den Abstand des Autos von der Start-Ziel-Linie in Abhängigkeit von der Fahrzeit für vier Runden grafisch dar.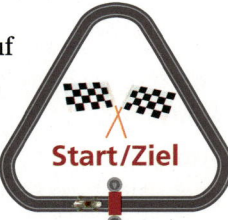

5 Übertrage die Wertetabelle in dein Heft und fülle sie aus.

α	–180°	–90°	0°	90°	180°	270°	360°	450°	540°
x	–π								
y = 2 sin x									
y = $\frac{1}{2}$ sin x									

   a) Zeichne beide Funktionsgraphen in ein und dasselbe Koordinatensystem im Intervall $-\pi \leq x \leq 3\pi$.
   b) Vergleiche beide Funktionsgraphen miteinander, erläutere Gemeinsamkeiten und Unterschiede und sprich über das periodische Verhalten beider Funktionen.
   c) Gib für jede Funktion den Wertebereich für das angegebene Intervall an. Erläutere, wie du den Wertebereich ermittelt hast.
   d) Sprich über das Monotonieverhalten der beiden Funktionen im Intervall $0 \leq x \leq 3\pi$. Gib das kleinste Periodenintervall an.

6 Berechne mit dem Taschenrechner.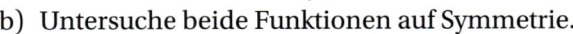
a) $y = 2\sin 40°$ b) $y = 5\sin 45°$ c) $y = 3\sin 135°$ d) $y = 0{,}5\sin 165°$
e) $y = 99\sin 180°$ f) $y = 12\sin 225°$ g) $y = 8\sin 270°$ h) $y = 123\sin 2°$
i) $y = 75\sin 900°$ j) $y = 4{,}2\sin 25°$ k) $y = 7\sin 120°$ l) $y = 256\sin 450°$

7 Berechne den Wert für α im Intervall $-180° \le \alpha \le 720°$ mit dem
Taschenrechner und runde dann das Ergebnis auf eine Dezimalstelle.
a) $2\sin\alpha = 0{,}356$ b) $3\sin\alpha = 2{,}235$ c) $5\sin\alpha = -2{,}5$
d) $3\sin\alpha = -0{,}111$ e) $0{,}5\sin\alpha = 0{,}485$ f) $0{,}2\sin\alpha = 0{,}2$
g) $0{,}3\sin\alpha = -0{,}3$ h) $1{,}5\sin\alpha = 1{,}485$ i) $0{,}6\sin\alpha = 0{,}9$

8 Gegeben ist die Funktion $y = f(x) = 4\sin x$.
a) Ermittle den größten und den kleinsten Funktionswert.
b) Gib die kleinste Periode an.
c) Schreibe für $f(x) = 2$ alle Argumente x des Intervalls $-\pi \le x \le 2\pi$ auf.

9 Gegeben sind die Funktionen $y = f(x) = 2\sin x$ und $y = g(x) = \frac{1}{2}x$.
a) Zeichne beide Funktionsgraphen in ein und
dasselbe Koordinatensystem.
b) Untersuche beide Funktionen auf Symmetrie.
c) Begründe, warum der Koordinatenursprung
ein Schnittpunkt beider Funktionsgraphen ist.
d) Gib die Koordinaten der Schnittpunkte beider
Funktionsgraphen näherungsweise an.
e) Sprich über das periodische Verhalten beider Funktionen.

10 Gegeben sind die Funktionen $y = f(x) = 3\sin x$ und $y = g(x) = -x$.
a) Zeichne beide Funktionsgraphen in ein und dasselbe
Koordinatensystem im Intervall $-2\pi \le x \le 2\pi$.
b) Gib den Wertebereich jeder Funktion für das gegebene Intervall an.
c) Markiere alle Schnittpunkte, die beide Kurven miteinander haben.
d) Lies die Argumente für $f(x_1) = 2{,}5$; $f(x_2) = -1{,}5$ und $f(x_3) = 0{,}5$ ab.
e) Gib den Wertebereich jeder Funktion für das Intervall $0 \le x \le \pi$ an.

1 Schreibe den Definitions- und den Wertebereich von $y = \sin x$ auf.
2 Gib die kleinste Periode der Sinusfunktion an.
3 Schreibe im Gradmaß: 3π, $\frac{\pi}{2}$, $\frac{\pi}{3}$, -2π, $-\frac{\pi}{4}$, -6π, $\frac{5}{2}\pi$
4 Ermittle die Nullstellen von $y = \sin x$ im Intervall $-2\pi \le x \le 3\pi$.
5 Berechne folgende Sinuswerte: $\sin 50°$, $\sin 130°$, $\sin 170°$ und $\sin 10°$
Vergleiche die Ergebnisse miteinander und erläutere deine Feststellung.

Gemischte Aufgaben

Hier seht ihr das Prinzip der Wechselstromerzeugung mit einem Fahrraddynamo.

Beschreibt, was bei einer Umdrehung der Spule passiert und was sich beim schnelleren Drehen ändern würde.

1 Gib für den Vorgang die kleinste Periode an.
    a) Bewegung des großen Uhrzeigers   b) Bewegung des kleinen Uhrzeigers
    c) Bewegung des Sekundenzeigers   d) Erdrotation um die eigene Achse

2 Schreibe die im Gradmaß gegebene Winkelgröße im Bogenmaß auf.
    a) $45°$ b) $720°$ c) $-60°$ d) $270°$ e) $-225°$ f) $75°$

3 Gib den Quadranten an, in dem der im Bogenmaß gegebene Winkel liegt.
    a) $\frac{5}{12}\pi$ b) $\frac{3}{4}\pi$ c) $\frac{7}{4}\pi$ d) $\frac{3}{7}\pi$ e) $\frac{7}{6}\pi$ f) $\frac{9}{5}\pi$

> Haben die beiden Funktionen vielleicht gleiche Eigenschaften?

4 Gegeben sind $y = f(x) = \sin x$ und $y = g(x) = 3\sin x$ im Intervall $-2\pi \leq x \leq 2\pi$.
    a) Stelle für jede Funktion eine Wertetabelle mit zehn Zahlenpaaren auf.
       Die x-Werte sollen sich mit einer Schrittweite von $\frac{\pi}{4}$ ändern.
    b) Gib den Wertebereich jeder Funktion an.
    c) Zeichne beide Graphen in ein und dasselbe Koordinatensystem.
    d) Ermittle die Koordinaten der Schnittpunkte beider Graphen.
    e) Vergleiche das Monotonieverhalten beider Funktionen.

5 Ermittle alle Winkelgrößen α im Intervall $0° \leq \alpha \leq 360°$.
    a) $\sin \alpha = \sin 45°$ b) $\sin \alpha = -\sin 90°$ c) $\sin \alpha = \sin 120°$
    d) $\sin \alpha = \sin 200°$ e) $\sin \alpha = \sin 400°$ f) $\sin \alpha = -\sin 305°$
    g) $\sin \alpha = 1$ h) $\sin \alpha = -0{,}4$ i) $|\sin \alpha| = 0{,}5$
    j) $2\sin \alpha = 1{,}6$ k) $3\sin \alpha = -3$ l) $1{,}5\sin \alpha = 1$

*6 Gib jeweils die zugehörigen x-Werte im Intervall $-2\pi \leq x \leq 2\pi$ an.
    a) $y = \sin x; y = 0{,}5$ b) $y = 2\sin x; y = 2$ c) $y = 0{,}5\sin x; y = -0{,}25$
    d) $y = 5\sin x; y = -5$ e) $y = 4\sin x; y = 5$ f) $y = \sqrt{2}\sin x; y = 1$

7 Entscheide und begründe, für welche der Funktionen
$y = f_1(x) = \sin x$, $y = f_2(x) = 2\sin x$ und $y = f_3(x) = 0,5\sin x$
welche der Aussagen (1), (2) und (3) gilt.

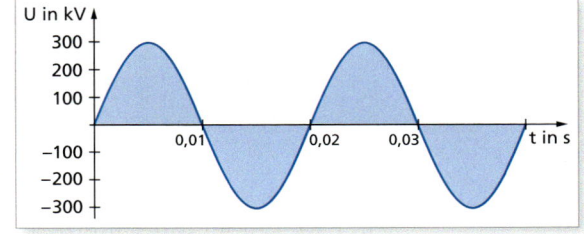

(1) Es gilt: $f(0) = 0$
(2) Die Gleichung $f(x) = 1$ ist nicht lösbar.
(3) Der Wertebereich ist: $-2 \leq y \leq 2$

8 Ein Fahrradventil bewegt sich beim Drehen des
Vorderrades immer auf- und abwärts (↗ Seite 118). ✦
  a) Skizziere die Lage eines Ventils in Abhängigkeit von der Zeit für
     drei Umdrehungen des Rads bei gleichbleibender Geschwindigkeit.
 *b) Erläutere, wodurch sich die Kurve bei einem 24-Zoll-Rad von der bei
     einem 28-Zoll-Rad unterscheidet.

9 In einer Hochspannungsleitung können
sehr große Wechselspannungen
(bis etwa 380 000 Volt) auftreten.
  a) Beschreibe den zeitlichen Verlauf der
     Spannung mit Worten.
  b) Gib an, wie oft sich das Vorzeichen der
     Spannung in einer Sekunde ändert.
 *c) Informiere dich, wie du die Frequenz
     der Spannung ermitteln kannst und berechne diese. 👥

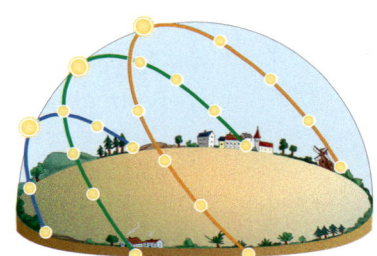

10 Informiere dich, wann die Sonne im vergangenen Jahr
an deinem Heimatort auf- bzw. untergegangen ist. 👥
  a) Übertrage die Mittelwerte für jede Woche des
     Jahres in eine Tabellenkalkulation
  b) Stelle die Daten in zwei Diagrammen dar.
 *c) Beschreibe den Verlauf der Punkte mit Worten.
 *d) Welche Gesetzmäßigkeiten sind erkennbar?
     Erläutere diese.

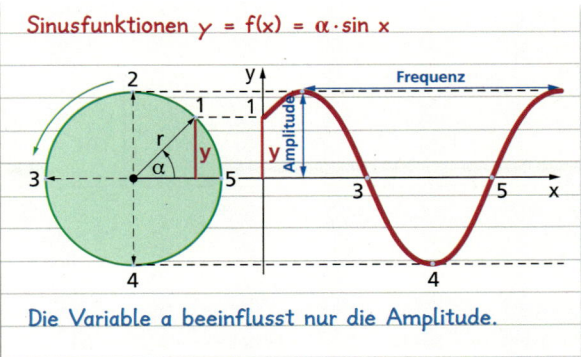

Sinusfunktionen $y = f(x) = a \cdot \sin x$

Die Variable a beeinflusst nur die Amplitude.

❗ Mathe und mehr

Sinuskurven erzeugen

Das Dach hier wäre ohne Sinus wohl kaum im Plus, auch nicht im Minus. Schon eher eben oder flach und nicht solch schönes „Sinusdach".

Die Form der Hallendächer des Paul-Klee-Zentrums in Bern lässt sich durch eine Sinusfunktion beschreiben. Sinuskurven können mit Schablonen gezeichnet werden. Die folgenden Beispiele zeigen weitere Möglichkeiten:

Ein Experiment mit Sand

Materialien:
PVC-Flasche, Faden, trockener Sand, Trichter, Tapete

Anleitung:
1. Bohrt ein Loch mit etwa 5 mm Durchmesser in den Flaschenboden und hängt die Flasche wie in der Abbildung auf.
2. Füllt die Flasche mit Sand, lasst die Flasche pendeln und zieht die Tapete mit gleichbleibender Geschwindigkeit unter der Flasche durch.

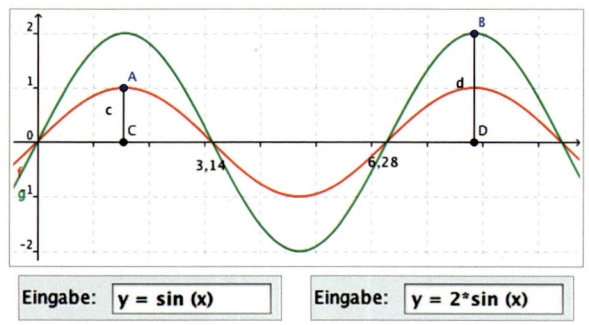

Pendelbewegung

Bewegungsrichtung

Sinuskurven in GeoGebra

1. Schreibt beide Gleichungen nacheinander in die Eingabezeile.
2. Erzeugt auf den Funktionsgraphen die Punkte A und B.
3. Zeichnet durch jeden der beiden Punkte eine Senkrechte zur x-Achse.
4. Ermittelt die Schnittpunkte der beiden Senkrechten mit der x-Achse.
5. Bewegt die Punkte A und B.

Eingabe: $y = \sin(x)$ Eingabe: $y = 2*\sin(x)$

132

Das London Eye – größtes Riesenrad Europas

Das größte Riesenrad Europas steht am Südufer der Themse in London.
Es wird auch „Millennium Wheel" genannt, da es im Jahr 2 000 erstmals in Betrieb genommen wurde.
Die 32 Kabinen sollen die 32 Stadtbezirke Londons symbolisieren. Jede Kabine bietet bis zu 25 Personen Platz.
Bei guten Wetterverhältnissen beträgt die Sichtweite aus den Kabinen bis zu 40 km.

Technische Daten
Durchmesser: 135 m
Gesamtgewicht: 1 900 t
Umdrehungsgeschwindigkeit der Gondeln: 0,26 m/s
Dauer einer Umdrehung: 30 min

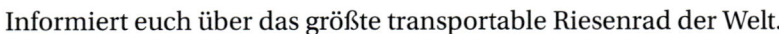

1 Gebt an, wie viele Personen höchstens mit dem Riesenrad fahren dürfen.

2 Ermittelt die Geschwindigkeit der Kabinen in Kilometer pro Stunde.

3 Berechnet den zurückgelegten Weg einer Kabine bei einer Umdrehung.

4 Berechnet die Drehwinkel für folgende Zeiten und gebt sie sowohl in Grad als auch im Bogenmaß an:
5 min, 10 min, 15 min, 20 min, 30 min, 45 min, 1 h

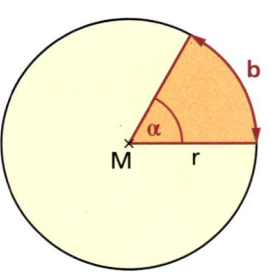

5 Stellt den Zusammenhang zwischen dem Drehwinkel und der Kabinenhöhe in einem Koordinatensystem dar.
  a) Zeichnet den Kurvenverlauf für zwei Umdrehungen.
  b) Beschreibt den Kurvenverlauf mit Worten.
  c) Gebt den Wertebereich und die Periode an.

Informiert euch über das größte transportable Riesenrad der Welt.

6 Ermittelt die technischen Daten dieses Riesenrads.

7 Stellt auch für dieses Riesenrad den Zusammenhang zwischen dem Drehwinkel und der Kabinenhöhe in einem Koordinatensystem dar.

8 Vergleicht den Kurvenverlauf des größten transportablen Riesenrades mit dem des London Eye.

⟳ Das hast du gelernt

Die Sinusfunktion y = f(x) = sin x

Funktionsgleichung:	$y = f(x) = \sin x$
Definitionsbereich D:	$x \in \mathbb{R}$
Wertebereich W:	$y \in \mathbb{R}; -1 \le y \le 1$
Nullstellen:	$x_k = k\pi; k \in \mathbb{Z}$
Periode:	$\sin x = \sin(x + 2k\pi); k \in \mathbb{Z}$ (2π ist die kleinste Periode)

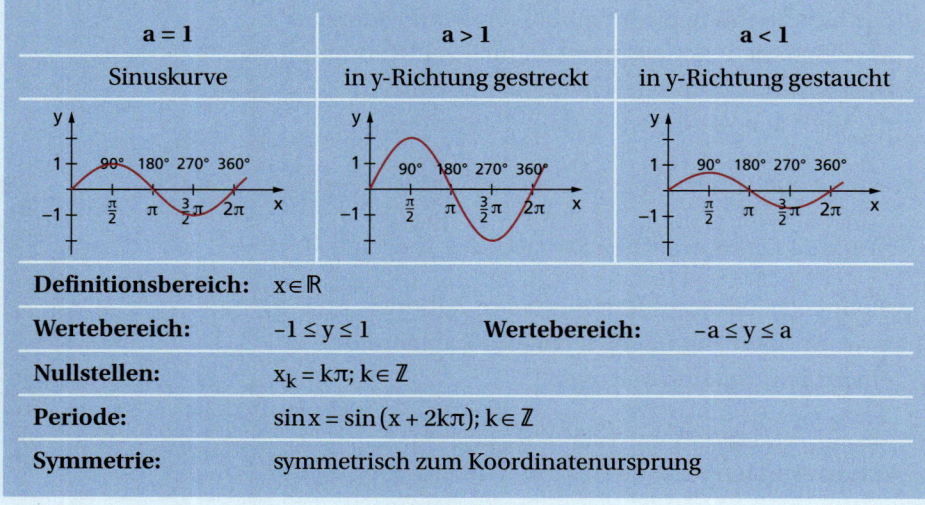

Quadrant	I	II	III	IV
Vorzeichen	+	+	–	–

Vorzeichen der Funktionswerte:

Funktionswerte spezieller Argumente

x im Gradmaß	0°	30°	45°	60°	90°	180°	360°
x im Bogenmaß	0	$\frac{\pi}{6}$	$\frac{\pi}{4}$	$\frac{\pi}{3}$	$\frac{\pi}{2}$	π	2π
y = sin x	0	$\frac{1}{2}$	$\frac{1}{2} \cdot \sqrt{2}$	$\frac{1}{2} \cdot \sqrt{3}$	1	0	0

Sinusfunktionen y = f(x) = a · sin x; (a > 0)

a = 1	a > 1	a < 1
Sinuskurve	in y-Richtung gestreckt	in y-Richtung gestaucht

Definitionsbereich:	$x \in \mathbb{R}$
Wertebereich:	$-1 \le y \le 1$ **Wertebereich:** $-a \le y \le a$
Nullstellen:	$x_k = k\pi; k \in \mathbb{Z}$
Periode:	$\sin x = \sin(x + 2k\pi); k \in \mathbb{Z}$
Symmetrie:	symmetrisch zum Koordinatenursprung

134

Teste dich selbst

1 Zeichne den Graphen jeder Funktion im Intervall $-2\pi \le x \le 2\pi$:
   (1) $y = \sin x$ (2) $y = 3 \sin x$ (3) $y = 0{,}25 \sin x$

2 a) Gib die Nullstellen der Funktion $y = \sin x$ im Intervall $-\pi \le x \le 3\pi$ an.
   b) Ermittle die Koordinaten zweier Punkte des Graphen im I. Quadranten.
   c) Begründe, warum der Funktionsgraph von $y = \sin x$
      keinen Punkt $P(x_1; 1{,}2)$ haben kann.

3 Übertrage die Tabelle ins Heft und fülle sie aus.

Gradmaß	$-270°$		$-45°$	$0°$	$30°$			$90°$	$120°$		
Bogenmaß		$-\pi$				$\frac{\pi}{4}$	$\frac{\pi}{3}$			$\frac{3}{2}\pi$	2π

4 Gegeben ist der Graph einer Sinusfunktion.
   a) Lies die Funktionswerte für
      folgende Argumente ab:
      $x_1 = 2$ $x_2 = \pi$ $x_3 = -\frac{\pi}{2}$
   b) Lies die Argumente für folgende
      Funktionswerte ab:
      $f(x_1) = 1{,}5$ $f(x_2) = -1{,}5$ $f(x_3) = 0$
   c) Gib eine Gleichung für den Funktionsgraphen an.

5 Ordne folgende Sinuswerte der Größe nach.
   Beginne mit dem kleinsten Wert.
   (1) $\sin 45°$ (2) $\sin 75°$ (3) $\sin 110°$
   (4) $\sin 170°$ (5) $\sin 180°$ (6) $\sin 200°$

6 Ermittle alle Winkelgrößen α im Intervall $0° \le \alpha \le 360°$,
   die die Gleichung erfüllen:
   a) $\sin \alpha = \sin 17°$ b) $\sin \alpha = -\sin 45°$ c) $\sin \alpha = \sin 210°$

7 Gegeben sind die Funktionen $y = f(x) = 2 \sin x$ und $y = g(x) = x$.
   a) Zeichne die Graphen beider Funktionen im Intervall $-\frac{3}{2}\pi \le x \le \frac{3}{2}\pi$
      in ein und dasselbe Koordinatensystem.
   b) Gib die Koordinaten der Schnittpunkte beider Funktionsgraphen an.
   c) Gib den Wertebereich beider Funktionen im gegebenen Intervall an.

7 Zur Vorbereitung auf mündliche und schriftliche Prüfungen

Manche Hilfmittel sind bei Tests, Leistungskontrollen, Prüfungen oder Examen nicht erlaubt.

Entscheidet und begründet, welche Hilfsmittel ihr bei mündlichen Prüfungen und welche Hilfsmittel ihr bei schriftlichen Prüfungen verwenden möchtet.

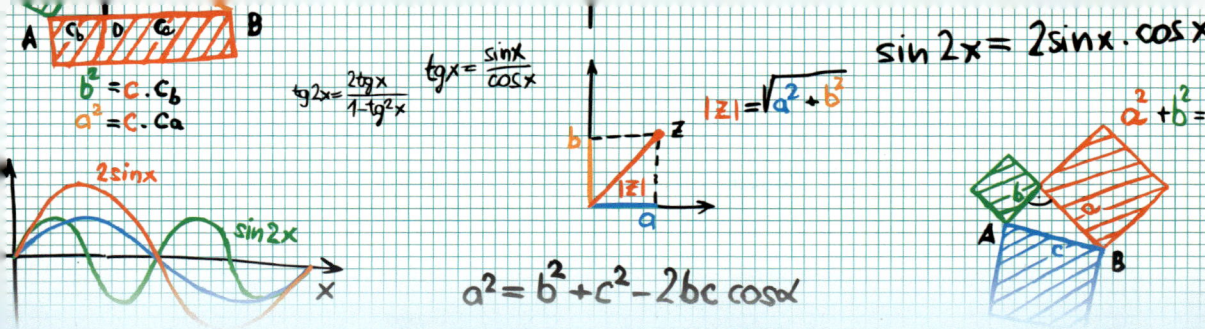

Ohne Gedächtnis geht nichts

Muster lassen sich oft besser merken
als Zahlenfolgen.
Welche Bewegungsmuster entstehen
beim Tippen folgender „Geheimzahlen":
2463; 9852; 8563;
1831; 7769; 1397

Schrittweise zum Ziel

Auf einem Spielfeld mit acht Feldern stehen auf den
ersten sechs Feldern immer abwechselnd ein schwarzer
und ein weißer Bauer. Es dürfen in einem Zug immer
zwei benachbarte Bauern auf zwei freie Felder
„gezogen" werden.
Versucht, mit möglichst wenigen Zügen
die andere Anordnung zu erreichen.

Zahlen und Größen

Vom Josephskreuz bei Stolberg im Harz soll ein 38 cm hohes und originalgetreues Modell aus gleichem Material nachgebaut werden.

Wie schwer wäre das Modell?

Höhe: 38 m   Masse: 125 t

Rechnen mit Brüchen

Durch Kürzen (Zähler und Nenner durch ein und dieselbe Zahl dividieren, die ungleich 0 ist) und Erweitern (Zähler und Nenner mit ein und derselben Zahl multiplizieren, die ungleich 0 ist) ändert sich der Wert eines Bruchs nicht.

Rechenoperation	Regel	Beispiel
Brüche **addieren/ subtrahieren**	**gleichnamige Brüche:** (Nenner bleibt erhalten) Zähler addieren / subtrahieren	$\frac{3}{5}+\frac{1}{5}=\frac{3+1}{5}=\frac{4}{5}$ $\frac{3}{5}-\frac{1}{5}=\frac{3-1}{5}=\frac{2}{5}$
	ungleichnamige Brüche: (gemeinsamen Nenner bilden, neue Zähler ermitteln)	$\frac{4}{3}+\frac{1}{2}=\frac{4\cdot2+1\cdot3}{3\cdot2}=\frac{11}{6}$ $\frac{4}{3}-\frac{1}{2}=\frac{4\cdot2-1\cdot3}{3\cdot2}=\frac{5}{6}$
Brüche **multiplizieren**	Zähler multiplizieren und Nenner multiplizieren	$\frac{4}{3}\cdot\frac{2}{5}=\frac{4\cdot2}{3\cdot5}=\frac{8}{15}$
Brüche **dividieren**	mit Kehrwert des Divisors multiplizieren	$\frac{4}{3}:\frac{2}{5}=\frac{4}{3}\cdot\frac{5}{2}=\frac{20}{6}=\frac{10}{3}$

Rechnen mit den Zahlen 0 und 1

Beachte: Das Dividieren durch 0 ist nicht erlaubt (nicht definiert).

Rechnen mit 0		Rechnen mit 1	
$1,5\cdot\mathbf{0}=\mathbf{0}$	$a\cdot\mathbf{0}=\mathbf{0}$	$\frac{3}{2}\cdot\mathbf{1}=\frac{3}{2}$	$a\cdot\mathbf{1}=a$
$\mathbf{0}:1,5=\mathbf{0}$	$\mathbf{0}:a=\mathbf{0}$ (für $a\neq0$)	$\frac{3}{2}:\mathbf{1}=\frac{3}{2}$	$a:\mathbf{1}=a$
$1,5:\mathbf{0}$ (n.d.)	$a:\mathbf{0}$ (n.d.)	$\frac{3}{2}:\frac{3}{2}=\mathbf{1}$	$a:a=\mathbf{1}$ (für $a\neq0$)

138

Rechnen mit rationalen Zahlen

Prüfe beim Rechnen mit rationalen Zahlen sowohl die Vorzeichen als auch die Beträge dieser Zahlen.

Operation	Regel	Beispiel
Addieren mit: – **gleichen** Vorzeichen	*Vorzeichen der Summanden übernehmen:* *Beträge:* addieren	$(+3) + (+4) = +(3 + 4) = 7$ $(-3) + (-4) = -(3 + 4) = -7$
– **unterschiedlichen** Vorzeichen	*Vorzeichen der Zahl mit größerem Betrag übernehmen:* *Beträge:* größerer minus kleinerer Betrag	$(+3) + (-4) = -(4 - 3) = -1$ $(+4) + (-3) = +(4 - 3) = 1$
Subtrahieren	entgegengesetzte Zahl addieren	$(+3) - (+2) = (+3) + (-2) = 1$ $(-3) - (-2) = (-3) + (+2) = -1$ $(+3) - (-2) = (+3) + (+2) = 5$ $(-3) - (+2) = (-3) + (-2) = -5$
Multiplizieren bzw. Dividieren	*Vorzeichen:* $(+)$ und $(+) \longrightarrow (+)$ $\qquad (-)$ und $(+) \longrightarrow (-)$ $\qquad\qquad\quad (-)$ und $(-) \longrightarrow (+)$ $\qquad (+)$ und $(-) \longrightarrow (-)$ *Beträge:* multiplizieren bzw. dividieren	

Umrechnen von Größenangaben

Beim Umrechnen von Größenangaben in kleinere (größere) Einheiten wird mit der (durch die) Umrechnungszahl multipliziert (dividiert).

Rechne $12\,340\ cm^2$ in Quadratmeter um.

- Durch Umrechnungszahl (UM) dividieren, da in größere Einheit umzurechnen ist.
- UM $(cm^2 - dm^2 - m^2) = 100 \cdot 100 = 10\,000$
Ergebnis: $12\,340\ cm^2 = 1{,}234\ m^2$

Lösen von Sachaufgaben zu proportionalen Zusammenhängen

Prüfe, ob Quotientengleichheit (direkte Proportionalität) oder Produktgleichheit (indirekte Proportionalität) vorliegt. Schließe dann auf das Einzelne (Dreisatz) oder nutze die Gleichheit der Produkte oder Quotienten.

Direkte Proportionalität

Wie viel Kilometer legt ein Radfahrer in 0,5 h zurück, wenn er in 1,5 h bei gleicher Geschwindigkeit 18 km schafft?

$$\frac{x}{0{,}5\ h} = \frac{18\ km}{1{,}5\ h} \qquad | \cdot 0{,}5\ h$$

$$x = \frac{18\ km \cdot 0{,}5\ h}{1{,}5\ h} = 6\ km$$

Er legt 6 km zurück.

Indirekte Proportionalität

Wie lange braucht ein Fußgänger mit $5\ \frac{km}{h}$ für die gleiche Strecke, die ein Radfahrer mit $15\ \frac{km}{h}$ in 3 min schafft?

$$x \cdot 5\ \tfrac{km}{h} = 3\ min \cdot 15\ \tfrac{km}{h} \qquad | : 5\ \tfrac{km}{h}$$

$$x = \frac{3\ min \cdot 15\ \frac{km}{h}}{5\ \frac{km}{h}} = 9\ min$$

Er benötigt 9 min dafür.

139

Aufgaben

1 Löse die folgenden Aufgaben im Kopf:

a) $\frac{1}{2}+\frac{1}{4}$ b) $\frac{1}{2}-\frac{1}{4}$ c) $\frac{1}{2}\cdot\frac{1}{4}$ d) $\frac{1}{2}:\frac{1}{4}$ e) $\left(\frac{1}{4}\right)^2$

f) $1\frac{1}{2}+1\frac{1}{4}$ g) $1\frac{1}{2}-1\frac{1}{4}$ h) $1\frac{1}{2}\cdot1\frac{1}{4}$ i) $1\frac{1}{2}:1\frac{1}{4}$ j) $\left(1\frac{1}{4}\right)^{-2}$

k) $1,2+\frac{3}{4}$ l) $1,5^2+\left(\frac{1}{2}\right)^2$ m) $\left(1,5+\frac{1}{2}\right)^2$ n) $\sqrt{4,5+\frac{9}{2}}$ o) $\frac{1,2-\frac{1}{2}}{0,5+\frac{1}{2}}$

p) $\sqrt{3^2+4^2}^{\,2}$ q) $2^2:\sqrt{4}+3\cdot10^2$ r) $(9^2+\sqrt{9}):(5,2-1,2)$

2 Berechne möglichst vorteilhaft.

a) $-12+2-10+4-8+6$ b) $-30+74-42-8+14-32+16$

c) $2,35+1,3-1,25-1,75+3,2-2\frac{35}{100}$ d) $-0,3+\frac{1}{4}-\frac{15}{100}+0,25+2-\frac{5}{100}$

3 Berechne den gesuchten Anteil.

a) $\frac{1}{3}$ von 12,50 €   b) $\frac{7}{8}$ von 500 g   c) $\frac{5}{2}$ von 1 m   d) $\frac{4}{25}$ von 1 kg

4 Entscheide und begründe, welche der Angaben keine Größen sind.

a) $\frac{1}{2}$ Taler   b) π c) 1,5 h   d) 13:30 Uhr   e) $\sqrt{3}$

5 Schreibe auf, welchen Teil des Zifferblatts der große Zeiger in folgenden Zeitabschnitten überstreicht:

a) 1 min   b) 5 min   c) 6 min   d) 12 min

e) $\frac{1}{4}$ min   f) 20 min   g) $\frac{1}{2}$ h   h) 3 h

6 Berechne das Doppelte, das Zehnfache, das Zwölffache, das Vierundzwanzigfache und das Sechzigfache von:

a) 3 s; 15 min; 1,5 h; drei Wochen   b) 17 s; 43 min; 19 h; $3\frac{1}{2}$ Tage

7 Aluminum hat eine Dichte von $\varrho=2,7\,\frac{g}{cm^3}$. Übertrage die folgende Tabelle in dein Heft und fülle sie aus: 🔍

Masse m	2,7 g	120 g		555 g		1,2 kg
Volumen V	1 cm³		12 cm³		1 dm³	

8 Ein Lastkraftwagen hat 4 t Sand geladen. Wie viel Kubikmeter Sand sind das, wenn 1 m³ Sand etwa 1,6 t auf die Waage bringt? 🔍

9 Ben weiß, dass sein gespartes Geld 8 Tage reicht, wenn er täglich 3,50 € ausgibt. Wie viel Euro kann er täglich ausgeben, damit es 2 Tage länger reicht? 🔄

10 Aluminium hat eine Dichte von 2,7 $\frac{g}{cm^3}$ und Messing von 8,5 $\frac{g}{cm^3}$. 🔍

  a) Berechne die Masse eines Aluminium- und eines Messingstabs. Jeder 5 cm breite und 6,00 m lange Stab hat einen quadratischen Querschnitt.

  b) Entscheide und begründe, um wie viel Prozent der Aluminiumstab leichter als der Messingstab ist.

  c) Der Aluminiumstab soll zu einer 20 cm breiten und 0,1 mm dicken Folie ausgewalzt werden. Berechne die Länge dieser Folie.

  d) Berechne, wie dick eine 2 m² große Messingplatte mit m = 500 kg ist.

 *e) In einer Kiste befinden sich dreimal so viele Aluminium- wie Messingkugeln, die zusammen 1 800 g auf die Waage bringen. Alle Kugeln haben jeweils eine Volumen von 2,5 cm³. Berechne, wie viele Kugeln von jeder Sorte in der Kiste sind. Wie viele Kugeln sind es insgesamt?

11 Die Abbildung zeigt den Querschnitt eines Behälters, der aus einem zylinderförmigen Mittelteil mit zwei angesetzten Halbkugeln besteht. 🔍

  a) Berechne das Volumen und den Oberflächeninhalt des Behälters.

  b) Wie viele Büchsen Farbe müssen für den äußeren Anstrich gekauft werden, wenn eine Büchse Farbe für 2,5 m² ausreicht?

  c) Im Sonderangebot wurde die Farbe um 5 % gesenkt. Wie viel Euro konnten dadurch gespart werden?

 *d) Der leere Behälter wird gleichmäßig mit Wasser gefüllt. Entscheide und begründe, welcher der folgenden Graphen diesen Vorgang darstellt:

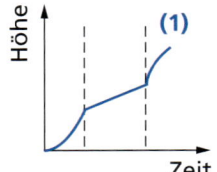 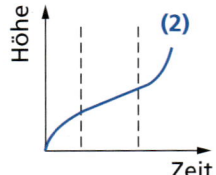 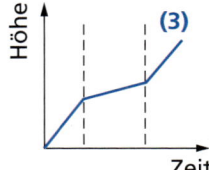 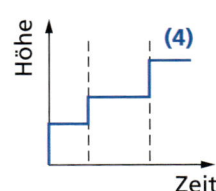

12 Die quaderförmige Kiste soll bis 1 cm unter den oberen Rand gleichmäßig mit Erde gefüllt werden. 🔍

  a) Berechne, wie viel Kubikdezimeter Erde das sind.

  b) Berechne die Kosten für das Befüllen von 100 solcher Kisten, wenn ein 50-Liter-Sack Blumenerde 6,40 Euro kostet.

 *c) Wie viel Prozent weniger Blumenerde wären es, wenn jede Kiste nur bis 2 cm unter den oberen Rand gefüllt wird?

 *d) Eine mit Kräutern bepflanzte Kiste wird für 7,89 € zum Verkauf angeboten. Ein Restaurant kauft 15 solcher Kisten und erhält einen Rabatt von 5 %. Ermittle den Rechnungsbetrag.

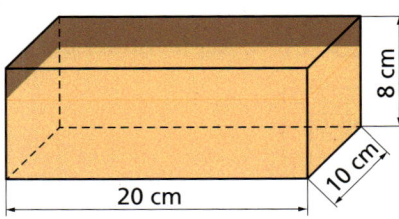

141

Prozent- und Zinsrechnung

Der Preis einer Ware wird zuerst um 10% gesenkt und dann um 10% erhöht.

Was wäre, wenn die Preis-erhöhung vor der Preis-senkung erfolgen würde?

Preissenkung um **10 %**

Preiserhöhung um **10 %**

Grundgleichung der Prozentrechnung

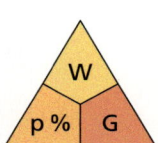

Entscheide bei Aufgaben der Prozentrechnung, ob der **Grundwert G,** der **Prozentsatz p %** oder der **Prozentwert W** zu ermitteln ist.
Stelle die Grundgleichung der Prozentrechnung nach der gesuchten Größe um.

$\frac{p}{100} = p\% = \frac{W}{G}$		
Prozentsatz	Prozentwert	Grundwert
$p\% = \frac{W}{G}$	$W = \frac{p \cdot G}{100} = p\% \cdot G$	$G = \frac{W \cdot 100}{p} = \frac{W}{p\%}$

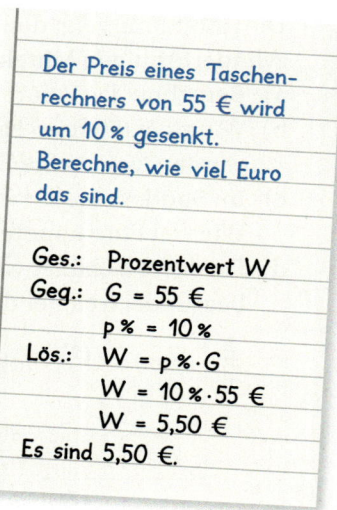

Der Preis eines Taschen-rechners von 55 € wird um 10 % gesenkt.
Berechne, wie viel Euro das sind.

Ges.: Prozentwert W
Geg.: G = 55 €
        p % = 10 %
Lös.: W = p % · G
        W = 10 % · 55 €
        W = 5,50 €
Es sind 5,50 €.

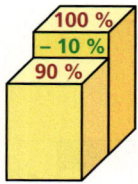

Prozentuale Veränderungen

Bei prozentualen Veränderungen eines Grundwertes kann es sich um eine Verminderung (Senkung) oder um eine Vermehrung (Steigerung) handeln. Achte immer auf die Formulierungen „um" und „auf".

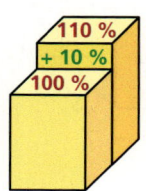

Beispiel

Der Preis von 55 € wird **um 5,50 € auf 49,50 €** gesenkt.
Der Preis von 49,50 € wird **um 4,95 € auf 54,45 €** erhöht.

Berechnen von Zinsen

Für ein Anfangskapital K_0 mit Laufzeiten von n Jahren und t Tagen gilt:

Jahreszinsen Z_n: $Z_n = \frac{K_0 \cdot p \cdot n}{100}$ Tageszinsen Z_t: $Z_t = \frac{K_0 \cdot p \cdot t}{100 \cdot 360}$

Aufgaben

1 Berechne den Prozentwert auf zwei Dezimalstellen.
  a) 15 % von 25 m
  b) 12 % von 1 500 t
  c) 111 % von 111 €
  d) 3,5 % von 1,5 kg
  e) 0,6 % von 260 l
  f) 22,2 % von 20,8 m²

2 Ermittle den Grundwert.
  a) 165 g sind 75 %
  b) 222 km sind 10 %
  c) 130 t sind 13 %
  d) 42 m³ sind 3,5 %
  e) 43,80 € sind 0,8 %
  f) 6,6 g sind 2,2 %

3 Gib den Prozentsatz mit zwei Dezimalstellen an.
  a) 14 g von 48 g
  b) 18 € von 115 €
  c) 6,25 m von 24 m
  d) 1,75 t von 0,75 t
  e) 0,20 m² von 0,44 m²
  f) 0,4 h von 2,5 h

4 Die 24 Mädchen der Klasse 10 b entsprechen 75 % der Gesamtschülerzahl.
  a) Berechne die Gesamtschülerzahl und die Anzahl der Jungen in der 10 b.
  b) Wie würde sich der Anteil der Mädchen und der Anteil der Jungen
     ändern, wenn ein Junge und ein Mädchen weniger in der Klasse wären?

5 Der Umsatz einer Firma hat sich in diesem Jahr um 4,2 % gegenüber
  dem Vorjahr gesteigert. Das ist eine Steigerung um 12 000 €. Berechne den
  Umsatz der Firma sowohl vom Vorjahr als auch von diesem Jahr.

6 Auf einem Müsliriegel stehen Angaben über Inhaltsstoffe.
  a) Berechne, wie viel Prozent auf die einzelnen Inhaltsstoffe
     entfallen. Gib die Prozentsätze mit zwei Dezimalstellen an.
  b) Veranschauliche die Anteile in einem Diagramm.
     Achte auf eine sinnvolle Beschriftung.

Inhalt	150 g
Eiweiß	9,6 g
Kohlenhydrate	94,7 g
Fette	13,5 g
Sonstiges	32,2 g

7 Familie Sommer hat im Mai 233 € für ihre Urlaubsreise gespart.
  a) Im Juni waren es noch 15 % mehr. Berechne, wie viel Euro
     Familie Sommer im Juni gespart hat.
  b) Im Juli hat Familie Sommer sogar 255 € gespart.
     Wie viel Prozent mehr waren das im Vergleich zum Monat Mai?
  c) Veranschauliche die gesparten Geldbeträge in den Monaten
     Mai, Juni und Juli in einem Diagramm.

8 Ein Guthaben von 5 000 € wird mit 1,75 % verzinst. Berechne, wie viel Euro
  Zinsen es nach 200 Tagen und wie viel es nach einem Jahr sind.

Rechenregeln und Rechengesetze

Die Strecke x kann mithilfe der anderen Variablen ausgedrückt werden.

Beschreibe das Volumen des farbigen Teilkörpers durch einen Term, ohne die Variable x zu verwenden.

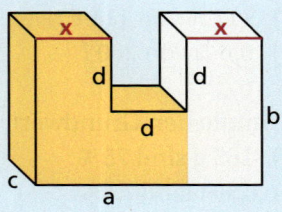

Variable verwenden und Terme vereinfachen

Achte beim Rechnen mit Zahlen immer auf die Vorrangregeln. Rechne in **Kla**mmern zuerst. **P**unktrechnung geht vor **S**trichrechnung.

Verwende beim Arbeiten mit Variablen und beim Umformen von Termen bekannte Rechenregeln und Rechengesetze.

Du kannst **Gleichungen** sowohl von **links nach rechts** als auch von **rechts nach links** lesen.

$$a + b = b + a$$
$$a \cdot b = b \cdot a$$
$$a + (b + c) = (a + b) + c$$
$$a \cdot (b \cdot c) = (a \cdot b) \cdot c$$
$$(a + b) \cdot c = a \cdot c + b \cdot c$$
$$a \cdot c + b \cdot c = (a + b) \cdot c$$

Rechenregel	Beispiel
Fasse Gleichartiges **zusammen.**	$0{,}5x + 1{,}2y - \frac{1}{2}x - 0{,}5y + \frac{1}{4} = 0{,}7y + \frac{1}{4}$
„+" vor Klammer: Klammer weglassen „–" vor Klammer: Klammer weglassen und alle Rechenzeichen in Klammer umkehren	$\frac{1}{2}a + (\frac{1}{4}a - \frac{1}{2}b) - (a - \frac{1}{4}b)$ $= \frac{1}{2}a + \frac{1}{4}a - \frac{1}{2}b - a + \frac{1}{4}b$ $= -\frac{1}{4}a - \frac{1}{4}b = -\frac{1}{4}(a + b)$
Multipliziere alle Summanden in einer Klammer mit dem Faktor vor der Klammer.	$\frac{1}{2}x^2 \cdot (x - \frac{1}{2}y) = \frac{1}{2}x^2 \cdot x - \frac{1}{2}x^2 \cdot \frac{1}{2}y$ $= \frac{1}{2}x^3 - \frac{1}{4}x^2y$
Multipliziere alle Summanden paarweise miteinander.	$(2x + \frac{1}{2}y) \cdot (\frac{1}{2}x + 3)$ $= 2x \cdot \frac{1}{2}x + 2x \cdot 3 + \frac{1}{2}y \cdot \frac{1}{2}x + \frac{1}{2}y \cdot 3$ $= x^2 + 6x + \frac{1}{4}xy + \frac{3}{2}y$
Zerlege Summanden in Faktoren. Schreibe gemeinsame Faktoren vor die Klammer.	$0{,}2\,a^2b + 1{,}2\,ab^2$ $= 0{,}2 \cdot a \cdot a \cdot b + 0{,}2 \cdot 6 \cdot a \cdot b \cdot b$ $= 0{,}2ab \cdot (a + 6b)$

Binomische Formeln nutzen

Die binomischen Formeln sind Spezialfälle beim Multiplizieren von Summanden.

Verwende binomische Formeln zum Umformen von **Produkten in Summen** und zum Umformen von **Summen in Produkte.**

$$(a + b)^2 = (a + b)(a + b) = a^2 + 2ab + b^2$$
$$(a - b)^2 = (a - b)(a - b) = a^2 - 2ab + b^2$$
$$(a + b)(a - b) = a^2 - b^2$$

Term	Analyse		Umformung
$(0{,}1x + 0{,}5)^2$	$(a + b)^2$	$a = 0{,}1x;\quad b = 0{,}5$	$0{,}01x^2 + 0{,}1x + 0{,}25$
$(0{,}1x - 0{,}5)^2$	$(a - b)^2$	$a = 0{,}1x;\quad b = 0{,}5$	$0{,}01x^2 - 0{,}1x + 0{,}25$
$(0{,}1x + 0{,}5)(0{,}1x - 0{,}5)$	$(a + b)(a - b)$	$a = 0{,}1x;\quad b = 0{,}5$	$0{,}01x^2 - 0{,}25$

Mit Potenzen und Wurzeln umgehen

Ein Term der Form $a^n = b$ ist eine **Potenz** mit der **Basis a** und dem **Exponenten n**.

Es gilt:

$$a^1 = a; \qquad a^1 = a$$
$$a^{-n} = \frac{1}{a^n}; \qquad a^n = \frac{1}{a^{-n}} \ (n \in \mathbb{Z})$$

Umgekehrt ist die **n**-te Wurzel aus **b** gleich **a**:

$a = \sqrt[n]{b}$ (**b** heißt **Radikand** und **n** heißt **Wurzelexponent.**)

Wähle nach genauer Analyse der Termstruktur das richtige Potenzgesetz:

Rechenoperation	Regel	Beispiel
Potenzen **multiplizieren/ dividieren**	**gleiche Basis:** – Basis beibehalten – Exponenten addieren/ subtrahieren	$3^4 \cdot 3^2 = 3^{4+2} = 3^6$ $2^5 : 2^3 = 2^{5-3} = 2^2$
	gleicher Exponent: – Exponent beibehalten – Basen multiplizieren/ dividieren	$2^3 \cdot 5^3 = (2 \cdot 5)^3 = 10^3$ $4^3 : 2^3 = \left(\frac{4}{2}\right)^3 = 2^3$
Potenzen **potenzieren**	– (Basis beibehalten) – Exponenten multiplizieren	$(2^3)^2 = 2^{3 \cdot 2} = 2^6$

Die **n-te Wurzel aus b** kann auch als Potenz geschrieben werden.

Es gilt: $\sqrt[n]{b} = b^{\frac{1}{n}}$

Forme als Potenz um und vereinfache:

$$\sqrt[2]{81} = 81^{\frac{1}{2}} = (3^4)^{\frac{1}{2}} = 3^{\frac{4}{2}} = 3^2 = 9$$

$$\left(\sqrt[3]{4}\right)^3 = \left(4^{\frac{1}{3}}\right)^3 = 4^{\frac{3}{3}} = 4^1 = 4$$

Aufgaben

1 Berechne
a) $-8 \cdot (-3 + 7) - (5 - 4)$
b) $-8 \cdot (-3) + 5 \cdot (-8)$
c) $(-8 + 5)^2$
d) $-0,2 \cdot (-1,3 + 0,7)$
e) $-\frac{1}{2} \cdot (-\frac{1}{3}) + 5 \cdot (-\frac{3}{4})$
f) $(-0,5 + \frac{1}{2})^2$

2 Ermittle die folgenden Wurzelwerte:
a) $\sqrt{121}$
b) $\sqrt{\frac{81}{225}}$
c) $\sqrt{1,44}$
d) $\sqrt{(1,5 + 1,5)^2}$
e) $\sqrt{(\sqrt{2} \cdot \sqrt{2})}$

3 Schreibe sowohl mit als auch ohne abgetrennte Zehnerpotenzen.
a) $149\,000\,000$ g
b) $9,46 \cdot 10^{12}$ km
c) 10^{11} Zellen
d) $0,00025$ Liter
e) $1,5 \cdot 10^{-8}$ m
f) $\frac{0,5 \cdot 0,005}{2 \cdot 10^2}$ cm^2

4 a) Schreibe die Summe aller Körperkanten als Term und vereinfache ihn.
b) Berechne den Termwert für: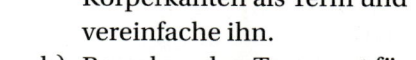
(1) $a = 2$ und $b = 3$
(2) $a = 1,4$ und $b = 3,2$
(3) $a = 0,4$ cm und $b = 1,2$ cm

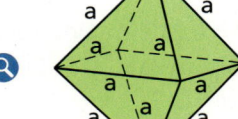
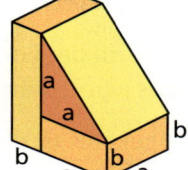

5 a) Gib Terme zur Berechnung der gesuchten Größe an.
b) Berechne die Größe für: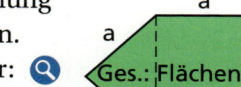
(1) $a = 1$ cm und $b = 2$ cm
(2) $a = 1,4$ cm und $b = 3,2$ cm

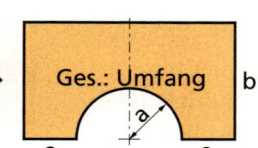

Ges.: Flächeninhalt

Ges.: Umfang

*6 Löse die folgenden Aufgaben und begründe deine Rechenschritte. Welche Rechengesetze und Rechenregeln hast du verwendet?
a) $12 + 18 : 2 - 2^3 - 4 + 5 \cdot 3$
b) $5 \cdot [12 - (27 + 3) : (2^3 + 8 : 4)] - 12$

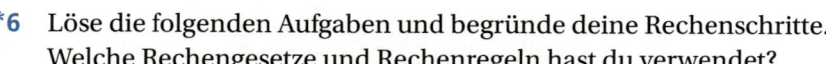

Hier muss ich irgendwas verändern.

7 Löse möglichst vorteilhaft. Erläutere und begründe dein Vorgehen.
a) $\sqrt{18} \cdot \sqrt{4,5}$
b) $x^2 = 6x$
c) $12 \cdot 13$
d) $34 \cdot 26$
e) $2,4 \cdot 0,8 \cdot 0,2 \cdot 1,25$

8 Vereinfache die folgenden Terme. Nutze dazu die Potenzgesetze. Erläutere jeden Umformungsschritt ausführlich.
a) $5x^3 - 3x^2 + 3x^3 + 5x^2$
b) $-x^2 - 3 \cdot (x^3 + x^2) + 2$
c) $x^2 \cdot x^3 + x^4 \cdot x^{-2}$
d) $(x + 1)^2 \cdot (x - 1)^2$
e) $\frac{(x^2 - 1)^2}{(x + 1)^2}$
f) $(x^{2n - 8})^3$
g) $\sqrt[4]{x^6} \cdot x^{-2}$
h) $3 \cdot \sqrt{4x^2} + \frac{1}{2} \cdot \sqrt[3]{27x^3}$
i) $\frac{\sqrt{12x^2}}{2}$

9 Prüfe rechnerisch, ob folgende Aussagen wahr oder falsch sind:

a) $92 \cdot 17 < 18 \cdot 91$ b) $7,22 + 8,77 = 8,87 + 7,12$ c) $18^2 < 400 - 66$

d) $975 : 5 = 37 \cdot 5$ e) $2,4 \cdot 2,5 - 7 < (2,5 - 3,5)^3$ f) $8^3 > \frac{24}{2} + \sqrt{16} \cdot 5^3$

*10 Schreibe die Ziffer 7 jeweils viermal in dein Heft und verbinde diese mit Rechenzeichen und Klammern so, dass der Wert des Terms immer eine einstellige natürliche Zahl ist. ✪

Die verflixte Zahl 7

$0 = 77 - 77$
$1 = 77 : 77$
$2 = ...$
...

*11 Schreibe als Term, vereinfache und berechne. Gib Ergebnisse mit zwei Dezimalstellen an. ✪

a) Addiere zum Produkt der Zahlen $\sqrt{2}$ und $\sqrt{8}$ die Summe der Zahlen $1,2^2$ und $1,1^3$.

b) Multipliziere den Quotienten der Zahlen $15,6$ und $1,2$ mit der Summe der Zahlen 2^4 und 4^2.

c) Subtrahiere das Produkt der Zahlen $12,5$ und $0,8$ von $\sqrt[3]{1000}$.

d) Bilde das Fünffache der Zahl $\sqrt{1,21}$ und subtrahiere davon $2 \cdot 0,5^2$.

12 Lina ist der Meinung, dass $2 - 6 - 9 - 8$ größer sei als -20. Luis glaubt, durch Setzen einer Klammer -3 errechnen zu können. Lea ist das alles zu einfach. Sie erhält durch Setzen von zwei Klammern die -5.
Prüfe und begründe, ob Lina, Luis und Lea recht oder unrecht haben.

13 Finde fehlende Zahlen ? und fehlende Rechenzeichen ? . ✪

a) $7 \cdot (12 + \boxed{?}) = 112$ b) $6 \cdot (12 - \boxed{?}) = 144$

c) $(12 - \boxed{?}) + (50 - 36) = 21$ d) $6 \cdot (12 - \boxed{?}) = 144$

e) $7 \cdot (20 \boxed{?} 4) = 112$ f) $(5 \boxed{?} 5 \boxed{?} 5) \boxed{?} 5 = 75$

*14 Hier gibt es Fehler. Finde diese und berichtige sie. ✪

a) $2(x + 3) + x = 3 \cdot (x + 1)$ b) $(c - 2)^2 = c^2 - 2c + 4$

c) $\frac{4(y + 1)^2}{2} = 2(y^2 + y + 1)$ d) $0 \cdot x^2 + 2 \cdot x^3 + x^4 = (1 + x)^2$

15 Ein Lkw soll aus dem Lager einer Firma 195 Paletten und 97 Paletten aus der Produktionshalle mit Waschmittel zum Bahnhof transportieren. 🔍

a) Berechne, wie viele Fahrten dafür mindestens notwendig sind, wenn jeweils maximal 14 Paletten transportiert werden können.

b) Jede der Paletten enthält acht Kisten. Wie viele Kisten sind es dann bei der letzten Fahrt?

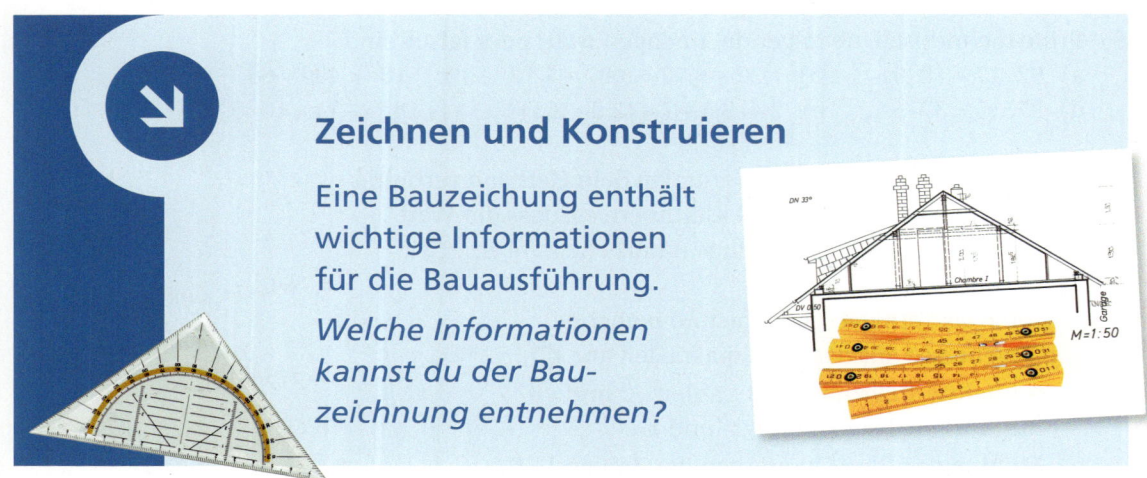

Zeichnen und Konstruieren

Eine Bauzeichung enthält wichtige Informationen für die Bauausführung.

Welche Informationen kannst du der Bauzeichnung entnehmen?

Hilfsmittel beim Zeichnen und Konstruieren verwenden

Skizzieren:
Freihandskizzen ohne Hilfsmittel
Zeichnen:
Auch Messgeräte sind erlaubt.
Konstruieren:
Nur Zirkel, Geodreieck und Lineal sind erlaubt.

Beachte bei Aufgaben, ob du skizzieren, zeichnen oder konstruieren sollst. Du musst entscheiden, ob etwas maßstäblich zu zeichnen ist und ob Messgeräte (Winkelmesser, Lineal) erlaubt sind oder nicht. In Planfiguren wird Wichtiges im angenäherten Größenverhältnis dargestellt. Hier darf freihand gezeichnet und mit anderen Hilfsmitteln gearbeitet werden.

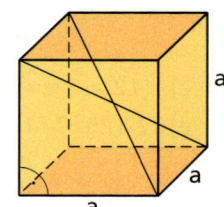

Beispiel

Markiere die Grundfläche, die Deckfläche und zwei Raumdiagonalen eines Würfels in einer Planfigur.

Geometrische Grundkonstruktionen ausführen

Nutze beim Konstruieren die **geometrischen Grundkonstruktionen.**

Mittelsenkrechte von $\overline{AB}$	Winkelhalbierende von $\sphericalangle$ BAC	Senkrechte zur Geraden h in A	Lot von A auf eine Gerade h

Eigenschaften von Dreiecken beim Konstruieren beachten

Beachte die Zusammenhänge, die bei Dreiecken zwischen Seiten und Winkeln gelten. Entscheide dann, ob das Dreieck überhaupt konstruierbar ist und ob es mehrere Lösungen geben kann. Prüfe die Eindeutigkeit einer Lösung immer mithilfe der **Kongruenzsätze.**

- Die Summe der Längen zweier Seiten ist immer größer als die Länge der dritten Seite.
- Die Summe der Innenwinkel beträgt immer 180°.
- Der größten Seite liegt der größte Winkel gegenüber.

Kongruenzsätze			
sss	sws	wsw	SsW
Zwei Dreiecke sind zueinander kongruent, wenn sie übereinstimmen in:			
allen drei Seiten	zwei Seiten und dem eingeschlossenen Winkel	einer Seite und den beiden anliegenden Winkeln	zwei Seiten und dem Gegenwinkel der größeren Seite

Zentrische Streckungen ausführen

Beim Ausführen einer zentrischen Streckung entstehen maßstäbliche **Vergrößerungen** oder **Verkleinerungen.** Die Verhältnisse zugehöriger Streckenlängen und die Größen zugehöriger Winkel bleiben bei einer zentrischen Streckung gleich.

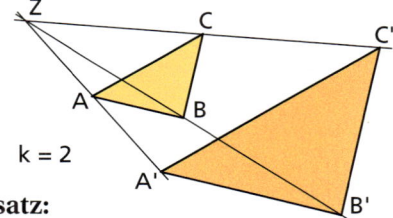

$k = 2$

Für die Dreicke ABC und A'B'C' gilt der **Hauptähnlichkeitssatz:**

• Zwei Dreiecke sind zueinander ähnlich, wenn sie in zwei Winkeln übereinstimmen.

Geometrische Körper zeichnerisch darstellen

Du kannst einen geometrischen Körper im **Schrägbild** und im **Zweitafelbild** darstellen. Seine Oberfläche erkennst du am besten im **Körpernetz.**

Zeichne ein 1 cm hohes dreiseitiges Prisma mit einem gleichseitigen Dreieck als Grundfläche. Die Seitenlänge des Dreiecks beträgt 2 cm.

Schrägbild	Zweitafelbild	Körpernetz
Verzerrungswinkel: 45° Verkürzungsverhältnis: $q = \frac{1}{2}$	Aufriss als Vorderansicht Grundriss als Draufsicht	zusammenhängende Abwicklung aller Begrenzungsflächen

Aufgaben

1 Die Punkte A(−2; 3) und B(2; 0) legen eine Gerade g in einem Koordinatensystem fest. 🔍
  a) Zeichne die Gerade g und eine zur Geraden g parallele Gerade h durch den Koordinatenursprung.
  *b) Untersuche, ob die Punkte C(0; −1,5) und D(1; 0) auf einer Senkrechten zur Geraden g liegen.

2 Konstruiere folgende Figuren: 🔍
  a) ein Dreieck ABC mit $\overline{BC}$ = a = 2,5 cm, $\overline{AC}$ = 4,8 cm und ∢ BCA = γ = 90°
  b) ein gleichschenkliges Trapez ABCD mit $\overline{AB}$ = 5 cm, $\overline{CD}$ = 2 cm, $\overline{AB}$ || CD und h = 3 cm.

3 Zeichne ein Rechteck ABCD mit $\overline{AB}$ = a = 4 cm und $\overline{BC}$ = b = 6 cm. Zeichne die Winkelhalbierende jedes Innenwinkels und benenne das durch die Winkelhalbierenden gebildete Viereck EFGH. Beschreibe die Eigenschaften des Vierecks EFGH. 🔍 Welche Viereckart ist es?

4 a) Übertrage die Zeichnung im Maßstab 1:1 in dein Heft, miss die Größe des Winkels α und kontrolliere rechnerisch. 🔍
  b) Konstruiere im Punkt A die Tangente t an den Kreis. 🔍

5 a) Zeichne ein gleichschenkliges Dreieck ABC mit $\overline{AC}$ = $\overline{BC}$ und bezeichne den Mittelpunkt der Basis mit M. 🔍
  b) Fälle vom Punkt M die Lote auf $\overline{AC}$ und $\overline{BC}$. Bezeichne die Fußpunkte der Lote mit D und E. 🔍
  c) Zeige, dass die Dreiecke MBE und MAD zueinander kongruent sind. 🔍

*6 a) Konstruiere die abgebildeten gotischen Fensterelemente und beschreibe deine Konstruktionen.
  b) Entwirf selbst ein gotisches Fensterelement, notiere dazu eine Konstruktionsbeschreibung und lasse es von anderen Personen konstruieren. ✳️

Die habe ich schon in einer Kirche gesehen.

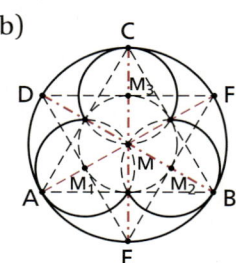

7 Zeichne ein Quadrat ABCD und ein Rechteck BEFG mit $\overline{AB} = \overline{BE}$
und $\overline{BG} = \overline{BD}$ mit einer selbst gewählten Seitenlänge $\overline{AB}$.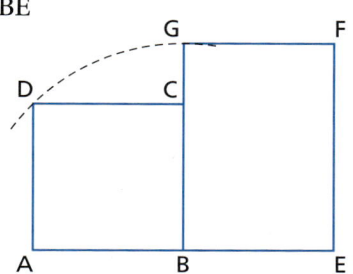

   a) Verlängere die Diagonale $\overline{AC}$ über den Punkt C hinaus
und bezeichne den Schnittpunkt mit $\overline{FG}$ als H. Prüfe, ob
die Dreiecke ACD und CHG zueinander ähnlich sind.

   b) Zeichne $\overline{FC}$, verlängere diese über C hinaus und bezeichne den Schnittpunkt mit $\overline{AD}$ als K. Zeige, dass die
Dreiecke KCD und CFG zueinander kongruent sind.

8 Skizziere von jedem der folgenden Körper ein Zweitafelbild.
Wähle eine sinnvolle Lage und entscheide selbst, wie groß a sein soll.

a)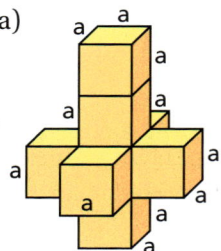

b)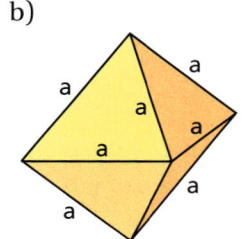

c)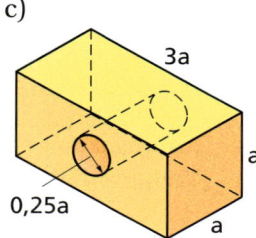

9 Zeichne von jedem Körper sowohl ein Körpernetz als auch ein Schrägbild.

   a) Bei einem Würfel beträgt die Kantenlänge 2 cm.

   b) Bei einem (geraden) Prisma mit einem gleichseitigen Dreieck als
Grundfläche haben alle Kanten eine Länge von 4 cm.

   c) Bei einer (geraden) Pyramide mit quadratischer Grundfläche
haben alle Kanten eine Länge von 5 cm.

10 Hier sind Zweitafelbilder von Körpern im Maßstab 1 : 4 gegeben.
Beschreibe, welche Gemeinsamkeiten und Unterschiede du erkennst.
Zeichne jeweils ein Schrägbild des Körpers.

(1)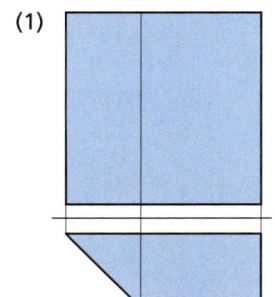

(2)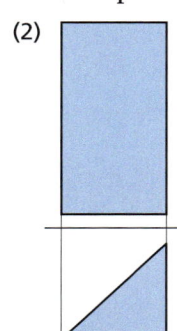

(3)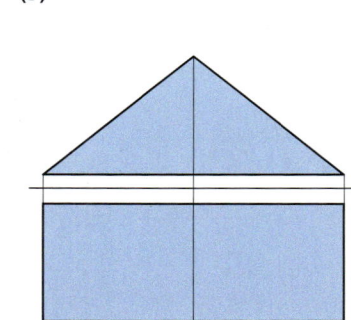

Berechnungen an geometrischen Figuren

Der abgebildete Würfel hat eine Kantenlänge von 10 cm. Alle Ecken wurden (wie in der Abbildung) durch ebene Schnitte entfernt.

Erläutere, wie du das Volumen des Restkörpers berechnen würdest.

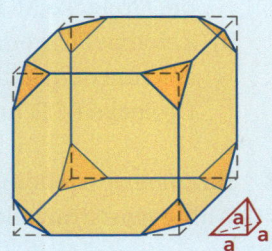

$$V = \frac{1}{6} \cdot a^3$$

Umfänge und Flächeninhalte ebener Figuren berechnen

Der **Umfang u** einer ebenen Figur gibt die Länge ihrer Begrenzungslinie an.
Der **Flächeninhalt A** einer ebenen Figur gibt die Größe ihrer Fläche an.

Quadrat	Rechteck	Parallelogramm	Trapez
$u = 4a$ $A = a^2$	$u = 2(a+b)$ $A = a \cdot b$	$u = 2(a+b)$ $A = a \cdot h_a$	$u = a+b+c+d$ $A = \frac{a+c}{2} \cdot h_a$
Drachenviereck	Rhombus	Dreieck	Kreis
$u = 2(a+b)$ $A = \frac{e \cdot f}{2}$	$u = 4a$ $A = \frac{e \cdot f}{2}$	$u = a+b+c$ $A = \frac{c \cdot h_c}{2}$	$u = \pi \cdot d$ $A = \pi \cdot r^2$

Trage die gesuchten und die gegebenen Größen immer in eine Planfigur ein.

Beispiel

Berechne Umfang und Flächeninhalt des gleichseitigen Dreiecks.

$u = 3a = 6\ \text{cm}$

$A = \frac{c \cdot h}{2} = \frac{2\ \text{cm} \cdot \sqrt{4\ \text{cm}^2 - 1\ \text{cm}^2}}{2} = 1\ \text{cm} \cdot \sqrt{3\ \text{cm}^2} \approx 1{,}73\ \text{cm}^2$

Planfigur:

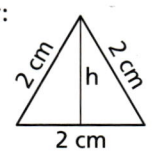

152

Rauminhalte und Oberflächeninhalte geometrischer Körper berechnen

Das **Volumen V** eines geometrischen Körpers gibt seinen Rauminhalt an.
Der **Oberflächeninhalt A_O** eines geometrischen Körpers gibt die Größe
aller Begrenzungsflächen an.

Für Prismen und Zylinder gilt: $V = A_G \cdot h$ und $A_O = 2 \cdot A_G + A_M$

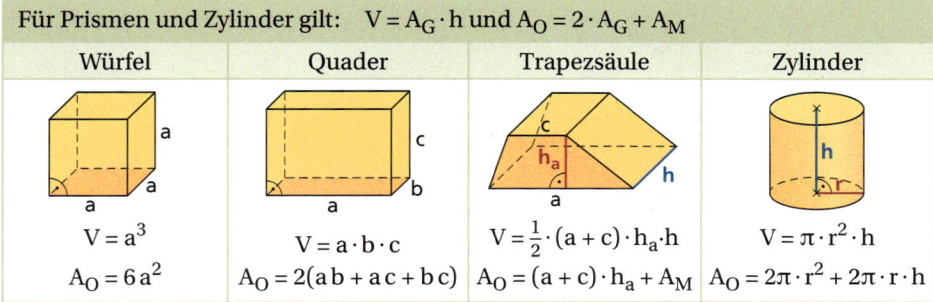

Würfel	Quader	Trapezsäule	Zylinder
$V = a^3$	$V = a \cdot b \cdot c$	$V = \frac{1}{2} \cdot (a + c) \cdot h_a \cdot h$	$V = \pi \cdot r^2 \cdot h$
$A_O = 6\,a^2$	$A_O = 2(ab + ac + bc)$	$A_O = (a + c) \cdot h_a + A_M$	$A_O = 2\pi \cdot r^2 + 2\pi \cdot r \cdot h$

Für Pyramiden und Kegel gilt: $V = \frac{1}{3} A_G \cdot h$ und $A_O = A_G + A_M$	Für Kugeln gilt: $V = \frac{4}{3}\pi \cdot r^3$ und $A_O = 4\pi \cdot r^2$

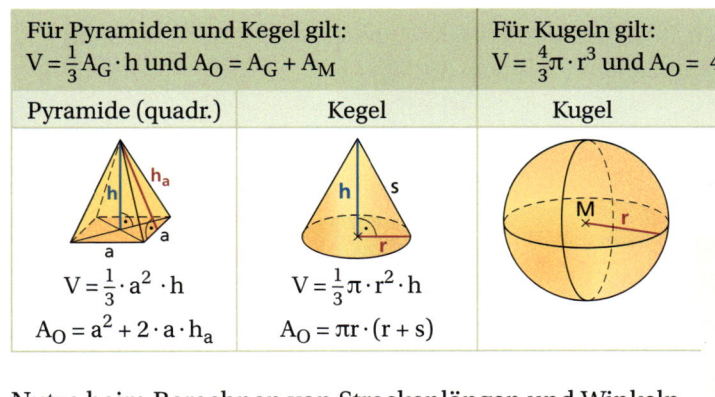

Pyramide (quadr.)	Kegel	Kugel
$V = \frac{1}{3} \cdot a^2 \cdot h$	$V = \frac{1}{3}\pi \cdot r^2 \cdot h$	
$A_O = a^2 + 2 \cdot a \cdot h_a$	$A_O = \pi r \cdot (r + s)$	

Nutze beim Berechnen von Streckenlängen und Winkeln
bekannte Sätze, wie den **Satz des Pythagoras,**
den **Sinussatz** und den **Kosinussatz.**

Satz des Pythagoras:
$a^2 + b^2 = c^2$ (c ist Hypotenuse.)

Sinussatz:
$\frac{a}{\sin \alpha} = \frac{b}{\sin \beta} = \frac{c}{\sin \gamma}$

Kosinussatz:
$a^2 = b^2 + c^2 - 2bc \cdot \cos \alpha$
$b^2 = a^2 + c^2 - 2ac \cdot \cos \beta$
$c^2 = a^2 + b^2 - 2ab \cdot \cos \gamma$

Beispiel

Auf einem Würfel steht eine quadratische Pyramide.
Berechne den Oberflächeninhalt des Körpers, bei dem alle
Kantenlängen gleich lang sind.

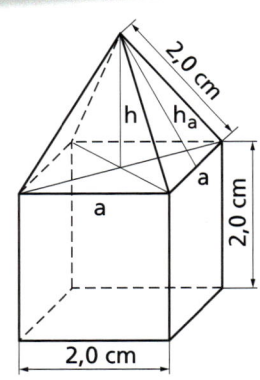

Gesucht: A_O in cm²   *Gegeben:*   a = 2,0 cm

Würfel: $A_{\text{Würfel}} = A_G + A_M = a^2 + 4 \cdot a^2 = 5 \cdot a^2 = 20\ \text{cm}^2$

Pyramide: $h_a = \sqrt{a^2 - \frac{a^2}{4}} = \sqrt{4\ \text{cm}^2 - 1\ \text{cm}^2} = \sqrt{3\ \text{cm}^2} \approx 1,73\ \text{cm}^2$

       $A_{\text{Pyramide}} = \frac{4 \cdot a \cdot h_a}{2} = 2 \cdot a \cdot h_a \approx 6,92\ \text{cm}^2$

Körper: $A_O = A_{\text{Würfel}} + A_{\text{Pyramide}} = 5 \cdot a^2 + 2 \cdot a \cdot h_a \approx 26,92\ \text{cm}^2$

Aufgaben

1 Schreibe eine sinnvolle Einheit für die genannte Größe auf.
a) Grundfläche eines Einfamilienhauses
b) Volumen einer kleinen Flasche Parfüm

2 Berechne den Inhalt der blauen Fläche.

3 Berechne den Flächeninhalt eines
Quadrates mit einem Umfang von 48 cm. 🔍

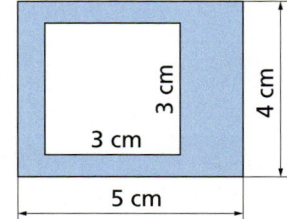

4 Ein dreieckförmiges Grundstück hat die Seitenlängen 30 m, 40 m, 50 m.
Berechne den Umfang und den Flächeninhalt des Grundstücks.

5 Ein Quader ist 6 cm lang, 50 mm breit und 0,2 dm hoch. Berechne das
Volumen und den Oberflächeninhalt des Quaders und gib jede Lösung
mit zwei unterschiedlichen Einheiten an. 🔍

6 Berechne den Oberflächeninhalt eines
Würfels mit einem Volumen von 125 cm³. 🔍

7 Berechne die Seitenlänge y und die
Seitenlänge x des Dreiecks ZXY. 🔍

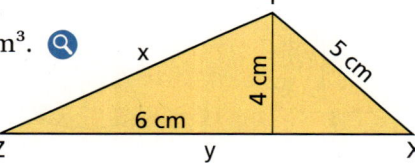

8 Ein Riesenrad hat einen Durchmesser von 42 m.
Ermittle den Weg, den ein Fahrgast bei einer
Umdrehung ungefähr zurücklegt. 🔍

*9 Berechne den Umfang und den Flächeninhalt
der abgebildeten Figur. 🔍

Maße in Millimeter

*10 Gegeben ist ein rechtwinkliges Dreieck RST mit dem rechten Winkel beim
Punkt R. Berechne die Länge der dem Punkt R gegenüberliegenden Seite r,
wenn die beiden anderen Seiten 11 cm bzw. 8 cm lang sind. 🔍

11 Gegeben ist die abgebildete Pyramide mit
rechteckiger Grundfläche. 🔍
a) Berechne die Körperhöhe h.
b) Berechne die Länge der Seitenkanten s.
c) Berechne das Volumen und den Oberflächeninhalt der Pyramide.

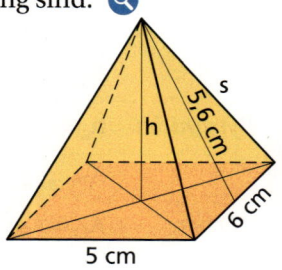

12 Eine kegelförmige Schultüte ist 50,5 cm lang. Die Öffnung hat einen Durchmesser von 15 cm. Ermittle, wie viel Quadratmeter Folie zum Bekleben benötigt werden. 🔍

13 Die Abbildung zeigt einen zusammengesetzten Körper.
   a) Berechne, wie hoch beide Körper zusammen sind. 🔍
   b) Ermittle die Länge der Mantellinie des Kegels und die Größe des Winkels an der Spitze.
   c) Entscheide und begründe, welches Volumen beide Körper zusammen haben.
   *d) Berechne den Oberflächeninhalt des Körpers.

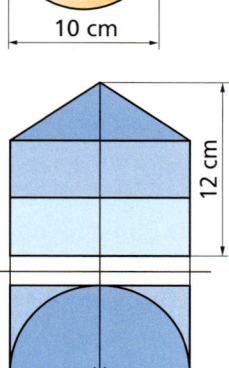

14 Hier siehst du das Zweitafelbild eines Maschinenteils aus Stahl. Es besteht aus drei Teilkörpern, deren Höhen jeweils gleich groß sind.
   a) Beschreibe das Aussehen der drei Teilkörper.
   b) Berechne das Gesamtvolumen des Maschinenteils.
   *c) Ermittle, wie viel Kubikzentimeter Abfall beim Fräsen eines Maschinenteils aus einem quaderförmigen Eisenstück angefallen sind. Gib diesen Anteil in Prozent an.
   *d) Von diesen Maschinenteilen werden insgesamt 20 000 Stück produziert. Berechne, wie viel Tonnen Stahl das insgesamt sind.

15 Zwischen zwei Häusern ist ein Stahlseil gespannt, in dessen Mitte eine Straßenlampe befestigt ist. Dadurch hängt das insgesamt 40 m lange Seil ein wenig durch. Der Winkel zwischen den beiden Seilhälften beträgt 160°. ✦
   a) Fertige eine Skizze mit Beschriftung an.
   b) Berechne, wie weit die beiden Häuser voneinander entfernt sind. 🔍

16 Zwei Radarstationen beobachten ein Flugzeug in unbekannter Höhe. Es fliegt über der waagerechten Verbindungslinie (35 km lang) zwischen den Stationen. Von den jeweiligen Stationen aus gemessen betragen die Höhenwinkel bezüglich der waagerechten Bodenlinie 29° und 32°. 🔍
   a) Fertige eine maßstäbliche Zeichnung des Sachverhaltes an. Schreibe auf, welcher Maßstab verwendet wurde.
   *b) Berechne, wie viel Kilometer das Flugzeug von jeder der beiden Radarstationen entfernt ist.
   *c) Gib die Flughöhe des Flugzeugs in Meter an.

Koordinatensysteme

Die geografischen Koordinaten von Zeitz betragen annähernd 51° N und 12° O.

Was bedeuten diese Angaben? Gib die geografischen Koordinaten deines Heimatortes an.

Koordinaten im rechtwinkligen Koordinatensystem interpretieren

Die Punkte A und B liegen in einem Koordinatensystem mit zwei zueinander senkrechten Achsen (x-Achse, y-Achse). Der Punkt A(2; 0,5) liegt im ersten, der Punkt B(−3; −2) im dritten Quadranten. Die Abszisse (x-Koordinate) beschreibt die Lage eines Punktes bezüglich der y-Achse, die Ordinate (y-Koordinate) bezüglich der x-Achse.

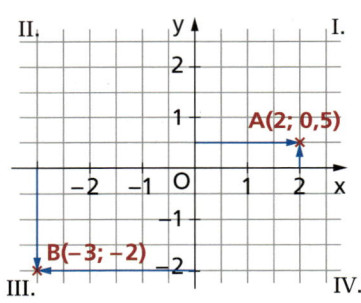

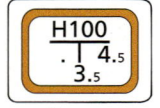

Zusammenhänge im Koordinatensystem (Diagramm) darstellen

In Koordinatensystemen (Diagrammen) können u. a. Zusammenhänge zwischen zwei Variablen (Größen) dargestellt werden.
Achte dabei immer auf die richtigen Achsenbezeichnungen.

Zusammenhang	Gleichung	Graph
Welche Zahl y erhältst du, wenn du die Hälfte einer gebrochenen Zahl x um 1 vermehrst?	$y = 0{,}5x + 1$ Zwischen x und y besteht ein linearer Zusammenhang.	
Welcher Zusammenhang besteht zwischen dem Flächeninhalt A eines Kreises und seinem Radius r?	$A = \pi \cdot r^2$ Zwischen r und A besteht ein quadratischer Zusammenhang.	

Streckenlängen und Winkelgrößen ermitteln

Du kannst die Länge einer Strecke im Koordinatensystem direkt ablesen, wenn die Strecke parallel zu einer der beiden Koordinatenachsen ist. In anderen Fällen kann der Satz des Pythagoras hilfreich sein. Verwende zum Berechnen von Winkelgrößen trigonometrische Zusammenhänge.

Beispiel

Ermittle die Seitenlängen und die Größe der Innenwinkel des Dreiecks ABC.

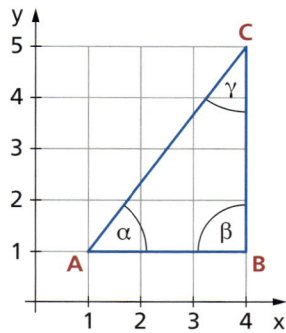

Es gilt: $\quad \overline{AB} = 3\text{ cm}$ und $\overline{BC} = 4\text{ cm}$ (abgelesen)

$$\overline{AC} = \sqrt{\overline{AB}^2 + \overline{BC}^2} = \sqrt{9\text{ cm}^2 + 16\text{ cm}^2}$$

$$\overline{AC} = \sqrt{25\text{ cm}^2} = 5\text{ cm}$$

$$\sin \alpha = \frac{\overline{BC}}{\overline{AC}} = \frac{4\text{ cm}}{5\text{ cm}} = 0{,}8 \quad \rightarrow \quad \alpha = 53{,}1°$$

$\beta = 90°$ (abgelesen)

$\gamma = 180° - 90° - 53{,}1° = 36{,}9°$

Funktionsgraphen untersuchen

Häufig steht das Ermitteln der Koordinaten charakteristischer Punkte von Funktionsgraphen im Mittelpunkt:
– Schnittpunkte mit den Koordinatenachsen,
– gemeinsame Schnittpunkte,
– Scheitelpunkte .

Beispiel

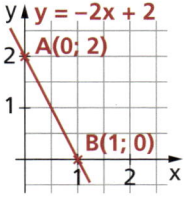

Ermittle die Schnittpunkte des Funktionsgraphen $y = f(x) = -2x + 2$ mit den Koordinatenachsen.

Es gilt: $\quad x = 0 \quad \rightarrow \quad y = -2 \cdot 0 + 2 = 2 \qquad \rightarrow \quad A(0; 2)$

$\qquad\qquad y = 0 \quad \rightarrow \quad 0 = -2x + 2 \qquad \rightarrow \quad x = 1 \quad \rightarrow \quad B(1; 0)$

Beispiel

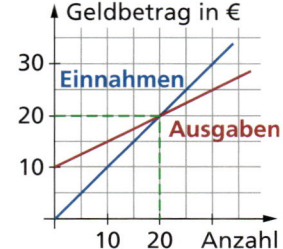

Wann übersteigen die Einnahmen einer Tombola mit einem Lospreis von einem Euro die Ausgaben? Für Material wurden einmal 10 € und für jedes Los jeweils 50 ct ausgegeben.

Der Verkauf der ersten 20 Lose deckt die Ausgaben.

157

Aufgaben

1 Zeichne die Punkte A(−4; −4), B(−1; −1), C(3; 3) in ein Koordinatensystem.
 a) Begründe, warum A, B und C auf einer gemeinsamen Geraden g liegen.
 b) Gib die Koordinaten zweier Punkte D und E an, die auch auf g liegen.
 c) Ermittle die Abstände der Punkte A, B und C voneinander.
 d) Zeichne alle Punkte ein, die auf der Geraden g liegen und vom
  Koordinatenursprung 5 cm entfernt sind.

2 Zeichne die folgenden Punkte in ein Koordinatensystem ein:
 (1) A(2; 2), B(2; −2), C(5; 0) (2) D(0; 0), E(−4; 0), F(−4; 4), G(0; 4)
 (3) H(−2; −2), J(−2; −7), K(−4; −3), L(−4; −5)
 Berechne von jeder Figur den Umfang und den Flächeninhalt. 🔍

3 Trage die Punkte A(1; 1) und C(6; 6) in ein und dasselbe Koordinatensystem ein. Gib die Koordinaten zweier Punkte B und D so an, dass das
 Viereck ABCD jeweils ein Viereck bildet. Berechne dann den Umfang und
 den Flächeninhalt der Figur und den Schnittwinkel der Diagonalen. ✳
 a) Das Viereck ABCD soll ein Rechteck sein.
 b) Das Viereck ABCD soll ein Parallelogramm, aber kein Rechteck sein.

4 Trage die Punkte A(−5; −5) und B(5; −5) in ein
 und dasselbe Koordinatensystem ein.
 a) Berechne die Länge von $\overline{AB}$. 🔍
 b) Konstruiere einen Punkt C so, dass △ ABC gleichschenklig ist. 🔍
 c) Berechne die Koordinaten von C und vergleiche mit der Zeichnung.
 d) Berechne die Innenwinkelgrößen des Dreiecks.

5 Ein Schiff fährt parallel zur Küste und wird jeweils zum gleichen Zeitpunkt
 während der Fahrt zweimal von den Punkten P_1 und P_2 aus angepeilt.
 Es befindet sich dabei an den
 Punkten S_1 und S_2. Die Tabelle
 enthält die dabei ermittelten
 Messwerte.

Messung	∢ $P_2P_1S_1$	∢ $P_2P_1S_2$
1	$\alpha_1 = 112°$	$\beta_1 = 41{,}81°$
2	$\alpha_2 = 36{,}87°$	$\beta_2 = 122°$

 a) Zeichne den Sachverhalt im Maßstab 1 : 10 000 in ein Koordinatensystem. Die Punkte P_1 und P_2 sollen dabei auf der x-Achse liegen und
  einen Abstand von 900 m voneinander haben. 🔍
 b) Berechne, welche Strecke das Schiff zwischen beiden Messungen
  zurückgelegt hat. 🔍

6 Löse das Gleichungssystem zeichnerisch und kontrolliere dein Ergebnis rechnerisch.

Gleichungssystem
(I) $y = -3x + 6$
(II) $y = x + 2$

7 Löse die folgende Aufgabe auf zwei unterschiedlichen Lösungswegen und prüfe deine Ergebnisse:
Die Summe zweier rationaler Zahlen beträgt 4, ihre Differenz 6.
Wie heißen die beiden Zahlen? ✪

8 Lisa zahlt beim Einkauf am Gemüsestand des Händlers Frisch für 500 g Äpfel und 1 kg Pflaumen insgesamt 2,80 €. Leo kauft am gleichen Stand 1 kg Äpfel und 500 g Pflaumen für 3,20 €. Lehrer Schlau meint: „Dann könnt ihr mir ja auch ausrechnen, wie viel Euro jeweils ein Kilogramm kostet!" 🔍
  a) Begründe, dass Lehrer Schlau recht hat. ✪
  b) Ermittle zeichnerisch den Preis für 1 kg Pflaumen und 1 kg Äpfel.

9 Zeichne die Funktionsgraphen in ein Koordinatensystem.
  (1) $y = f(x) = -x + 1$ (2) $y = g(x) = 2x - 2$ (3) $y = h(x) = 8x - 2$
  a) Gib die Koordinaten zweier Punkte jedes Funktionsgraphen an und berechne ihre Abstände zueinander.
  b) Übertrage die Tabelle in dein Heft und fülle sie aus.
  *c) Berechne bei $y = f(x)$, $y = g(x)$ und $y = h(x)$, wie sich y ändert, wenn x um 2 cm größer wird.
  *d) Berechne bei $y = f(x)$, $y = g(x)$ und $y = h(x)$, wie sich y ändert, wenn x um eine Einheit kleiner wird.

x	-6			0
f(x)		5		
g(x)			-6	
h(x)	9			0	0

10 Zeichne (verschobene) Normalparabeln mit den Scheitelpunkten $S_1(0; 0)$, $S_2(1; 1)$, $S_3(-1,5; 0)$, $S_4(2,25; -3)$ und $S_5(-2; -2)$ in dein Heft.
  a) Gib jeweils eine Funktionsgleichung in Scheitelpunktsform an.
  b) Schreibe auch jeweils eine Funktionsgleichung in Normalform auf.
  c) Lies die Nullstellen ab und kontrolliere deine Ergebnisse rechnerisch.

*11 Julian behauptet, dass der Funktionsgraph von $y = f(x) = x^2 + 4x + 6$ eine verschobene Normalparabel sei.
  a) Entscheide, ob Julian recht hat, und begründe deine Entscheidung. ✪
  b) Zeichne den Funktionsgraphen in ein Koordinatensystem.
  c) Bezeichne die Schnittpunkte des Funktionsgraphen mit der Geraden $y = 8$ mit A und B und den Schnittpunkt des Funktionsgraphen mit der Geraden $x = -3$ mit C.
  d) Berechne die Länge von $\overline{AB}$.

Gleichungssysteme

Hier wurde zweimal gewogen.
Immer bestand Gleichgewicht.

*Entscheide und begründe, wie
viele Kisten du für eine Dose und
wie viele Kisten du für die Kugel
auf die Waage stellen könntest.*

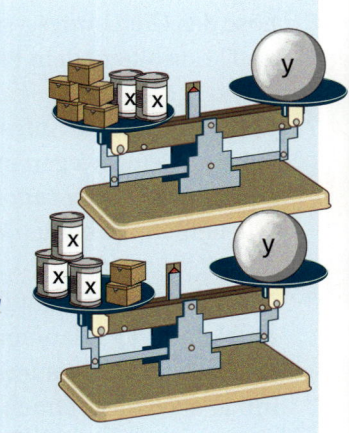

Lineare Gleichungssysteme zeichnerisch lösen

Interpretiere die Gleichungen des Gleichungssystems
als Funktionsgleichungen und ermittle die Koordinaten
des Schnittpunktes der Funktionsgraphen.

(I) $y + 1 = 2x$
(II) $y + x = 2{,}75$

Lösungen:

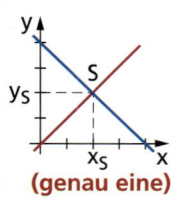

(genau eine)

▶ So kannst du vorgehen

▶ **Schritt 1**   Stelle jede Gleichung nach y um.
▶ **Schritt 2**   Zeichne beide Funktionsgraphen.
▶ **Schritt 3**   Lies die Koordinaten von S ab
                  und schreibe sie als Wertepaar.

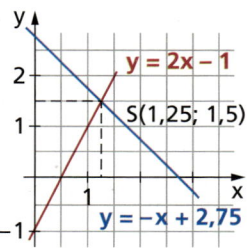

$y = 2x - 1$
$S(1{,}25;\ 1{,}5)$
$y = -x + 2{,}75$

Lineare Gleichungssysteme rechnerisch lösen

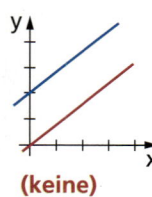

(keine)

Stelle eine Gleichung nach einer Variablen um und setze den dabei erhaltenen
Term in die andere Gleichung ein. Diese Gleichung hat dann nur eine Variable.

Beispiel

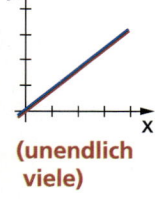

(unendlich
viele)

Löse das Gleichungssystem rechnerisch.

(I)	$y + 1 = 2x$	$\mid -1$
(Ia)	$y = 2x - 1$	
(II)	$y + x = 2{,}75$	$\mid$ (Ia) einsetzen
(IIa)	$2x - 1 + x = 2{,}75$	$\mid$ Zusammenfassen, Isolieren
(III)	$x = 1{,}25$	
(Ia)	$y = 2x - 1 = 2{,}5 - 1 = 1{,}5$	$\mid$ (III) einsetzen

(I) $y + 1 = 2x$
(II) $y + x = 2{,}75$

Lösung:
$x = 1{,}25;\ y = 1{,}5$

Aufgaben

1 Forme jede der folgenden Gleichungen sowohl nach x als auch nach y um:

a) $x + y = 5$ b) $2x + 2y = 2$ c) $2(x + y) = 10$

d) $-2x + \frac{1}{2}y = 16$ e) $6y = 2x - 4$ f) $\frac{1}{2}y - \frac{1}{3}x = -2$

2 Prüfe sowohl zeichnerisch als auch rechnerisch, ob das gegebene Zahlenpaar Lösung des Gleichungssystems ist.

a) (I) $7x - 3y = 11$

   (II) $5x + 8y = 18$

       $x = 2$; $y = 1$

b) (I) $1{,}5x - 2y = 9$

   (II) $0{,}4x + \frac{1}{3}y = 5$

       $x = 10$; $y = 2$

c) (I) $2x = 10 - 4(y + 2)$

   (II) $3x = 6 - 3(y - 5)$

       $x = 13$; $y = -6$

3 Löse das nebenstehende Gleichungssystem sowohl zeichnerisch als auch rechnerisch.

    (I) $y = 3x + 3$

    (II) $y = -x + 7$

4 Löse das Gleichungssystem rechnerisch und führe eine Probe durch.

a) (I) $2x - 3y = 12$

   (II) $5x + 2y = 11$

b) (I) $5x - 5y = 5$

   (II) $5x + 4y = -22$

c) (I) $-2x + 5y = -2$

   (II) $4x - 9y = 4$

d) (I) $x = y + 1$

   (II) $5x - 3y = 1$

e) (I) $y = 5x - 11$

   (II) $4x + 5y = 32$

f) (I) $40 = 2x - 2y$

   (II) $3x + 2y = 10$

5 Ein gleichschenkliges Dreieck hat einen Umfang von 21 cm. Die Grundseite ist nur ein Drittel so lang wie ein Schenkel. Berechne die Seitenlängen des Dreiecks.

*6 Ein Vater und sein Sohn sind zusammen 40 Jahre alt. Der Vater ist viermal so alt wie der Sohn. Berechne das Alter der beiden.

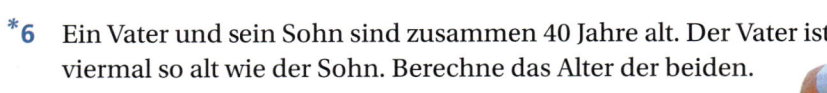

7 Löse das Zahlenrätsel.

a) Die Summe zweier Zahlen ist 12 und ihre Differenz 2.

b) Die Differenz zweier Zahlen ist 10 und ihre Summe 80.

c) Die Summe zweier Zahlen beträgt 13. Vermehrt man das Dreifache der ersten Zahl um das Doppelte der zweiten Zahl, so erhält man 34.

d) Addiert man zu einer Zahl 6, so erhält man das Dreifache einer zweiten Zahl. Addiert man zur zweiten Zahl 9, so erhält man das Vierfache der ersten Zahl.

8 Max hat auf einem Bauernhof insgesamt 35 Hühner und Schweine gezählt. Alle Tiere zusammen haben 94 Beine. Wie viele Hühner und wie viele Schweine sind es gewesen?

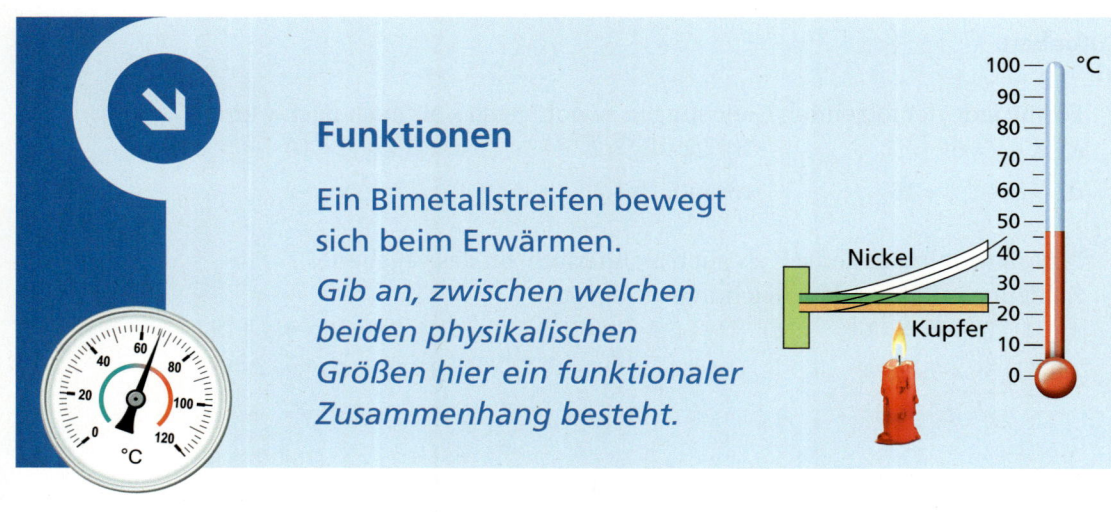

Funktionen

Ein Bimetallstreifen bewegt sich beim Erwärmen.

Gib an, zwischen welchen beiden physikalischen Größen hier ein funktionaler Zusammenhang besteht.

Definitions- und Wertebereich von Funktionen

Der Definitionsbereich D einer Funktion enthält alle x-Werte (Argumente).
Der Wertebereich W einer Funktion enthält alle y-Werte (Funktionswerte).
Achte immer darauf, in welchem Intervall eine Funktion definiert ist.

Beispiel

Ermittle den Wertebereich der Funktion
$y = f(x) = 2x + 1$ für das Intervall $-3 \leq x \leq 3$.
Der Wertebereich ist: $-5 \leq y \leq 7$

x	–3	0	3
f(x)	–5	1	7

Nullstellen von Funktionen

Es gilt:
$y = f(x_0) = 0$

Ein x-Wert einer Funktion heißt Nullstelle x_0, wenn der zugehörige y-Wert 0 ist.

Beispiel

Ermittle die Nullstellen folgender Funktionen:

$y = f(x) = 2x + 1$
Es gilt:

$$0 = 2x + 1 \quad | -1$$
$$-1 = 2x \quad | :2$$
$$-0,5 = x$$

Die Funktion hat *eine* Nullstelle:
$x_0 = -0,5$

$y = g(x) = x^2 + 2x - 3$
Es gilt:

$$0 = x^2 + 2x - 3$$
$$x_{1;2} = -\frac{p}{2} \pm \sqrt{\frac{p^2}{4} - q}$$
$$x_{1;2} = -\frac{2}{2} \pm \sqrt{\frac{4}{4} + 3} = -1 \pm 2$$

Die Funktion hat *zwei* Nullstellen:
$x_1 = 1$ und $x_2 = -3$

Wenn ein Funktionsgraph die x-Achse nicht schneidet, hat die Funktion auch keine Nullstelle.

Schnittpunkte von Funktionsgraphen mit den Koordinatenachsen

Für Schnittpunkte mit der x-Achse gilt: $\quad S_x(x; 0)$
Für Schnittpunkte mit der y-Achse gilt: $\quad S_y(0; y)$

Beispiel

Ermittle die Koordinaten der Schnittpunkte des Graphen
der Funktion $y = f(x) = 2x + 1$ mit den Koordinatenachsen:

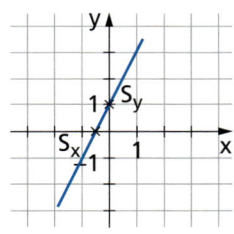

Schnittpunkt mit der x-Achse:

Für y = 0 gilt:

$\quad 0 = 2x + 1 \qquad |-1$

$\quad -1 = 2x \qquad\quad |:2$

$\quad -0,5 = x$

$S_x(-0,5; 0)$

Schnittpunkt mit der y-Achse:

Für x = 0 gilt:

$\quad y = 2 \cdot 0 + 1$

$\quad y = 0 + 1$

$\quad y = 1$

$S_y(0; 1)$

Schnittpunkte zweier Funktionsgraphen

Ermittle die Schnittpunktskoordinaten zweier Funktionsgraphen durch Lösen
eines Gleichungssystems mit zwei Variablen.

Beispiel

Ermittle die Schnittpunktskoordinaten der Funktionsgraphen
$y = f(x) = 2x + 1$ und $y = g(x) = x^2 + 2x - 3$ sowohl rechnerisch
als auch zeichnerisch.

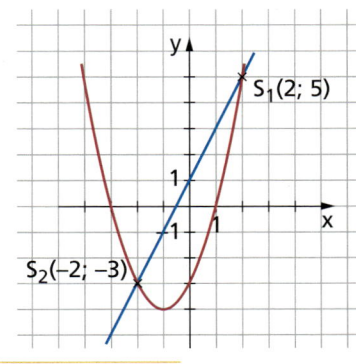

Es muss gelten: $\quad f(x) = g(x)$

$\quad 2x + 1 = x^2 + 2x - 3 \qquad |-2x$

$\quad\quad 1 = x^2 - 3 \qquad\qquad |+3$

$\quad\quad 4 = x^2 \qquad\qquad\quad |\sqrt{}$

$\quad x_{1;2} = \pm 2$

$\quad\quad x_1 = 2 \ \text{ und } \ x_2 = -2$

$f_1(2) = 2 \cdot 2 + 1 = 5 \qquad \rightarrow \quad S_1(2; 5)$

$f_1(2) = 2 \cdot (-2) + 1 = -3 \quad \rightarrow \quad S_2(-2; -3)$

Monotonieverhalten von Funktionen

Die Funktion $y = f(x) = 2x + 1$ ist im gesamten Definitionsbereich
monoton steigend, weil für alle x der Anstieg m = 2, also immer positiv ist.

Die Funktion $y = g(x) = x^2 + 2x - 3$ ist für alle $x \leq -1$ *monoton fallend* und für alle
$x \geq -1$ *monoton steigend*. Das Monotonieverhalten wechselt am Scheitelpunkt
der Parabel.

Aufgaben

1 Entscheide und begründe, welcher der folgenden Graphen zur Funktion $y = x - 1$ gehört:

a) 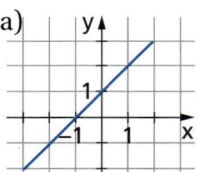   b) 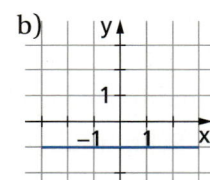   c) 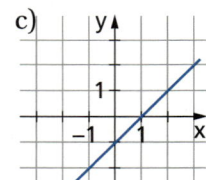   d)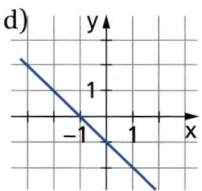

2 Prüfe, ob der Punkt $P(-2; 4)$ zum Graphen der Funktion $y = 0{,}5x + 5$ gehört.

3 Ermittle die Nullstelle der Funktion $y = -2x + 2$ sowohl zeichnerisch als auch rechnerisch.

4 Gegeben ist eine lineare Funktion $y = f(x)$ durch folgende Wertetabelle:

    a) Zeichne den Graphen der Funktion und gib seine Schnittpunkte mit den Koordinatenachsen an.

x	−1	0	0,25	1
y	−5	−1	0	3

    b) Schreibe eine Funktionsgleichung auf.

5 Erstelle eine Wertetabelle für die Funktion $y = f(x) = x^{-1}$ mit den Argumenten −2; −1; −0,5; −0,25; 0,25; 0,5; 1 und 2.

    a) Skizziere den Funktionsgraphen in einem Koordinatensystem.

    b) Beschreibe die Eigenschaften der Funktion.

    c) Berechne, für welches Argument der Funktionswert 10 ist.

6 Ermittle den Scheitelpunkt der abgebildeten Parabel und gib eine Funktionsgleichung an.

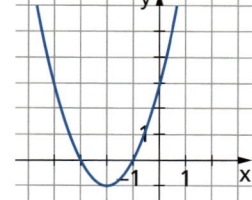

7 Zeichne den Funktionsgraphen für $y = f(x) = x^3$ im Intervall $-2 \leq x \leq 2$.

    a) Entscheide, welche Nullstellen die Funktion im angegebenen Intervall hat.

    b) Beschreibe das Monotonieverhalten der Funktion.

8 Skizziere den Graphen der Funktion $y = f(x) = 2 \cdot \sin x$ im Intervall $-2\pi \leq x \leq 3\pi$.

    a) Gib den Wertebereich der Funktion im gegebenen Intervall an.

    b) Schreibe alle Nullstellen in diesem Intervall auf.

Ob ich da meine Schablone nehme?

9 Gegeben sind die lineare Funktion $y = f(x) = 2x - 3$ und der Graph g einer linearen Funktion $y = g(x)$ durch die Punkte $P_1(-1; 4)$ und $P_2(0; 3)$.
  a) Zeichne beide Funktionsgraphen in das gleiche Koordinatensystem.
  b) Ermittle die Nullstellen beider Funktionen.
  c) Beschreibe den Verlauf der Geraden g durch eine Gleichung.
  *d) Berechne die Koordinaten des Schnittpunkts beider Funktionsgraphen.

10 Ein Stromanbieter A verlangt eine jährliche Grundgebühr von 38,60 € und 21 Cent pro Kilowattstunde. Ein Stromanbieter B möchte für jede Kilowattstunde 18 Cent bei einer Grundgebühr von 45,95 € pro Jahr. 🔍
  a) Stelle jeweils die Kosten in Abhängigkeit von der Anzahl der verbrauchten Kilowattstunden grafisch dar.
  b) Gib eine Funktionsgleichung zur Berechnung der Kosten für jeden Stromanbieter an. ✪
  *c) Ermittle rechnerisch, ab wie viel Kilowattstunden Anbieter B günstiger ist als Anbieter A. 🔍

11 Zeichne die Graphen der Funktionen $y = f(x) = x^2 - 4x + 1$ und $y = g(x) = x - 3$ mindestens im Intervall $-1 \leq x \leq 4$ in ein und dasselbe Koordinatensystem.
  a) Ermittle den Schnittpunkt beider Graphen im IV. Quadranten.
  b) Gib jeweils das Monotonieverhalten von $f(x)$ und $g(x)$ an.
  c) Zeige, dass die Funktion $y = f(x) = x^2 - 4x + 1$ genau zwei Nullstellen hat.

12 Gegeben sind die Funktionen $y = f(x) = x^2 + x - 6$ und $y = g(x) = -x - 3$.
  a) Zeichne die Graphen f und g beider Funktionen in ein und dasselbe Koordinatensystem.
  b) Berechne die Koordinaten der Schnittpunkte beider Funktionsgraphen.
  *c) Spiegele den Funktionsgraphen g an der y-Achse und benenne das Spiegelbild mit g'.
  *d) Berechne den Flächeninhalt des Dreiecks, das die beiden Geraden und die x-Achse miteinander bilden. 🔍

*13 Von einem radioaktiven Präparat zerfällt in 20 Jahren ein Anteil von 5 %. Das strahlende Material hatte im Jahr 2010 eine Masse von 8 g. 🔍
  a) Übertrage die Tabelle in dein Heft und fülle sie aus. Eine Einheit der Variablen x beträgt 20 Jahre, die Variable y ist die Masse in Gramm.
  b) Gib eine Funktionsgleichung für diesen Zerfallsprozess an.

x	0	1	2	3
Jahr	2010	2011		
y = f(x)	8			

Statistische Kenngrößen

Im Durchschnitt verbringen Schüler eine Stunde täglich am Computer.

Plant eine Befragung in eurer Klasse, führt sie durch, wertet sie aus und vergleicht mit dem Diagramm.

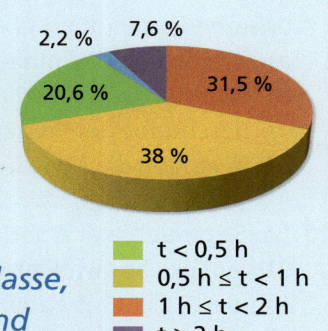

- t < 0,5 h
- 0,5 h ≤ t < 1 h
- 1 h ≤ t < 2 h
- t ≥ 2 h
- Weiß ich nicht.

Beispiel

Die **absolute Häufigkeit H(E)** gibt an, wie oft ein bestimmtes Ereignis E bei n Versuchen eintritt.

Punkte: 15; 31; 21; 21; 26; 27; 19
Zensuren: 5; 1; 3; 3; 2; 2; 4
$n = 7$

Relative Häufigkeiten können in Prozent angegeben werden.

Die **relative Häufigkeit h(E)** ist gleich dem Quotienten aus der absoluten Häufigkeit H(E) und der Anzahl n aller Versuche:

$$h(E) = \frac{H(E)}{n}$$

Zensur	1	2	3	4	5	6
H(E)	1	2	2	1	1	0
h(E) in %	14	29	29	14	14	0

Das **arithmetische Mittel $\bar{x}$** ist gleich dem Quotienten aus der Summe aller Werte und deren Anzahl:

$$\bar{x} = \frac{x_1 + x_2 + \ldots + x_n}{n}$$

Die **Spannweite w** ist die Differenz aus dem größten und dem kleinsten Wert:

$$w = x_{max} - x_{min}$$

Die **durchschnittliche absolute Abweichung d** von $\bar{x}$ ist das arithmetische Mittel aller Abstände der Werte x_i vom arithmetischen Mittel $\bar{x}$:

$$d = \frac{|x_1 - \bar{x}| + |x_2 - \bar{x}| + \ldots + |x_n - \bar{x}|}{n}$$

Punkte:

$$\bar{x} = \frac{15 + 31 + 21 + 21 + 26 + 27 + 19}{7} \approx 22,9$$

Zensuren:

$$\bar{x} = \frac{1 \cdot 1 + 2 \cdot 2 + 2 \cdot 3 + 1 \cdot 4 + 1 \cdot 5}{7} \approx 2,9$$

$$w_{Punkte} = 31 - 15 = 16$$
$$w_{Zensuren} = 5 - 1 = 4$$

Punkte:

$$d = \frac{7,9 + 8,1 + 1,9 + 1,9 + 3,1 + 4,1 + 3,9}{7} \approx 4,4$$

Zensuren:

$$d = \frac{2,1 + 1,9 + 0,1 + 0,1 + 0,9 + 0,9 + 1,1}{7} \approx 1,0$$

166

Aufgaben

1 Berechne das arithmetische Mittel und gib die Spannweite an.
a) 16,4; 16,9; 18,9   b) 4,2; 3,87; 7,6   c) 3,5; –4,5; –5,5; 6,5

2 Gib zwei Zahlen an, deren arithmetisches Mittel die angegebene Zahl ist.
a) 2   b) 2,2   c) 0   d) –5   e) –5,5

3 Gib zu den Zahlen 5; 11 und 13 eine weitere Zahl so an,
dass das arithmetische Mittel der vier Zahlen gleich 11 ist.

4 Zeige an einem Beispiel, wie sich das arithmetische Mittel von
fünf Zahlen ändert, wenn jede der Zahlen um 1 vergrößert wird.

5 In folgender Tabelle sind Sprungweiten erfasst: 🔍

Name	1. Sprung	2. Sprung	3. Sprung	4. Sprung	5. Sprung
Ben	4,16 m	4,34 m	4,88 m	4,90 m	3,99 m
Leon	4,25 m	4,34 m	4,56 m	4,66 m	4,82 m
Mia	3,22 m	3,58 m	3,42 m	3,50 m	3,52 m
Lea	2,99 m	3,95 m	3,35 m	3,88 m	2,76 m

a) Berechne für jede Person die durchschnittliche Sprungweite.
b) Berechne das arithmetische Mittel der vier Ergebnisse aus Aufgabe a.
c) Berechne das arithmetische Mittel aller 20 Messwerte.

6 Einhundert Kinobesucher wurden nach ihrem Alter befragt. 🔍

Alter	9	10	11	12	13	14	15	16	17
Anzahl	7	6	15	22	33	11	4	1	1

a) Berechne das Durchschnittsalter und gib die Spannweite der Daten an.
b) Veranschauliche die Daten in einem Diagramm. Kennzeichne darin
auch das Durchschnittsalter der Kinobesucher.

7 Im Diagramm sind die Halbjahres-
zensuren zweier Klassen im Fach
Mathematik dargestellt.
a) Interpretiere das Diagramm. ✪
b) Gib das arithmetische Mittel,
die Spannweite und die durchschnittliche absolute Abweichung an.

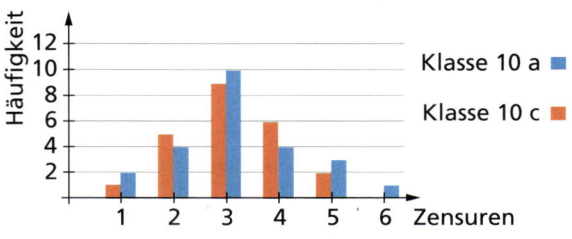

Zufällige Ereignisse

Die Wahrscheinlichkeit, vom Blitz getroffen zu werden, beträgt 1 : 20 Millionen, die für sechs Richtige im Lotto liegt etwa bei 1 : 15 Millionen.

Warum spielen dennoch viele Menschen Lotto?

Ein Vorgang mit verschiedenen Ergebnissen (bezogen auf ein Merkmal) ist ein **zufälliger Vorgang.**
Die Ergebnisse können nicht mit Sicherheit vorhergesagt werden.

Zufällige **Ereignisse E** sind Aussagen über das Eintreten von Ergebnissen. Alle Ergebnisse, die nicht zu dem Ereignis E gehören, bilden das **Gegenereignis $\overline{E}$.**

Das **sichere Ereignis A** beschreibt alle möglichen Ergebnisse.

Die relative Häufigkeit ist ein Näherungswert für die Wahrscheinlichkeit.

Es gilt: $\mathbf{P(E) + P(\overline{E}) = 1}$

Mehrstufiger Vorgang:
Ein zufälliger Vorgang aus mehreren Teilvorgängen

Mehrstufiger Vorgang	
1.	*Produktregel:* Wahrscheinlichkeiten entlang eines Pfades werden multipliziert.
2.	*Summenregel:* Wahrscheinlichkeiten an den Pfadenden werden addiert.

Ordne jedem Pfad im Baumdiagramm die zugehörige Wahrscheinlichkeit zu.

Beispiel

Vorgang: einmaliges Würfeln
Merkmal: gewürfelte Augenzahl

Ereignis:
E = {2; 4; 6} (gerade Zahlen)
$\overline{E}$ = {1; 3; 5} (ungerade Zahlen)

Sicheres Ereignis:
A = {1; 2; 3; 4; 5; 6}

Elementarereignisse:
E_1 = {1}; E_2 = {2}; E_3 = {3}; E_4 = {4};
E_5 = {5}; E_6 = {5}

$P(E_3) = \frac{1}{6} = 0,1\overline{6} \approx 16,6\,\%$

$P(E) = P(\overline{E}) = \frac{3}{6} = \frac{1}{2} = 0,5 = 50\,\%$

$P(E) + P(\overline{E}) = 0,5 + 0,5 = 1$

Vorgang: zweimaliges Würfeln
Merkmal: 6 tritt genau einmal auf

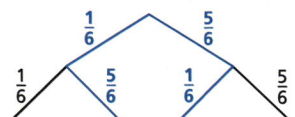

$\frac{1}{6} \cdot \frac{5}{6} = \frac{5}{36} \approx 13,9\,\%$

$P(A) = \frac{5}{36} + \frac{5}{36} = \frac{10}{36} = \frac{5}{18} \approx 27,8\,\%$

168

Aufgaben

1 Gib alle Ergebnisse an, die bei folgenden Vorgängen auftreten können:
   a) sichtbare Bilder nach dem gleichzeitigen Werfen zweier Münzen,
   b) die Farbe der Schachfigur bei einem beliebigen Zug

2 Gib das Gegenereignis an, wenn mit einem Würfel gewürfelt wurde.
   a) Es wird eine gerade Zahl gewürfelt.   b) Es wird keine 6 gewürfelt.
   c) Es wird eine Zahl gewürfelt, die kleiner als 3 ist.

3 Gib die Wahrscheinlichkeit beim Werfen eines Würfels an.
   a) Es wird eine 5 gewürfelt.   b) Es wird keine 6 gewürfelt.
   c) Es wird eine gerade oder eine ungerade Zahl gewürfelt.

4 Gib die Wahrscheinlichkeit für das Würfeln von „Rot" an, wenn der
   verwendete Würfel das abgebildete Netz hat.

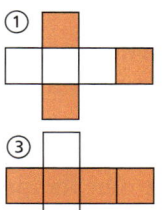

5 Skizziere ein Glücksrad mit roten und weißen
   Feldern. Die Gewinnchance beim Erdrehen
   eines roten Feldes soll wie folgt ausfallen:
   a) 0,5   b) $33\frac{1}{3}\,\%$ c) 75 %

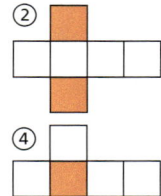

6 Eine Münze wird zweimal nacheinander geworfen.
   a) Zeichne ein Baumdiagramm für diesen Vorgang.
   *b) Bestimme die Wahrscheinlichkeit, dass zweimal die Zahl oben liegt.
   *c) Bestimme die Wahrscheinlichkeit, dass einmal die Zahl und einmal
       das Wappen oben liegt.

7 In einem Ziehungsbehälter befinden
   sich nur weiße und schwarze Kugeln.
   Gib die Wahrscheinlichkeit für das Ziehen
   einer weißen Kugel an.

	a)	b)	c)	d)
Weiß	100	50	100	1 000
Schwarz	100	100	50	2 000

*8 In einem Schaltkreis befinden sich vier voneinander
   unabhängig arbeitende Bauteile. Die Fehlerquote
   beträgt 0,2 % für das erste, 0,3 % für das zweite,
   0,4 % für das dritte und 0,5 % für das vierte Bauteil.
   a) Ermittle die Wahrscheinlichkeit dafür,
      dass alle vier Teile defekt sind.
   b) Mit welcher Wahrscheinlichkeit ist kein Teil defekt?

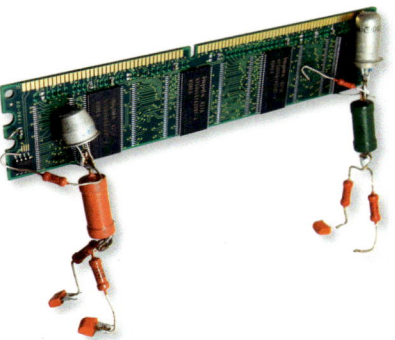

Diagramme zeichnen und interpretieren

Hier siehst du die Entwicklung der Werte zweier Aktienfonds.

Entscheide wann und begründe warum du Anteile gekauft hättest.

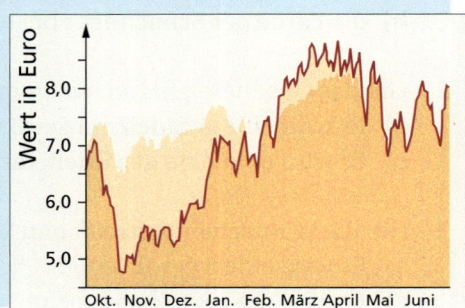

Liniendiagramme

In Liniendiagrammen sind sowohl Anteile als auch Entwicklungstendenzen gut erkennbar.

Beispiel

Stelle den Temperaturverlauf in einem Liniendiagramm dar. Ordne dazu die Temperaturen den jeweiligen Zeitpunkten zu.

Tag	Mo.	Di.	Mi.	Do.	Fr.	Sa.
ϑ in °C	38,5	39,2	39,5	39,0	38,2	37,8

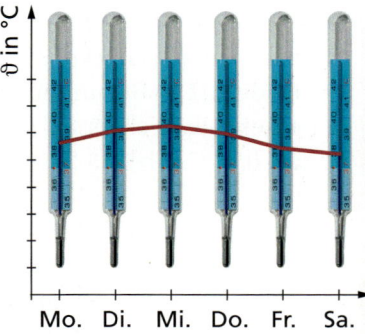

⊙ So kannst du vorgehen

▶ **Schritt 1**   Zeichne zwei zueinander senkrechte Achsen und teile beide Achsen sinnvoll ein.

▶ **Schritt 2**   Trage eine Größe auf der waagerechten und die andere Größe auf der senkrechten Achse ab.

▶ **Schritt 3**   Kennzeichne alle zusammengehörigen Größenangaben durch Punkte.

▶ **Schritt 4**   Verbinde die Punkte miteinander.

Wenn keine kontinuierlichen Messungen erfolgt sind, dürfen die Punkte nicht miteinander verbunden werden.
Gestrichelte Linien verdeutlichen lediglich den Kurvenverlauf.

170

Säulendiagramme

In Säulendiagrammen sind sowohl Anteile als auch Entwicklungstendenzen gut erkennbar.

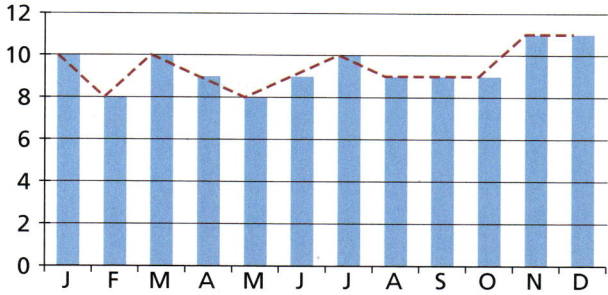

Beispiel

Stelle die durchschnittliche Anzahl der Regentage für den Arendsee in einem Säulendiagramm dar.

Ordne dazu die Temperaturen den jeweiligen Zeitpunkten zu.

Monat	J	F	M	A	M	J	J	A	S	O	N	D
∅	10	8	10	9	8	9	10	9	9	9	11	11

Du kannst ablesen, welche Monate die meisten (November und Dezember) und welche Monate die wenigsten (Februar und Mai) Regentage hatten und welche Entwicklungstendenz es im gesamten Jahr gegeben hat.

Zeichne Säulendiagramme wie Liniendiagramme (Schritt 1 bis 3). Zeichne im Schritt 4 Säulen (Rechtecke) gleicher Breite oberhalb der waagerechten Achse.

Kreis- und Streifendiagramme

In Kreis- und Streifendiagrammen sind Anteile einer Gesamtheit gut erkennbar. Die Anteile des Vollwinkels (360°) beim Kreis und die Anteile des Streifens entsprechen den Anteilen der Einzelwerte an der Gesamtheit.

Beispiel

Öle mit hohen Anteilen an einfach oder mehrfach ungesättigten Fettsäuren sind gesünder als solche mit niedrigeren Anteilen. In 100 g Rapsöl sind etwa 28 g einfache ungesättigte Fettsäuren, 66 g mehrfach ungesättigte Fettsäuren und 6 g gesättigte Fettsäuren enthalten.

Es gilt:

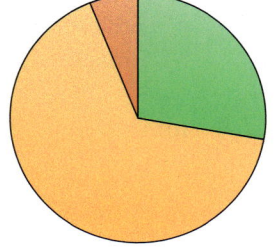

Arten der Fettsäure	m	Anteil	α
Einfach ungesättigt	28 g	28 %	$3{,}6° \cdot 28 = 100{,}8°$
Mehrfach ungesättigt	66 g	66 %	$3{,}6° \cdot 66 = 237{,}6°$
Gesättigt	6 g	6 %	$3{,}6° \cdot 6 = 21{,}6°$
Gesamt:	100 g	100 %	$3{,}6° \cdot 100 = 360°$

Aufgaben

1 Die Tabelle enthält die Besucherzahlen des Freibades einer Kleinstadt.
Jeder Besucher hat 3,00 € für den Eintritt bezahlt. 🔍

Monat	Mai	Juni	Juli	August	September
Anzahl	125	290	430	510	270

a) Veranschauliche die Besucherzahlen in einem Liniendiagramm.

b) Stelle die Einnahmen pro Monat in einem Säulendiagramm dar.

c) Die folgende Tabelle enthält die jeweiligen Anteile der Kinder und
Jugendlichen an den Besuchern:

Monat	Mai	Juni	Juli	August	September
Anteil	80 %	60 %	50 %	70 %	90 %

Berechne, wie viel Kinder und Jugendliche in den Monaten Mai bis
September monatlich das Freibad besucht haben, und übertrage diese
Angaben in das Säulendiagramm von Aufgabe 1b.

2 Die in der Tabelle aufgeführten Fahrzeuge legen eine Strecke von 60 km bei
gleichbleibenden Geschwindigkeiten in unterschiedlichen Zeiten zurück.
Die Angaben sind durchschnittliche Fahrzeiten. 🔍

Fahrzeug	Fahrrad	Traktor	Moped	Motorroller	Auto
Zeit	6 h	3 h	2 h	1,5 h	1 h

a) Stelle die *Fahrzeiten* der fünf Fahrzeuge in einem *Säulendiagramm*
und in einem *Liniendiagramm* dar.

b) Vergleiche die *durchschnittlichen Geschwindigkeiten* der Fahrzeuge in
einem *Säulendiagramm* und in einem *Liniendiagramm*.

c) Entscheide und begründe, ob die Punkte im Liniendiagramm
miteinander verbunden werden dürfen oder nicht. ✪

3 Stelle die Ergebnisse der letzten Klassenarbeit sowohl
in einem Säulen- als auch in einem Kreisdiagramm dar. 🔍 ✪ 👥

a) Erläutere, wie du vorgegangen bist.

b) Entscheide und begründe, welches Diagramm anschaulicher ist.

4 Informiert euch über Besucherzahlen öffentlicher Einrichtungen eures
Ortes, z. B. in der Bibliothek, im Freibad, im Museum, im Theater usw.
und stellt diese grafisch dar. Wählt selbstständig eine Diagrammart und
begründet eure Wahl. 🔍 ✪

Ob ich im
Internet suche
oder einfach mal
fragen gehe?

5 Von dem vorhandenen Vorrat an 50 Heften wurden je nach Bedarf in einer Woche täglich eine bestimmte Anzahl herausgegeben. 🔍

Tag	Mo.	Di.	Mi.	Do.	Fr.
Vorrat	45	40	30	26	10
Insgesamt ausgegeben	5	10	20	24	40

a) Stelle sowohl die Anzahl der verbliebenen als auch die Anzahl der ausgegebenen Hefte in einem Säulendiagramm dar.
b) Veranschauliche sowohl die Anzahl der verbliebenen als auch die Anzahl der ausgegebenen Hefte in einem Liniendiagramm.
c) Entscheide, ob ein proportionaler Zusammenhang vorliegt. Begründe deine Entscheidung. ✪

6 In einem Restaurant sind bestimmte Gerichte besonders „gefragt". Analysiere die Angaben und stelle sie in einem Diagramm anschaulich dar. 🔍 ✪

Schnitzel	30 %
Pizza	40 %
Salate	10 %
Sonstige	20 %

7 Das Diagramm zeigt die Ergebnisse einer Umfrage über das „Fernsehverhalten" von 500 Jugendlichen. Eine der Säulen fehlt. 🔍
a) Gib an, wie viele der befragten Jugendlichen wöchentlich 10 bis 20 Stunden vor dem Fernsehgerät sitzen.
b) Unter den befragten Jugendlichen befanden sich 180 Mädchen. Davon gaben 15 an, mehr als 30 Stunden pro Woche fernzusehen. Vergleiche diesen Anteil mit dem entsprechenden Anteil der Jungen.

*8 Luft hat in Bodennähe, wenn sie trocken und nicht verunreinigt ist, etwa folgende Zusammensetzung (in Volumenprozent): 🔍
a) Veranschauliche die Zusammensetzung der Luft in einem Kreisdiagramm. Fasse dabei alle Bestandteile außer „Stickstoff" und „Sauerstoff" als „Rest" zusammen.
b) Erstelle ein Kreisdiagramm für alle Bestandteile außer Stickstoff und Sauerstoff. Fasse dabei „Wasserstoff" und „andere Edelgase" als „Rest" zusammen. Arbeite möglichst in einer Tabellenkalkulation.

Bestandteil	Anteil in %
Stickstoff	78,08
Sauerstoff	20,95
Argon	0,93
Kohlendioxid	0,034
Wasserstoff	0,00005
andere Edelgase	0,00595

So kannst du vorgehen

Was bei mündlichen Prüfungen im Fach Mathematik wichtig ist:

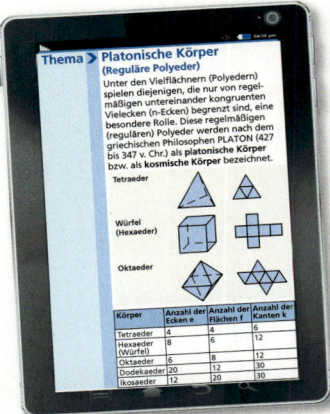

Bei mündlichen Prüfungen musst du zu einem vorgegebenen Prüfungsthema sprechen und zeigen, was du zu diesem Thema weißt und kannst. Das Thema muss sich nicht allein auf Lerninhalte der Klasse 10 beziehen, es kann auch Lerninhalte vorheriger Klassenstufen aufgreifen. Es sind insbesondere rhetorische Fähigkeiten (Redekunst) und Fähigkeiten zum überzeugenden Darstellen von Zusammenhängen wichtig.

Bereite dich umfassend auf mündliche Kontrollen und Prüfungen vor. Zeige alles, was du sicher beherrschst, und präsentiere dich vorteilhaft. Trainiere in der Vorbereitung auch deine rhetorischen Fähigkeiten. Beobachte dich dabei auch einmal im Spiegel.

▶ **Hinweise für die unmittelbare Vorbereitung auf eine mündliche Prüfung**

– Lies die Frage aufmerksam durch. Unterstreiche Signalworte und Wesentliches.
– Entscheide, was du erläutern oder interpretieren musst und welche Reihenfolge sinnvoll ist.
– Überlege Stichpunkte für die Antworten und schreibe diese übersichtlich auf. Verwende auch Tabellen und Zeichnungen.
– Halte einen kurzen Vortrag. Sprich dabei möglichst frei. Beginne mit einem einführenden Satz. Zeige am Ende, dass du fertig bist.

▶ **Tipps für das Verhalten während einer mündlichen Prüfung**

– „Denke" laut, sprich deutlich, langsam und hochdeutsch. Verwende kurze zusammenhängende Sätze.
– Brich eine mündliche Prüfung nicht vorzeitig ab.
– Deine Körpersprache spielt eine wichtige Rolle. „Mache dich nicht schlechter, als du bist." Solange du überzeugend sprichst, wird man dich kaum unterbrechen.

174

Aufgaben und Hinweise

Beantworte folgende Fragen:

„Wissensfrage":
Was versteht man unter einer Diskriminante?

„Denkfrage":
Wovon hängt die Anzahl der Nullstellen einer quadratischen Funktion ab?

„Wertungsfrage":
Welche Bedeutung haben Proben am Text?

„Analogiefrage":
Welche Gemeinsamkeiten haben quadratische Funktionen $y = x^2 + q$ und $y = x^2 + px$?

„Zusatzfrage":
Warum ist $y = 2$ die Gleichung einer linearen Funktion?

Funktionen

Lineare Funktionen

Quadratische Funktionen

Sinus-funktionen

$y = x^2 + q$

$y = x^2 + px$

$y = x^2 + 2$

$y = a \cdot \sin x$

$y = 2 \cdot \sin x$

Nutze u.a. solche Formulierungen:

Eingrenzen:
Ich beschränke mich auf ...

Meinung formulieren:
Ich bin der Meinung ...

Sachverhalt klären:
Das hat folgenden Grund ...

Vermeide solche Formulierungen:

- Mehr weiß ich nicht ...
- Das habe ich vergessen ...
- Ja, das war wohl alles ...
- Ach so ...
- Da fällt mir nur ein ...

Wovon hängt die Anzahl der Lösungen quadratischer Gleichungen der Form $x^2 + px + q = 0$ ab?

Stichpunkte:

Lösungsformel: $x_{1;2} = -\frac{p}{2} \pm \sqrt{D}$;   Diskriminante: $D = \frac{p^2}{4} - q$

Bedingungen: $D > 0$ (zwei Lösungen); $D = 0$ (eine Lösung); $D < 0$ (keine Lösung)

Beispiele: $x^2 + 2x - 1 = 0$

$x^2 - 2x + 1 = 0$

$x^2 - 4x + 5 = 0$

$D > 0$ $D = 0$ $D < 0$

x_1 x_2

$x_1 = x_2$

falsch richtig

⊜ Trainiere mit Methode

Aufgaben mit Anforderungen in mündlichen Prüfungen:

1 *Funktionsgraphen*
- Erstelle eine Übersicht über Funktionsarten und ihre Graphen.
- Ordne die folgenden Funktionen in die Übersicht ein:

  (1) $y = f(x) = x$ (2) $y = f(x) = 2^x$

  (3) $y = f(x) = 2$ (4) $y = f(x) = x^2$

  (5) $y = f(x) = x^3$ (6) $y = f(x) = \sin x$
- Zeichne die Graphen der Funktionen (1) bis (6) in ein Koordinatensystem und verdeutliche daran die Eigenschaften der Funktionen.

2 *Funktionen*
- Nenne Gemeinsamkeiten und Unterschiede der beiden Funktionen: $y = f(x) = x^2 - 3x - 4$ und $y = g(x) = 2x - 4$.
- Zeichne die Funktionsgraphen f und g in das gleiche Koordinatensystem und lies sowohl die Nullstellen als auch die Koordinaten der Schnittpunkte beider Funktionsgraphen ab.
- Ermittle die Nullstellen und die Koordinaten der Schnittpunkte beider Funktionsgraphen rechnerisch und vergleiche jeweils mit den Ergebnissen in Aufgabe b.
- Gib eine Funktion $y = h(x)$ an, deren Graph mit f und g keine gemeinsamen Schnittpunkte hat.

3 *Kreise und Geraden*
- Gib einen Überblick über Geraden und Strecken am und im Kreis. Zeige an einer Skizze deren typische Eigenschaften.
- Erläutere, von welchen Größen der Umfang eines Kreises und der Flächeninhalt eines Kreises abhängt und welcher Zusammenhang zwischen den Größen jeweils besteht.
- Gib den Umfang und den Flächeninhalt eines Kreises mit einem Radius von $r = 7{,}5$ cm an.
- Entscheide und begründe, wie lang eine Sehne in diesem Kreis höchstens werden kann.

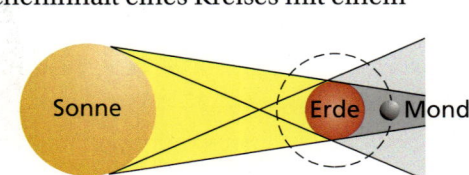

4 *Körper*
- Welche geometrischen Körper kennst du? Benenne sie und erläutere ihre typischen Eigenschaften an einer Skizze.
- Skizziere von einem Körper ein Körpernetz und ein Zweitafelbild. Erläutere daran, was du unter der Grundfläche und der Oberfläche verstehst.
- Gib die Höhe und den Oberflächeninhalt eines Zylinders mit einem Volumen von 462 cm^3 und einem Grundflächenradius von 3,5 cm an.

5 *Stochastik*
- Erkläre an einem Beispiel folgende Begriffe: Ergebnismenge, Häufigkeit, Wahrscheinlichkeit
- Sprich über die Ergebnismenge und über die Anzahl möglicher Ergebnisse beim Würfeln mit dem abgebildeten Oktaederwürfel.
- Gib die Wahrscheinlichkeiten für folgende Ereignisse an:
  - (A) Beim einmaligen Würfeln liegt die „3" unten.
  - (B) Beim einmaligen Würfeln liegt die „0" unten.
  - (C) Beim zweimaligen Würfeln liegt zuerst die „5" und dann die „1" unten.

6 *Gleichungssysteme*
- Erläutere an einem Beispiel, was beim rechnerischen und was beim zeichnerischen Lösen eines linearen Gleichungssystems zu beachten ist.
- Zeige, dass das nebenstehende Gleichungssystem unendlich viele Lösungen hat.
- Ein Blumenstrauß aus Rosen und Gerbera kostet 15,50 €. Es sind drei Rosen mehr als Gerbera. Eine Rose kostet 1,50 €, eine Gerbera 0,70 €. Berechne, wie viele Rosen und wie viele Gerbera verwendet wurden und kommentiere deinen Lösungsweg.

Gleichungssystem
(I) $y = 2x - 3$
(II) $2y = 4x - 6$

7 *Dreiecke*
- Gib einen Überblick über die Dreiecksarten und ihre Eigenschaften.
- Konstruiere das abgebildete Dreieck und berechne, wie lang die dritte Seite ist und wie groß die fehlenden Innenwinkel sind.
- Begründe, warum das Dreieck ABC mit $\overline{BC} = \overline{AC} = 3,0$ cm und $\overline{AB} = 7,5$ cm nicht konstruierbar ist.

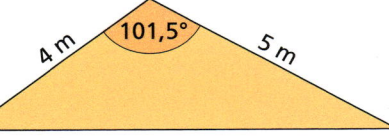

177

🖦 So kannst du vorgehen

Was bei der schriftlichen Prüfung im Fach Mathematik wichtig ist:

Die schriftliche Prüfung im Fach Mathematik besteht aus zwei Abschnitten, einem Pflichtteil 1 und einem Pflichtteil 2 mit Wahlpflichtteil.

– **Pflichtteil 1:** *Arbeitszeit:* 20 min,
  ohne Taschenrechner und *ohne* Formelsammlung

– **Pflichtteil 2 und Wahlpflichtteil:**
  Einlesezeit: 20 min, *Arbeitszeit:* 160 min
  mit dem zugelassenen Taschenrechner und
  der zugelassenen Formelsammlung

In die *Bewertung* gehen *alle Pflichtaufgaben* und *eine Wahlpflichtaufgabe* ein.

Eine der Wahlpflichtaufgaben muss für die Bewertung ausgewählt und mit Unterschrift auf dem Aufgabenblatt bestätigt werden. Neben einem Taschenrechner und einer Formelsammlung sind Zeichengeräte und ein Rechtschreibwörterbuch als Hilfsmittel zugelassen. Die Aufgaben des Pflichtteils 1 sind auf dem Arbeitsblatt zu lösen und werden vor Beginn des Pflichtteils 2 eingesammelt. Die Aufgaben der anderen Prüfungsteile werden nur auf Papier gelöst, das mit dem Schulstempel versehen ist. Zeichnungen und Konstruktionen sind auf unliniertem Papier auszuführen. Funktionsgraphen sind auf Millimeterpapier darzustellen. Lösungswege müssen nachvollziehbar und sauber dargestellt werden.

► **Hinweise für die Vorbereitung**

Übt die für einzelne Prüfungsteile typischen Aufgaben. Vergleicht eure Ergebnisse gegenseitig und entscheidet danach, was ihr noch einmal üben wollt. Achtet immer auf zugelassene Hilfsmittel. Schreibt sauber und notiert Zwischenschritte. Beginnt rechtzeitig zu üben. Organisiert eine „Generalprobe" und bittet eure Lehrer dabei um Hilfe.

► **Hinweise für die Durchführung**

Lest alles gut durch. Überlegt, ob und wie ihr ähnliche Aufgaben gelöst habt. Beginnt mit dem Einfachen. Schreibt zu jeder Aufgabe etwas auf. Formuliert eure Gedanken lückenlos, sprachlich korrekt und mathematisch exakt. Teilt eure Zeit gut ein. Hakt erledigte Aufgaben ab. Kontrolliert eure Lösungen auf Vollständigkeit und auf Richtigkeit.

Typische Aufgaben in schriftlichen Prüfungen (mit Lösungen)

		Aufgabe	Lösung
Pflichtteil 1 (ohne Hilfsmittel)	1	Berechne die Zahl x für: $\quad x = \frac{4 \cdot 10^2 \cdot 6 \cdot 10^{-1}}{8 \cdot 10^4}$	$x = 3 \cdot 10^{-3} = 0{,}003$
	2	Gib die Nullstellen an: $\qquad y = x^2 - 4$	$x_1 = 2$ und $x_2 = -2$
	3	Stelle die Formel nach a um: $\;\; A = \frac{(a+c)}{2} \cdot h$	$a = \frac{2A}{h} - c$
	4	Löse die Klammern auf und fasse so weit wie möglich zusammen: $\quad (2x+5) \cdot (4x-3)$	$8x^2 + 14x - 15$
	5	Ermittle die Zahlen. Führe eine Probe durch. *Die Summe zweier Zahlen ist 3. Das Dreifache der einen Zahl vermindert um 5 ergibt die andere Zahl.*	$x + y = 3$ und $3x - 5 = y$ $x = 2$ und $y = 1$ *Probe:* $\quad 2 + 1 = 2 \qquad$ (wahr) $\qquad\qquad 2 \cdot 3 - 1 = 5 \quad$ (wahr)

		Aufgabe	Lösung
Pflichtteil 2 (mit Hilfsmitteln)	6	Zeichne die Punkte A(–2; 0) und B(0; 4) in ein Koordinatensystem. Berechne die Länge von $\overline{AB}$ und runde auf ganze Millimeter.	$\overline{AB} = \sqrt{4\ cm^2 + 16\ cm^2}$ $\overline{AB} = \sqrt{20}\ cm = 4{,}472\ldots\ cm$ $\overline{AB} = 45\ mm$
	7	Ein Lkw braucht etwa 22,5 *l* Diesel auf 100 km. a) Berechne den Verbrauch auf 5 000 km. b) Berechne, wie viel Prozent Diesel auf 5 000 km eingespart werden, wenn es auf 100 km etwa 2,5 Liter weniger sind.	$22{,}5\ l \cdot 50 = 1125\ l$ $\frac{x}{20} = \frac{100}{22{,}5} \quad \rightarrow \quad x = 88{,}\overline{8}$ Es sind 11,1 %.
	8	Zeichne ein Dreieck ABC mit $\overline{AB} = c = 8{,}9\ cm$, $\overline{AC} = b = 6{,}7\ cm$ und $\overline{BC} = a = 9{,}7\ cm$. a) Miss den Winkel $\alpha = \sphericalangle BAC$. b) Berechne den Winkel $\alpha = \sphericalangle BAC$.	$\cos \alpha = \frac{b^2 + c^2 - a^2}{2bc}$ $\cos \alpha = 0{,}2516\ldots$ $\alpha \approx 75{,}4°$

		Aufgabe	Lösung
Wahlpflichtteil		Gegeben ist die Funktion $y = \frac{1}{2}x^2 - 2$. a) Erstelle eine Wertetabelle im Intervall $-3 \leq x \leq 3$. b) Zeichne die Funktion im Intervall $-3 \leq x \leq 3$. c) Berechne den Scheitelpunkt. d) Berechne die Nullstellen. e) Welche Punkte P der Parabel haben die y-Koordinate $y_P = -1$? Berechne die x-Koordinaten dieser Punkte.	

x	–3	–2	0	2	3
y	2,5	0	–2	0	2,5

Trainiere mit Methode

Aufgaben, bei denen keine Hilfsmittel erlaubt sind

1 Kürze so weit wie möglich:

   a) $\frac{50}{100}$ b) $\frac{15}{12}$ c) $\frac{27}{15}$ d) $\frac{45}{30}$

2 Berechne:

   a) $2\,\text{kg} + 200\,\text{g}$ b) $15\,\text{m} - 155\,\text{cm}$ c) $1,5\,\text{m}^2 + 15\,\text{cm}^2$

3 Berechne von Figur ① und von Figur ② sowohl den Umfang als auch den Flächeninhalt.

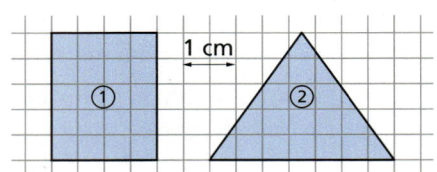

4 Berechne:

   a) $4,8 : 6$ b) $1,4 - \frac{1}{4}$ c) $1,1\text{h}^{-2}$

5 Bei einem Quader sind alle Kantenlängen gleich groß. Gib eine Formel für das Volumen an, die diese Bedingung berücksichtigt.

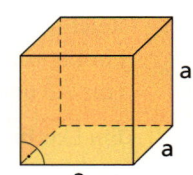

6 Entscheide, welche Überschläge für die Aufgabe $(1,8 \cdot 10^3 + 1,2 \cdot 10^2)^2$ zutreffen.

   (A) $4 \cdot 10^4$ (B) $400\,000$ (C) $4 \cdot 10^6$ (D) $4\,000\,000$

7 Bei einer Dreiecksäule (regelmäßiges dreiseitiges Prisma) sind alle Seitenkanten gleich groß. Gib sowohl eine Formel zur Berechnung des Volumens als auch eine Formel zur Berechnung des Inhalts der Mantelfläche an, die diese Bedingung berücksichtigen.

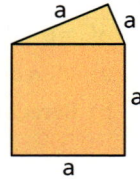

8 Ermittle das Durchschnittsalter der fünf Personen.

Name	Maja	Moritz	Mia	Max	Marie
Alter	11	12	13	14	15

9 Skizziere die vier Körper in deinem Heft und markiere jeweils die Körperhöhe farbig.

① 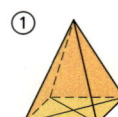   ② 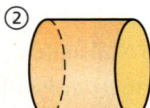   ③ 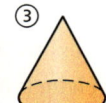   ④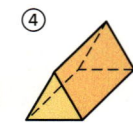

10 Gib die Scheitelpunktskoordinaten an.

a) $y = f(x) = x^2$ b) $y = g(x) = x^2 - 4$ c) $y = h(x) = (x - 4)^2$

11 Gib in den Dreiecken ① und ② jeweils die Größe des Winkels α an.

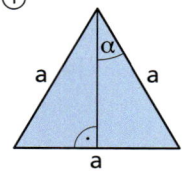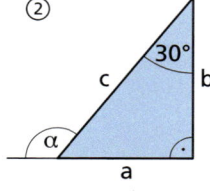

12 Entscheide, welche Formeln für die Berechnung des Volumens eines Quaders mit quadratischer Grundfläche zutreffen.

(A) $V = 2 \cdot a \cdot b$ (B) $V = a^2 \cdot b$ (C) $V = a \cdot a \cdot b$ (D) $V = a \cdot b \cdot b$

13 Forme um und vereinfache so weit wie möglich.

a) $8 - (2x + 4)$ b) $8 \cdot (2x + 4)$ c) $8 : (2x + 4)$

14 Berechne den Termwert für $x_1 = 5$ und für $x_2 = -0{,}5$.

a) $8 - (2x + 4)$ b) $8 \cdot (2x + 4)$ c) $8 : (2x + 4)$

15 Entscheide, welches Zahlenpaar die richtige Lösung für $x^2 - 4x = y$ ist.

A(0; 4)   B(−4; 0)

C(0; −4)   D(4; 0)

16 a) Lies ab, nach wie vielen Jahren das Kapital 1 100 € beträgt.

b) Entscheide und begründe, ob Sparvertrag A oder Sparvertrag B der günstigere Vertrag für den Sparer ist.

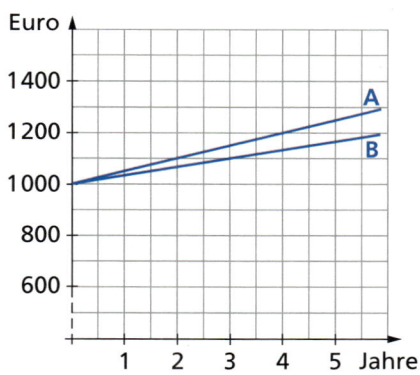

17 Für welche einstelligen natürlichen Zahlen a ist der Termwert von $\frac{a+6}{a-5}$ auch eine natürliche Zahl?

18 In einem Kartenspiel befinden sich die vier abgebildeten Karten. Die Wahrscheinlichkeit, dass eine dieser Karten zufällig gezogen wird, beträgt $\frac{1}{8}$. Aus wie vielen Karten besteht das Kartenspiel?

181

⊜ Trainiere mit Methode

Aufgaben, bei denen Hilfsmittel erlaubt sind

1 Rechne jeweils zuerst schriftlich und danach mit dem Taschenrechner.
   a) Bilde die Summe der Zahlen 3,6785; 40,98; 9 960,23; 78 ; 0,047.
   b) Subtrahiere die Zahlen 5,788; 34,56; 709,85 und 22 von der Zahl 1 555.
   c) Bilde das Quadrat vom Produkt der Zahlen 3,8 und 7,3.
   d) Bilde den Quotienten der Zahlen 726,36 und 12.

2 Ein Lottogewinn in Höhe von 280 000 € wird nach dem Zurücklegen
einer „Reserve" von 500 € zu gleichen Teilen auf die fünf Teilnehmer
einer Spielergemeinschaft ausgegeben. Einer der Spieler möchte seinen
Anteil zu gleichen Teilen auf die Sparkonten seiner drei Enkelkinder
einzahlen. Berechne, wie viel Euro er jeweils einzahlt.

3 Von einer 6,25 m langen Leiste werden zwei Teile mit jeweils einer
Länge von 0,85 cm und vier Teile mit jeweils einer Länge von 0,95 cm
abgeschnitten. Der Rest wird in drei gleich große Stücke zerteilt.
Berechne, wie lang eines dieser drei „Reststücke" ist.

4 Gegeben sind zwei Funktionen $y = f(x) = mx + n$ und $y = g(x) = x^2 + px + q$.
Der Funktionsgraph f hat die Nullstelle $x_0 = 3$ und schneidet die y-Achse im
Punkt P(0; 3). Der Funktionsgraph g hat die Nullstellen $x_1 = x_2 = 3$.
   a) Zeichne beide Funktionsgraphen im Intervall $-2 \le x \le 3$ in ein und
      dasselbe Koordinatensystem und lies die gemeinsamen Schnittpunkte
      der beiden Funktionsgraphen ab.
   b) Ermittle Zahlenwerte für m, n, p und q.
      Gib dann jeweils die zugehörige Gleichung für jede Funktion an.
   c) Berechne die Koordinaten des Schnittpunkts beider Funktionsgraphen
      im I. Quadranten.

5 Die Anzahl der Diagonalen d in einem Vieleck (n-Eck) ist von der Anzahl
der Eckpunkte n abhängig. Es gilt folgende Formel: $d = \dfrac{n \cdot (n-3)}{2}$
   a) Entscheide und begründe, ob die
      Formel auch für Dreiecke gilt.
   b) Prüfe sowohl zeichnerisch als auch
      rechnerisch, ob ein Zwölfeck
      insgesamt 56 Diagonalen hat.

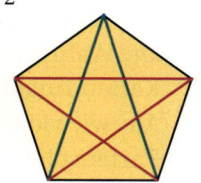

6 a) Der Preis von 15,00 € für einen Taschenrechner wurde zuerst um 20 % und dann noch einmal um 10 % gesenkt.

– Berechne, wie viel Euro der Taschenrechner nach der zweiten Preissenkung kostet.

– Entscheide und begründe, ob hier insgesamt eine dreißigprozentige Preissenkung vorliegt.

b) Zeichne ein Netz des abgebildeten Körpers, bei dem alle Seitenkanten die gleiche Länge a = 3,5 cm haben, und berechne seinen Oberflächeninhalt.

c) Die Tabelle zeigt Ergebnisse einer Befragung, die mit Formeln in einer Tabellenkalkulation (Spalte G und Zeile 3) ausgewertet wurden:

	A	B	C	D	E	F	G
1	Lieblingsfarbe	Blau	Gelb	Grün	Orange	Rot	Summe
2	Absolute Häufigkeit	7	3	3	2	5	20
3	Relative Häufigkeit	0,35	0,15	0,15	0,10	0,25	1,00

– Schreibe die Formeln für die Zellen G2 und B3 auf.

– Gib für Zelle G3 zwei unterschiedliche Formeln an.

d) Auf einem Schulfest wurden insgesamt 33,60 € beim Verkauf der abgebildeten Muffins eingenommen. Lucas meint, dass der Erlös um 10 % höher gewesen wäre, wenn der Stückpreis 0,33 € betragen hätte. Anna glaubt, dass dies auch bei einer Verringerung des Stückpreises um 10 % möglich gewesen wäre. Zeige, dass Lucas recht hat.

0,30 Cent

7 Ein Sandkegel hat einen Umfang von 42,5 m und eine Höhe von 6,50 m.

a) Prüfe und begründe, ob es mehr oder weniger als 250 m³ Sand sind.

b) Berechne, wie groß der Böschungswinkel α des Sandhaufens ist.

c) Ein anderer Sandkegel mit der gleichen Grundfläche wie in der Zeichnung hat einen Böschungswinkel von etwa 45°. Berechne die Höhe von diesem Sandkegel und gib diese auf zwei Dezimalstellen gerundet an.

183

⊜ Trainiere mit Methode

8 In einer Küche werden täglich 15 kg
   Kartoffeln benötigt. Im Lager sind noch
   220 kg davon vorhanden.

a) Stelle die Abnahme des Lager-
   bestandes an Kartoffeln in einem
   Koordinatensystem zeichnerisch dar.
b) Beschreibe den Sachverhalt durch eine Funktionsgleichung.
c) Gib an, wie viel Kilogramm Kartoffeln nach einer Woche (7 Tage)
   noch im Lager sind.
d) Berechne, wie viele Tage der Lagerbestand reicht.
   Gib an, wie viel Kilogramm dabei noch als Restbestand bleiben.
e) Berechne, wie viele Tage die Küche mit Kartoffeln versorgt werden
   könnte, wenn nach 7 Tagen zusätzlich 100 kg Kartoffeln zur Verfügung
   stehen würden.

Der Sachverhalt soll in
einer Tabellenkalkulation
bearbeitet werden.
Gib die Formeln für die
Zellen B4, C4, D4 und E4 an.

	A	B	C	D	E
1	Anfangsbestand:	220			
2	Tägliche Abnahme:	15			
3	Anzahl der Tage	1	2	3	4
4	Lagerbestand	220			

9 Im Diagramm sind die Anteile der Ausgaben für Energie in einem Haushalt für
   den Monat September dargestellt.

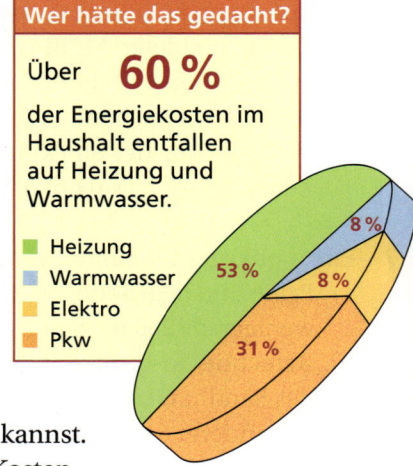

Wer hätte das gedacht?

Über **60 %**
der Energiekosten im
Haushalt entfallen
auf Heizung und
Warmwasser.

🟩 Heizung
🟦 Warmwasser
🟧 Elektro
🟧 Pkw

53 %
8 %
8 %
31 %

a) Berechne, wie viel Euro für Heizung
   und Warmwasser insgesamt bei
   einem Gesamtbetrag von 138,00 €
   am Monatsende ausgegeben wurden.
b) Stelle die Ergebnisse auch in einem
   Prozentstreifen und in einem
   Säulendiagramm dar.
c) Erläutere an einer Beispielrechnung
   für den „Pkw-Anteil", wie du mit den
   Angaben ein Kreisdiagramm erstellen kannst.
d) Lea meint, dass bei Verringerung der Kosten
   für Heizung, Warmwasser, Elektro und Pkw jeweils um 1 % auch die
   Gesamtkosten um 1 % geringer wären. Tom entgegnet: „Dann sind es
   doch aber nur noch 96 %." Werte die Aussagen von Tom und Lea.

184

10 Stell dir vor, dass eine Spielgemeinschaft aus fünf Lottospielern einen Gewinn von einer Million Euro in 1-Cent-Stücken ausgezahlt bekommt.

1 Cent
Durchmesser: 16,25 mm
Dicke: 1,67 mm
Masse: 2,30 g
Form: rund
Farbe: rot

a) Gib an, wie viele Münzen das insgesamt sind und berechne, wie hoch ein Turm aus all diesen Münzen wäre.

b) Prüfe und begründe, ob die fünf Personen das Geld in fünf Geldsäcken tragen könnten, wenn jeder maximal 75 kg anheben kann.

c) Ermittle, wie viel Kilogramm alle Schüler deiner Klasse auf die Waage bringen und entscheide, wievielmal schwerer der in 1-Cent-Stücken ausgezahlte Lottogewinn ist.

d) Berechne, wie viele Portionen Zuckerwatte verkauft werden müssten, um eine Million Euro einzunehmen, und wie viel Kilogramm Zucker dafür notwendig sind.

Eine Portion
5–10 g Zucker

Preis:
0,80 Euro

11 Gegeben ist folgende Konstruktionsbeschreibung:

① Zeichne eine Strecke $\overline{AD}$ = 10 cm.

② Kennzeichne auf $\overline{AD}$ einen Punkt B, der 4 cm von A entfernt ist.

③ Zeichne über $\overline{AB}$ um A und um B jeweils einen Kreisbogen mit r = $\overline{AB}$ und nenne den Schnittpunkt C.

④ Zeichne über $\overline{BD}$ um B und um C jeweils Kreisbögen mit r = $\overline{BD}$ und nenne den Schnittpunkt E.

⑤ Verbinde den Punkt C mit den Punkten A und B und den Punkt E mit den Punkten B und D.

⑥ Verbinde sowohl die Punkte A und E als auch die Punkte C und D miteinander.

a) Führe die Konstruktion nach dieser Beschreibung aus.

b) Berechne den Umfang des Dreiecks ABC.

c) Berechne den Flächeninhalt des Dreiecks BDE.

d) Begründe, warum die Dreiecke ABC und BDE zueinander ähnlich sind.

185

⊜ Trainiere mit Methode

12 Bei der Produktion von 2 000 Taschenlampen
entstehen Kosten von 12 460 €. Durch den
Einsatz einer automatischen Lötanlage
können die Produktionskosten pro Lampe
um 0,50 € gesenkt werden. Für die Anschaffung
und den Einbau der Lötanlage entstanden einmalige Kosten von 300 €.

a) Berechne die Produktionskosten für eine Lampe vor und nach dem
Einbau der Lötanlage.

b) Um wie viel Prozent haben sich die Produktionskosten
für 2 000 Taschenlampen durch den Einbau der Lötanlage verringert?

c) Entscheide und begründe, wie viele Taschenlampen mindestens
produziert werden müssen, damit die Einsparung größer ist als
die Anschaffungs- und Einbaukosten für die Lötanlage.

13 Noahs Bruder bekommt im zweiten Lehrjahr von seinen 580 € Lehrlingsgeld nur 342,20 € ausgezahlt, da er Versicherungsbeiträge zahlen muss.

a) Berechne, wie viel Prozent er für die
Versicherungsbeiträge insgesamt zahlt.

b) Er zahlt für ein 16 m² großes Zimmer
in einer Wohngemeinschaft monatlich
74,56 €. Berechne den Quadratmeterpreis.

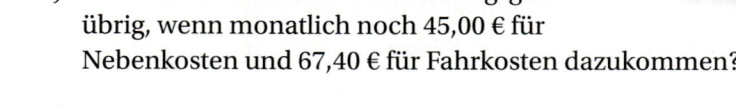

c) Wie viel Euro bleiben vom Lehrlingsgeld
übrig, wenn monatlich noch 45,00 € für
Nebenkosten und 67,40 € für Fahrkosten dazukommen?

14 Aus 23 Baumstämmen mit jeweils einer Länge
von 3,60 m wird die abgebildete Giebelwand
eines Holzhauses gebaut. Die Höhen neben-
einanderstehender Teile unterscheiden
sich jeweils um 0,10 m.

a) Berechne die Gesamtlänge der
23 Teile.

b) Entscheide und begründe, wie
viele „Reststücke" nach dem
Zuschneiden übrigbleiben.

c) Gib die Gesamtlänge dieser
„Reststücke" an. Kontrolliere.

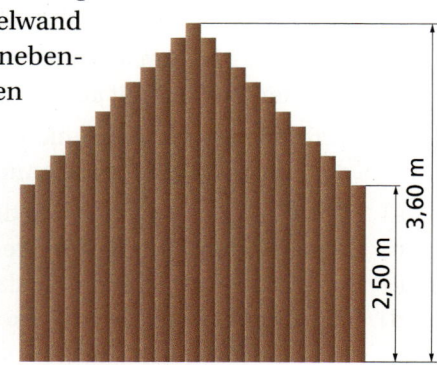

186

Prüfungsarbeit 1

Pflichtteil 1 (ohne Hilfsmittel)

1 Löse die folgenden Aufgaben im Kopf:
a) $1{,}5 + \frac{2}{5}$ b) $\frac{1}{2} - 0{,}75$ c) $0{,}4^2$

2 Rechne in die angegebene Einheit um.
a) $3{,}05$ kg in Gramm b) 250 mm^2 in Quadratzentimeter

3 Übertrage die Fläche in dein Heft und färbe 20 % davon.

4 Entscheide, welcher Überschlag bei folgender Aufgabe zutrifft:
Aufgabe: $3\,545{,}8 : 49{,}5$

(A)	(B)	(C)	(D)
35	70	700	350

5 Gib den Flächeninhalt eines 5 m langen und 8 m breiten Rechtecks an.

6 5 kg einer Apfelsorte kosten 10 €. Berechne den Preis für 3 kg dieser Sorte.

7 Entscheide und begründe, an welcher Stelle beim Umformen der Gleichung ein Fehler gemacht wurde.

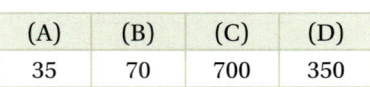

$$10(x-1) = 4(2x+3)$$
$$10x - 1 = 8x + 12$$
$$2x = 13$$
$$x = 6{,}5$$

8 Gib den Scheitelpunkt des Funktionsgraphen von $y = x^2 - 4$ an.

9 $y = f(x) = 4x + 1$ beschreibt eine Gerade f im Koordinatensystem. Gib eine andere Gleichung für eine Gerade g an, die zur Geraden f parallel ist.

10 Gib eine Gleichung zur Berechnung von α an.

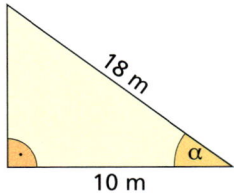

11 Berechne von den Zensuren 1; 3; 2; 1 und 2, die Lena in fünf Testarbeiten bekommen hat, den Zensurendurchschnitt.

12 Unter den 200 Losen in einer Lostrommel sind 20 Gewinnlose. Ermittle die Wahrscheinlichkeit, beim ersten Ziehen ein Gewinnlos zu bekommen.

13 Entscheide, welche der Abbildungen kein Würfelnetz ist.

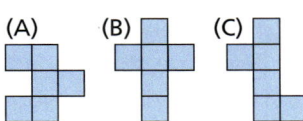

187

📄 Trainiere mit Methode

Pflichtteil 2 (mit Hilfsmitteln)

1 a) Ein Händler gibt auf alle Hosen 20 % Rabatt. Berechne, wie viel Euro eine Hose kostet, die ohne Rabatt 89,95 € gekostet hat.

   b) Auf einer Landkarte mit einem Maßstab 1 : 50 000 misst Tim die Breite eines Waldstücks mit 3,5 cm. Berechne, wie breit das Waldstück in Wirklichkeit ist.

   c) Die Längen der Katheten eines rechtwinkligen Dreiecks betragen 3,0 cm und 7,0 cm. Berechne die Länge der Hypotenuse.

   d) Hier ist ein zusammengesetzter Körper im Schrägbild dargestellt. Der Verzerrungswinkel beträgt $\alpha = 45°$ und das Verkürzungsverhältnis $q = \frac{1}{2}$. Entnimm die Maße der Zeichnung und stelle den Körper in einem Zweitafelbild dar.

   e) Die Tabelle enthält Ergebnisse einer Umfrage. Stelle die Ergebnisse in einem Kreisdiagramm dar.

Bus	Zu Fuß	Fahrrad	Auto
55 %	30 %	10 %	5 %

2 Gegeben ist der Graph g einer linearen Funktion y = g(x) durch die Punkte A(0; –3) und B(2; 0) und die Gleichung einer quadratischen Funktion $y = f(x) = x^2 - 2x - 3$.

   a) Zeichne beide Funktionsgraphen mindestens im Intervall $-2 \leq x \leq 4$.

   b) Gib den Scheitelpunkt und die Nullstellen der Funktion y = f(x) an.

   c) Ermittle die Koordinaten der Schnittpunkte der beiden Funktionsgraphen rechnerisch.

3 Gegeben ist ein Dreieck ABC durch seine (nicht maßstabsgerechte) Planfigur.

   a) Berechne den Flächeninhalt des Dreiecks ABC.

   b) Berechne den Umfang des Dreiecks ABC.

   c) Begründe, warum das Dreieck eindeutig konstruierbar ist.

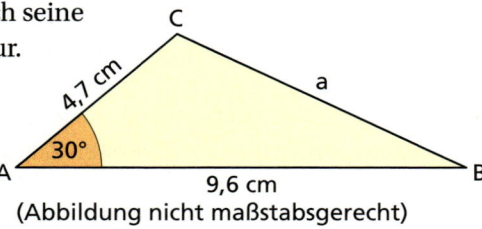

(Abbildung nicht maßstabsgerecht)

188

Wahlpflichtaufgaben (mit Hilfsmitteln)

1 Felix spart 500 € zu einem Zinssatz von 2,8 % für drei Jahre.
Die Zinsen werden am Jahresende jeweils immer mitverzinst.

a) Berechne, welchen Betrag Felix nach drei Jahren ausgezahlt bekommt.

b) Gib eine Formel für die Zelle B5 an, mit der in einer Tabellenkalkulation das Guthaben nach einem Jahr berechnet werden kann.

c) Schreibe die Formel für die Zelle B5 so, dass sie in die Zellen B6 und B7 kopiert werden kann.

	A	B
1	Anfangskapital:	500 €
2	Zinssatz:	2,8%
3		
4	nach Jahr ...	Geldbetrag
5	1	
6	2	
7	3	

d) Berechne, bei welchem Zinssatz sich die 500 € in drei Jahren auf das 1,2-Fache erhöhen würden.

2 Lina und Anna spielen oft Tischtennis gegeneinander.
Lina hat bisher 60 % aller Spiele gewonnen.

a) Zeichne ein Baumdiagramm für den Fall, dass Lina und Anna zweimal gegeneinander spielen. Schreibe jeweils die zugehörigen Gewinnwahrscheinlichkeiten an die Äste des Baumdiagramms.

b) Berechne die Wahrscheinlichkeit dafür, dass
(1) Anna beide Spiele gewinnt,
(2) beide Spielerinnen jeweils genau ein Spiel gewinnen.

c) Nun soll Pia gegen Anna spielen und mit einer Wahrscheinlichkeit von 32,49 % gegen Anna zwei aufeinanderfolgende Spiele gewinnen. Mit welcher Wahrscheinlichkeit gewinnt Pia eins der Spiele?

3 Ein Transportunternehmen soll quaderförmige Mauersteine aus Kalksandstein mit einer Dichte von $\varrho = 1{,}4 \, \frac{\text{kg}}{\text{dm}^3}$ transportieren.
Jeder Stein hat zwei zylinderförmige Bohrungen.
Jede Bohrung hat einen Durchmesser von 40 mm.

a) Berechne das Volumen eines Mauersteins.

b) Berechne, wie oft ein Lkw mit einem maximalen Ladevermögen von 2,5 t mindestens fahren muss, um 500 solcher Mauersteine auf eine Baustelle zu bringen. Begründe deine Lösung.

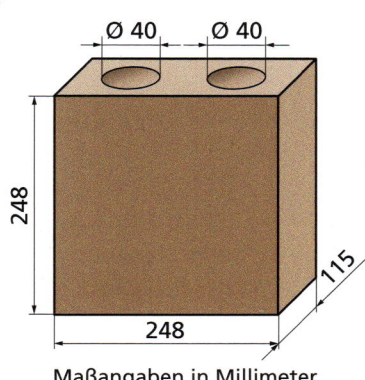

Maßangaben in Millimeter

189

 **Trainiere mit Methode**

Prüfungsarbeit 2

Pflichtteil 1 (ohne Hilfsmittel)

1 Gib einen gemeinen Bruch an, der zwischen 0,14 und $\frac{1}{4}$ liegt.

2 Ordne die folgenden Angaben der Größe nach, mit dem kleinsten Wert beginnend: 0,440 km;   444 m;   44 440 mm

3 Entscheide, welcher der folgenden Terme das Dreifache einer beliebigen Zahl vermindert um 4 beschreibt:
① $3 \cdot x - 4$ ② $3 \cdot (x - 4)$ ③ $4 \cdot x - 3$ ④ $4 - 3 \cdot x$

4 Entscheide, welche der folgenden vier Funktionsgleichungen die Gerade (I) und welche die Gerade (II) beschreibt.
① $y = -x + 2$ ② $y = \frac{1}{2}x + 2$
③ $y = 2 \cdot x - 4$ ④ $2 \cdot y = -4x$

5 Gib den abgebildeten Maßstab als Streckenverhältnis an:

0 m   100   200   300   400

6 Entscheide, ob ein Rechteck auch wie folgt bezeichnet werden kann:
① als spezielles Quadrat,   ② als spezielles Trapez,
③ als spezielles Parallelogramm,   ④ als spezielles Drachenviereck.

7 Berechne die Größe des Winkels γ im Dreieck ABC.

8 Skizziere das Zweitafelbild eines Kegels, dessen Durchmesser und dessen Höhe gleich groß sind.

9 Zeichne den Funktionsgraphen $y = f(x) = x^2 - 2$ in ein Koordinatensystem und gib die Koordinaten des Scheitelpunktes und die Nullstellen an.

10 Jens hat in einer Tabellenkalkulation aus den vier Teilzensuren eine Durchschnittszensur berechnet.
Gib eine Formel für Zelle C7 an.

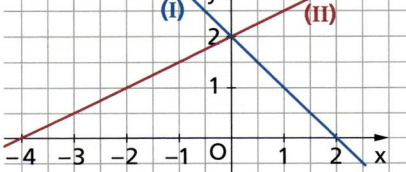

	A	B	C
1	Mathematik		
2	1. Arbeit		3
3	2. Arbeit		2
4	3. Arbeit		3
5	Mündliche Note:		1
6			
7	Zensurendurchschnitt:		2,25

190

Pflichtteil 2 (mit Hilfsmitteln)

1 a) Elias soll aus den verdeckten Karten zweier
Kartenstapel jeweils eine Karte ziehen.
1. Stapel: Karoass, Pikass, Herzass und Kreuzass
2. Stapel: Herzbube und Kreuzbube
Mit welcher Wahrscheinlichkeit zieht Elias das
Herzass und den Herzbuben?

b) In einem Hochseilgarten soll ein Drahtseil zwischen
zwei Bäumen über einen Fluss gespannt werden.
– Ermittle die Seillänge zeichnerisch und rechnerisch.
– Berechne, um wie viel Prozent die errechnete Länge
von der zeichnerisch ermittelten Länge abweicht.

c) Löse das folgende Gleichungssystem rechnerisch:
(I) $y + 5 = 2x$
(II) $3y = 4x - 3$

d) Lea hat in der letzten Schülerzeitung
eine lustige Zeichnung gefunden.
Kommentiere und werte die beiden Aussagen.

2 Die Schülerfirma „Lichterglanz" möchte Kerzen für
Weihnachtsgestecke gießen. Aus 1 kg Granulat kann
1 Liter flüssiges Wachs gewonnen werden.

a) Berechne, wie viel Kilogramm Granulat für
120 der abgebildeten Kerzen notwendig sind.

b) Als Unterlage sollen quadratische Holzplatten
dienen. Jede Kerze soll jeweils in der Mitte so angebracht werden,
dass bis zum Rand der Platte 3 cm Abstand bleibt.
Untersuche, ob eine 2 m² große quadratische Holzplatte
für 120 solcher Unterlagen ausreicht.

c) Es wurde wie folgt kalkuliert:
– *Kerzengranulat:* $6{,}70 \frac{€}{kg}$
– *Holzplatten:* $20 \frac{€}{m^2}$
– *Dekoration:* 1,50 € pro Kerze

d) Werte den kalkulierten Preis von 7,50 € für ein
Kerzengesteck.

Stapel 1:

Stapel 2:

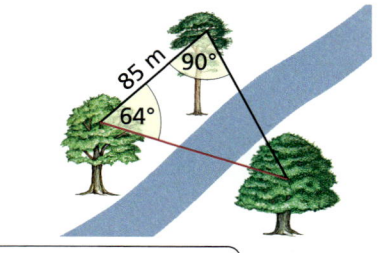

Das letzte Mal hattest du 10 Rechenfehler. Diesmal sind es 10 % weniger.

Juhu! 0 Fehler!

7 cm

20 cm

3 cm

191

⊜ Trainiere mit Methode

3 Die Punkte A, B und C liegen auf der Geraden f in einem rechtwinkligen Koordinatensystem. Der Punkt D liegt auf der x-Achse.

a) Die Gerade f schneidet die beiden Koordinatenachsen in den Punkten A und B.

   Lies die Koordinaten der Punkte A und B ab.

b) Berechne die Länge von $\overline{AB}$.

c) Berechne die Größen der Innenwinkel des Dreiecks ADC.

d) Begründe, warum die beiden Dreiecke AOB und ADC zueinander ähnlich sind.

e) Berechne, wie sich die Flächeninhalte der Dreiecke AOB und ADC zueinander verhalten.

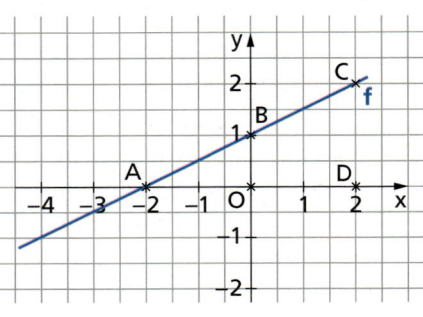

Wahlpflichtteil (mit Hilfsmitteln)

1 Gegeben ist ein Trapez ABCD.

a) Konstruiere das Trapez ABCD mit den vorgegebenen Maßen.

b) Beschreibe, wie du beim Konstruieren vorgegangen bist.

c) Berechne den Flächeninhalt des Trapezes ABCD.

d) Berechne den Umfang des Trapezes ABCD.

e) Zeichne ein Rechteck EFGH, das den gleichen Flächeninhalt wie das Trapez ABCD hat.

f) Aus Streichhölzern wird das abgebildete Trapez gelegt.

   Gib den Umfang und den Flächeninhalt des Trapezes in Abhängigkeit von der Streichholzlänge s an.

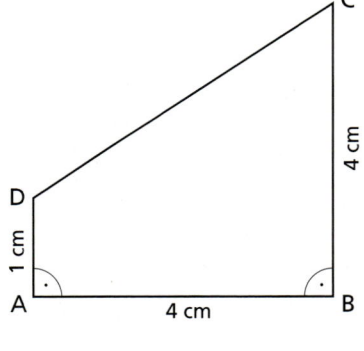

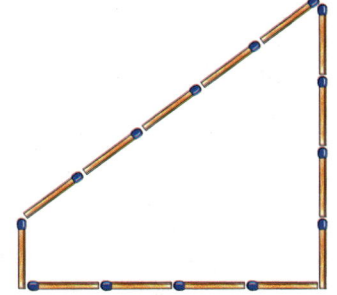

2 Das Gradierwerk in Schönebeck–Bad Salzelmen war früher das größte begehbare Bauwerk dieser Art. Die Skizze zeigt den (nicht maßstäblichen) Querschnitt eines Gestells, mit zwei schräg, zwei senkrecht und einem waagerecht verlaufenden Balken. Es werden 62 solcher Gestelle erneuert.

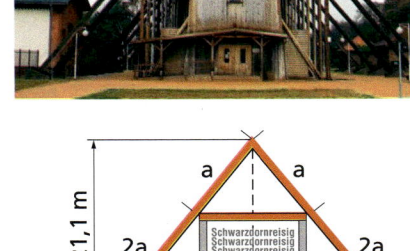

a) Berechne, wie groß der Neigungswinkel α bei dem Gestell ist.

b) Berechne die Länge eines Balkens jeder Sorte.

c) Schreibe einen Bestellzettel für die Zimmerei, in dem die Stückzahlen für jede Balkensorte und deren Längen enthalten sind.

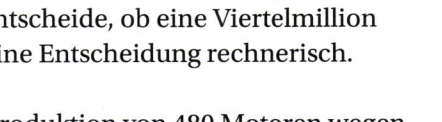

d) Das Gradierwerk ist heute noch 320 m lang. Der innen liegende Teil soll bis zur Höhe c mit neuem Schwarzdornreisig aufgefüllt werden. Für 90 m^3 dieser Füllung sind 600 € erforderlich. Die Lottogesellschaft wird $\frac{2}{5}$ der Gesamtkosten tragen. Entscheide, ob eine Viertelmillion Euro dafür ausreicht. Begründe deine Entscheidung rechnerisch.

3 In einem Betrieb soll die monatliche Produktion von 480 Motoren wegen gestiegener Nachfrage auf 1 000 Stück gesteigert werden.

a) Dazu werden alle Maschinen ausgetauscht. Die Anschaffungskosten betragen 64 000,00 €, die Transportkosten 8 500,00 € und die Einrichtungskosten 5 800,00 €. Diese Kosten sollen in acht Jahren wieder erwirtschaftet werden. Ermittle den jährlichen Abschreibungsbetrag, wenn dieser in allen acht Jahren gleich bleiben soll.

b) Der Betrieb kann den Kauf über einen langfristigen Kredit (Laufzeit: acht Jahre, fester Zinssatz pro Jahr: 4,5 %) oder über einen kurzfristigen Kredit (Laufzeit: 16 Monate, fester Zinssatz: 13,2 %) finanzieren. Entscheide und begründe, welcher Kredit günstiger ist.

c) Die Mitarbeiterzahl soll von gegenwärtig 320 auf 125 % steigen. Gleichzeitig soll die wöchentliche Arbeitszeit von 40 Stunden um 4 % sinken. In welchem Verhältnis müssen die Leistungen der alten und neuen Maschinen zueinander stehen, wenn alle Veränderungen berücksichtigt werden sollen?

193

Wusstest du schon?

Über das Umrechnen nichtdezimaler Einheiten

In vielen Situationen sind Vorstellungen über Größenangaben hilfreich. Das gilt u. a. beim Kauf einer Jeans, beim Einschätzen der Geschwindigkeit eines Fahrzeugs oder beim Umrechnen von Preisangaben, z. B. von Dollar in Euro und umgekehrt.

Rechenbeispiel
Bundweite:
73 cm : 2,54 = 28,7 = Weite 29 Inch
Beinlänge:
82 cm : 2,54 = 32,3 = Länge 32 Inch
Ermittelte Jeansgröße: W29 / L32

Wie du die Größe deiner Jeans berechnen kannst, zeigt das Rechenbeispiel. Die Zahl 2,54 ist nicht willkürlich gewählt. Sie ist die Umrechnungszahl zum Umrechnen von Längenangaben von *inch* in *Zentimeter*.

Es gilt: 1 inch = 2,54 cm

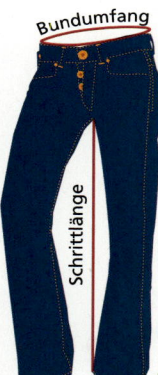

Viele **nichtdezimale Umrechnungszahlen** sind historisch bedingt. Solche Umrechnungen hast du schon beim Umrechnen von Zeit- und Winkelangaben verwendet.

Zeit	min	1 min = 60 s
	h	1 h = 60 min
	d	1 d = 24 h

Das Umrechnen nichtdezimaler Einheiten ist beispielsweise bei alten und ausländischen Maßangaben erforderlich:

– Zählmaße (Dutzend, Schock, Gros, Mandel)
– Längenmaße (foot, Seemeile, Werst)
– Flächenmaße (acre, Morgen, Desjatine)
– Raummaße (Registertonne, Barrel, gallon)
– Massemaße (Zentner, Unze, Karat)

Sprichwörter und Lebensweisheiten

Dafür musst du einen Obolus entrichten.

Das sind Schock und 99 verschiedene Dinge.

1 Informiere dich im Internet und in Nachschlagewerken über die genannten nichtdezimalen Umrechnungen und rechne die folgenden Angaben in bekannte (deutsche) Einheiten um:
3 Dutzend; 5 Schock; 15 Gros; 2 Mandel; 2,5 ft; 1,5 sm; 0,5 Werst; 3 acre; 8 Morgen; 15 Desjatine; 200 Rt; 20 Barrel; 25 gal; 2,5 Ztr.; 8 Karat

2 Finde Formeln zum Umrechnen von Temperaturangaben in andere Einheiten (Grad Celsius, Grad Fahrenheit, Kelvin). Formuliere Aufgaben für solche Umrechnungen und lasse diese von einer anderen Person lösen.

Mehrfache Umformungen in einer Aufgabe stellen eine besondere Anforderung dar. Solche Anforderungen treten z. B. auf, wenn unterschiedliche Währungs- und Masseeinheiten im internationalen Handel benutzt werden.

Beispiel

Berechne den Wert des Goldes einer Münze in Euro.
Die Münze hat eine Masse von 48 g. Sie wurde aus einer
Legierung hergestellt, in der sich in einem Kilogramm
genau 980 g reines Gold befunden haben.
Die Unze Gold hat einen Wert von 306 $.
Verwende folgende Angaben zum Rechnen:
1 Unze = 31,10 g
1 $ = 0,73 €

1 Beginne mit der gesuchten Größe.

2 Schreibe so, dass auf den linken Seiten
   immer die gleiche Einheit steht wie auf
   der rechten Seite der vorherigen Zeile.

3 Berechne x als Quotient der Produkte der
   rechten Seiten und der Produkte der
   linken Seiten (außer x).

4 Gib das Ergebnis an.

x €	48 g
1 000 g	980 g
31,10 g	306 $
1 $	0,73 €

$$x = \frac{48\,g \cdot 980\,g \cdot 306\,\$ \cdot 0,73\,€}{1\,000\,g \cdot 31,10\,g \cdot 1\,\$}$$

$$x = 337,87\ €$$

Solche „Kettensatz-Rechnungen" treten im kaufmännischen Rechnen auf.

1 Berechne, wie viel Euro 100 m Stoff kosten, wenn der Preis von
   einem Yard dieses Stoffes mit 7,50 $ angegeben wird.
   Rechne mit: 12 Yards = 11 m und 1 $ = 0,75 €

2 Es soll ermittelt werden, wie viel Euro 100 Lebensmitteltests insgesamt
   gekostet haben. Dazu wurden die zugehörigen Angaben in eine
   Tabellenkalkulation eingetragen.

   a) Gib eine Formel zur
      Berechnung der Gesamt-
      kosten in der Zelle D6 an.

   b) Entscheide und begründe,
      ob es mehr als 900 € sind.

	A	B	C	D	E
1	x	Euro	=	100	Tests
2	15	Tests	=	5	Stunden
3	8	Stunden	=	1	Arbeitstag
4	6	Arbeitstage	=	1300	Euro
5					
6	Kosten für die Tests				

195

Schritt für Schritt – Aufgabenpraktikum

Das Ermitteln von Gemeinsamkeiten und von Unterschieden steht beim Finden von Zusammenhängen und beim Systematisieren von Sachverhalten im Mittelpunkt.

- Blattmerkmale
- Blüten
- Früchte
- Rinde/Borke
- Knospen

- Nadelaufbau
- Blüten
- Zapfen
- Rinde/Borke

In der Biologie wird zwischen Nadelbäumen und Laubbäumen unterschieden. Informiert euch in Büchern oder im Internet und erstellt eine Übersicht.

Hierarchien und ihre Auswirkungen

Ein Ordnungskriterium für Vierecke ist die Anzahl ihrer Symmetrieachsen. Erstellt eine ähnliche Übersicht für Funktionen.

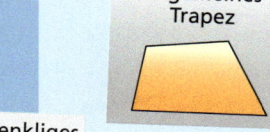

allgemeines Trapez

gleichschenkliges Trapez

Drachen

Rechteck

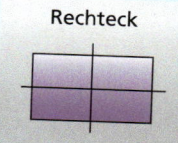

Raute

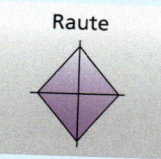

Quadrat

2	1	0	3	0	4	5	5
6	2	0	6	3	1	4	0
3	2	3	6	2	5	4	3
5	4	5	1	1	2	1	2
0	0	1	5	0	5	4	4
4	6	2	1	3	6	6	1
4	2	0	6	5	3	3	6

Regeln gibt es überall

Mit Dominosteinen könnt ihr auch Zahlenmuster legen. Alle 28 Dominosteine sollen so auf einem 7 × 8-Zahlenrechteck verteilt werden, dass kein Stein übrigbleibt.

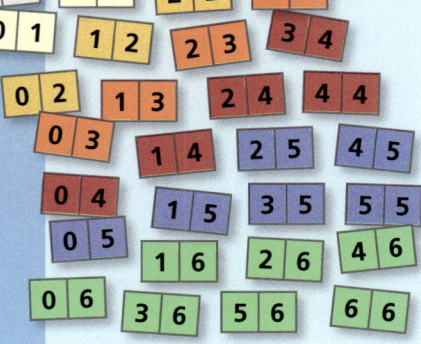

So kannst du vorgehen

Was charakterisiert unterschiedliche Funktionsklassen in der Mathematik?

Bei allen bisher im Mathematikunterricht behandelten Funktionen wird einem Element **x (Argument)** aus dem **Definitionsbereich** D genau ein Element **y (Funktionswert)** aus dem **Wertebereich** W zugeordnet. Diese Funktionen können durch **Gleichungen** beschrieben und als **Wertepaare** in einer **Wertetabelle** oder als **Punkte** in einem **rechtwinkligen Koordinatensystem** dargestellt werden.

Funktionen einer Funktionsklasse haben charakteristische Eigenschaften, die sich am Funktionsgraphen gut veranschaulichen lassen.

▶ **Funktionsklassen und Untersuchungskriterien**

Funktionsklasse	Gleichung	Eigenschaften
Lineare Funktionen	$y = mx + n$	Definitions- und Wertebereich
Quadratische Funktionen	$y = x^2 + px + q$	Nullstellen
Potenzfunktionen	$y = x^n \ (x \in \mathbb{N})$	Symmetrie- und Monotonieverhalten
Exponentialfunktionen	$y = a^x \ (a > 0; a \neq 1)$	Schnittpunkte der Graphen mit den Koordinatenachsen und gemeinsame
Winkelfunktionen	$y = \sin x$	Schnittpunkte der Graphen

▶ **Beispiele für Funktionsgraphen**

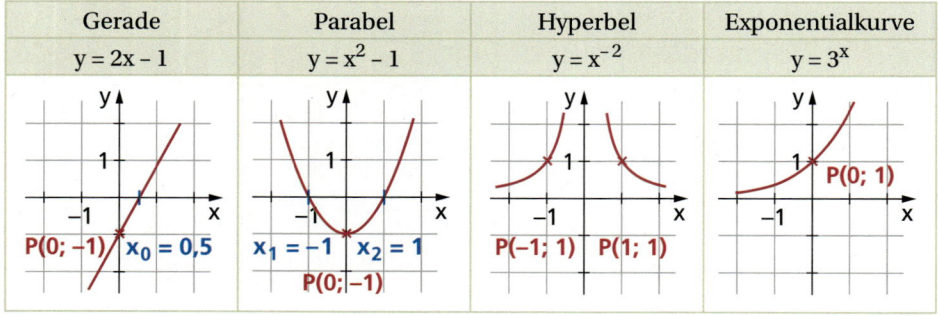

Gerade	Parabel	Hyperbel	Exponentialkurve
$y = 2x - 1$	$y = x^2 - 1$	$y = x^{-2}$	$y = 3^x$

Beispiel

Untersuche die beiden Funktionen.

$y = f(x) = 0{,}5 \cdot x + 2$
$y = g(x) = x^2 - 4x + 2$

a) Zeichne die Funktionsgraphen in ein und dasselbe
   Koordinatensystem und kennzeichne jeweils die Nullstellen.
b) Beschreibe den Verlauf der Funktionsgraphen.
   Gib die Schnittpunkte mit den Koordinatenachsen
   und gemeinsame Schnittpunkte an.

Die Funktion $y = 0{,}5 \cdot x + 2$ ist
eine lineare Funktion mit dem
Anstieg $m = 0{,}5$.

Wertetabelle:

x	-3	-2	-1	0	1	2
y	0,5	1	1,5	2	2,5	3

Die Funktion $y = x^2 - 4x + 2$ ist
eine qudratische Funktion in Normalform mit $p = -4$ und $q = 2$.

Wertetabelle:

x	-2	-1	0	1	2	3
y	14	8	2	-1	-2	-1

Funktionsgraphen mit Nullstellen und Schnittpunkten

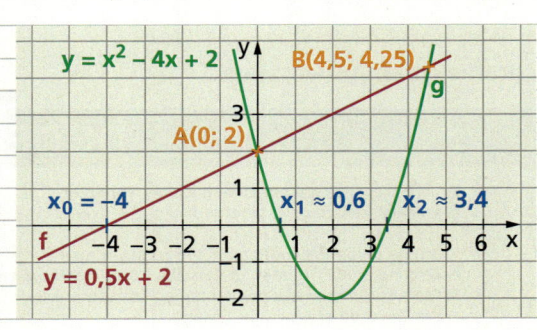

Die Gerade f schneidet die x-Achse im
Punkt (-4; 0) und die y-Achse im Punkt
(0; 2). Sie ist monoton steigend.
Die Parabel g schneidet die x-Achse
näherungsweise in den Punkten (0; 0,6)
und (0; 3,4) und die y-Achse
im Punkt (0; 2).
Beide Kurven haben die Punkte A(0; 2)
und B(4,5; 4,25) gemeinsam.

🗐 So kannst du vorgehen

Was ist beim Lösen von Textaufgaben zu beachten?

Lies jede Textaufgabe gründlich durch. Stell dir den Sachverhalt genau vor und erfasse das Wesentliche. Vergleiche mit Aufgaben, die du schon einmal gelöst hast. Veranschauliche Gesuchtes und Gegebenes. Verwende auch Planfiguren und Tabellen. Schreibe sauber und kontrolliere deine Ergebnisse.

Orientiere dich an folgenden Hinweisen, dann wird es einfacher:

1 ▶ Lies gründlich, wenn nötig auch mehrmals.
Suche passende Themenbereiche und **unterstreiche Wörter,** die zu diesem **Themenbereich** gehören. Verwende Nachschlagewerke (z. B. Formelsammlungen) oder das Internet (z. B. www.schuelerlexikon.de). Nutze auch das Register und die Zusammenfassungen in deinem Mathematikbuch.

2 ▶ Suche wesentliche Angaben heraus.
Schreibe **Gesuchtes** und **Gegebenes** auf. Gesuchtes erkennst du an **Fragen** und **Aufträgen**, Gegebenes oft an **Größenangaben** und **Beschreibungen.**

3 ▶ Plane einen Lösungsweg.
Suche Zusammenhänge zwischen dem Gesuchten und dem Gegebenen. Finde **Gleichungen** oder **Formeln,** in denen die gesuchten bzw. gegebenen Größen auftreten. **Skizzen, Tabellen** und **Diagramme** können dir dabei helfen. Manchmal führt auch **Probieren** zum Ziel.

4 ▶ Arbeite deinen Lösungsplan ab.
Schätze oder **überschlage** vor dem Rechnen dein Ergebnis. Arbeite **schrittweise** und achte dabei auf die verwendeten **Einheiten.**

5 ▶ Prüfe dein Ergebnis am Text und beantworte die Frage.
Kontrolliere genau und schreibe einen **Antwortsatz.**

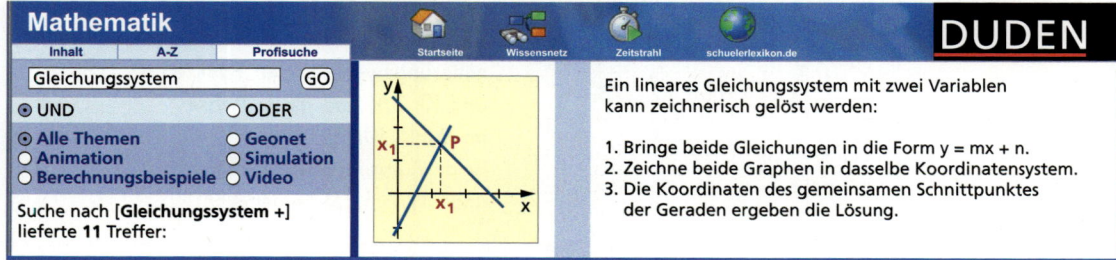

Beispiel

Eine Tischlerei möchte Tische zu einem Stückpreis von 63 € verkaufen. Die Kosten für die
Herstellung eines Tisches betragen 21 €.
Das einmalige Einrichten der Maschinen
kostet 800 €.
Berechne, wie viele Tische die Tischlerei
mindestens verkaufen muss, damit sie keinen Verlust macht.

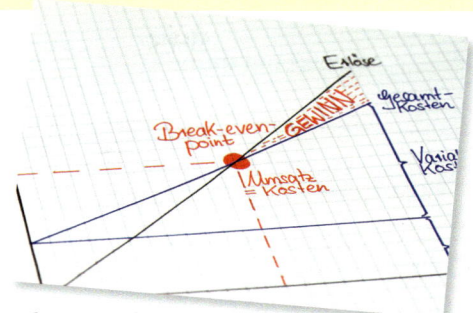

Überlegungen	Ergebnis
1 Worum geht es?	Es geht um Herstellungskosten und Verkaufspreise.
2 Was ist gesucht? Was ist gegeben?	*Gesucht:* Anzahl der Tische x, bei der die Herstellungskosten K und der Erlös E übereinstimmen. („Break-even-Point" = „Gewinnschwelle") *Gegeben:* Herstellungskosten für einen Tisch: $k = 21$ (Euro) Verkaufspreis für einen Tisch: $p = 63$ (Euro) Festkosten: $f = 800$ (Euro)
3 Welche Formeln gibt es?	$E(x) = p \cdot x = 63 \cdot x \qquad K(x) = k \cdot x + f = 21 \cdot x + 800$
4 Ich orientiere mich an den Festkosten und überschlage.	Mit etwa 13 verkauften Tischen lassen sich die Festkosten „ausgleichen". Insgesamt sind es schätzungsweise 20 Tische.
5 Die Herstellungskosten müssen mit dem Erlös übereinstimmen.	*Es gilt:* $\quad 63x = 21x + 800 \qquad \vert - 21x$ $\qquad\qquad\quad 42x = 800 \qquad\qquad \vert : 42$ $\qquad\qquad\qquad x = 19{,}04\ldots$ (gerundet: 20)
6 Ich vergleiche mein Ergebnis mit den Angaben im Text und formuliere einen Antwortsatz.	Die Koordinaten des Schnittpunkts der beiden Funktionsgraphen dienen zu Kontrolle. *Antwort:* Es müssen mindestens 20 Tische verkauft werden, damit kein Verlust entsteht.

Freude empfinden

201

🖲 So kannst du vorgehen

Was ist bei mündlichen Tests zu beachten?

Ziel mündlicher Tests ist es herauszufinden, was bei einem vorgegebenen Thema beherrscht wird und welche Lücken noch vorhanden sind. Während mündlicher Tests sind insbesondere rhetorische Fähigkeiten (Redekunst) und Fähigkeiten zum überzeugenden Darstellen von Zusammenhängen wichtig.

Zeige im mündlichen Test alles, was du sicher beherrschst. Orientiere dich bei deiner Selbsteinschätzung an folgenden Bewertungskriterien:

Bewertung	Leistung	Leistungen entsprechen den Anforderungen
sehr gut	vorbildlich	im besonderen Maße
gut	vollständig	umfassend
befriedigend	durchschnittlich	gerade noch
ausreichend	schwach	mit Mängeln
mangelhaft	sehr schwach	nicht (Grundlegendes ist aber vorhanden)
ungenügend	unzureichend	nicht (Grundlegendes ist äußerst lückenhaft)

Orientiere dich an folgenden Hinweisen:

▶ **Zeige, was du weißt und was du kannst.**

– Nenne Fakten, Begriffe, Eigenschaften, Zusammenhänge, Verfahren.

– Übertrage Kenntnisse, Fähigkeiten und Fertigkeiten auf andere Situationen. Erkläre und interpretiere Neues. Ordne Neues in Bekanntes ein.

– Untergliedere komplexe Zusammenhänge in einzelne Sachverhalte und bilde aus einzelnen Sachverhalten neue Zusammenhänge.

– Begründe Vorgehensweisen und bewerte Ergebnisse.

▶ **Behalte den Überblick und vermeide Unsicherheiten**

– Gehe schrittweise und übersichtlich vor. Kontrolliere Zwischen- und Endergebnisse.

– Bleibe ruhig, denke laut und frage nach, wenn du etwas nicht verstanden hast.

– Gestehe Lücken ein. Umschreibe Unvollständiges erneut mit anderen Worten. Resigniere nicht.

Beispiel für einen mündlichen Test

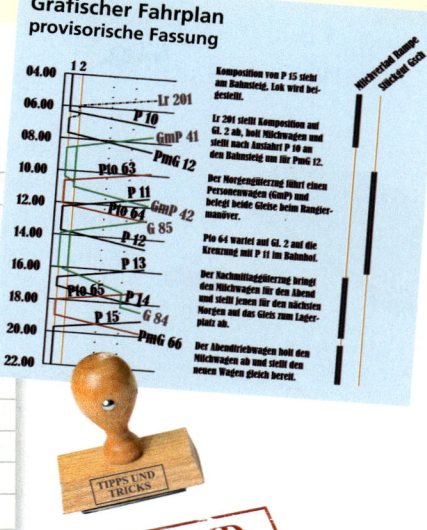

Grafischer Fahrplan
provisorische Fassung

Thema: Lineare Gleichungssysteme

1. Sprich über lineare Gleichungssysteme und zeige an Beispielen, wie viele Lösungen ein Gleichungssystem haben kann.
2. Erläutere zwei unterschiedliche Lösungsverfahren für Gleichungssysteme.
3. Gib zwei unterschiedliche Gleichungssysteme mit den Variablen x und y an, für die gilt: $x = 1$ und $y = 1$

Merkzettel für Frage 1

- **Begriff** am Beispiel erklären.
  Dabei auf die **Anzahl der Gleichungen** und auf die **Anzahl der Variablen** eingehen.
- **Art der Lösung:**
  Wertepaar $(x; y)$
- **Anzahl der Lösungen:**
  keine; eine; unendlich viele
- **Anwendungsbeispiele:**
  Zahlenrätsel; Fahrpläne …

TIPPS UND TRICKS

Merkzettel für Frage 2

- **Lösungsverfahren:**
  (1) inhaltlich (Tabellenkalkulation)
  (2) rechnerisch (Einsetzungsverfahren)
  (3) grafisch (Funktionsgraphen)
- **Kontrollmöglichkeiten:**
  (1) anderes Verfahren wählen
  (2) Probe am Text (an Aufgabenstellung)

Merkzettel für Frage 3

Zwei Graphen linearer Funktionen (Geraden) haben den gemeinsamen Schnittpunkt A(1; 1). Die **Anstiege** der beiden Funktionsgraphen müssen **unterschiedlich** sein.
Es gibt unendlich viele Möglichkeiten.

Beispiellösung: (I) $y = x$ $(m = 1)$
                  (II) $y = -x + 2$ $(m = -1)$

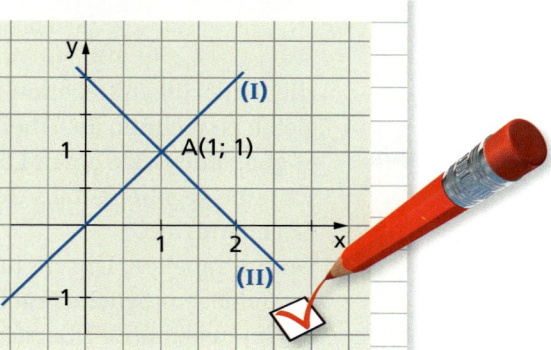

⊜ So kannst du vorgehen

Was ist bei schriftlichen Tests zu beachten?

Lies alles gründlich durch. Beginne mit für dich einfachen Aufgaben. Kennzeichne, was du erledigt hast.

Prüfe Lösungswege auf Vollständigkeit und Ergebnisse auf Richtigkeit. Schreibe sauber, übersichtlich und mathematisch sowie sprachlich korrekt. Achte auf die zur Verfügung stehende Zeit.

Verwende deinen Taschenrechner, deine Formelsammlung, deine Kurvenschablonen und Zeichengeräte (Zirkel, Lineal, Geodreieck) sinnvoll als Hilfsmittel.

Bereite dich langfristig vor und übe dabei solche Aufgaben, bei denen du noch Probleme hast. Schreibe erst dann, wenn du einen Lösungsplan gefunden hast. Nutze die Arbeitszeit vollständig, kontrolliere alles noch einmal.

▶ **Aufgaben mit vorgegebenen Antworten (Multiple-Choice-Aufgaben)**
Hier sind Antworten zur Auswahl vorgegeben. Es können mehrere Antworten falsch oder richtig sein. Rate nicht, sondern löse die Aufgaben. Vergleiche dann deine Ergebnisse mit den Antwortmöglichkeiten. Häufig kommst du auch durch Vergleichen, Abschätzen und Überschlagen zum Ziel.

▶ **Aufgaben, die ohne Hilfsmittel zu lösen sind**
Hier darfst du nur im Kopf oder schriftlich rechnen und lediglich skizzieren. Taschenrechner und Zeichengeräte sind nicht erlaubt.
Du musst wichtige Begriffe, Arbeitsweisen und Rechenverfahren kennen und anwenden.

▶ **Aufgaben, die mit Hilfsmitteln zu lösen sind**
Hier sind Hilfsmittel erlaubt. Fange nicht gleich zu rechnen an. Überlege zuerst, worum es geht, entwickle einen Lösungsplan, schreibe gegebenenfalls Gesuchtes und Gegebenes auf.
Fertige Tabellen, Übersichten bzw. Skizzen an. Schätze mögliche Ergebnisse vor dem Rechnen ab, führe Überschläge durch und achte auf sinnvolle Genauigkeit.

Beispiel

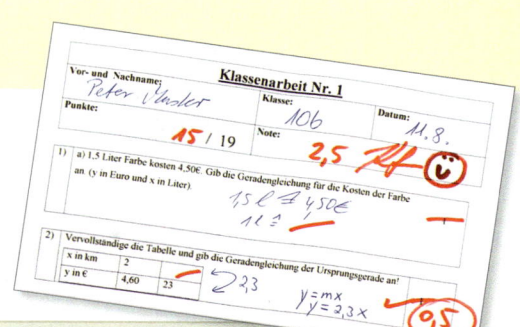

Löse folgende Aufgaben:

Aufgabe	Lösungsweg
Multiple-Choice-Aufgabe: **1** Entscheide, welche Aussagen über g mit $y = g(x) = (x - 2)^2 + 1$ wahr sind. (A) g schneidet die x Achse bei $x = 2$. (B) g schneidet die y-Achse in $A(0; 5)$. (C) g hat den Scheitelpunkt $S(2; 1)$. (D) g liegt im I. und II. Quadranten.	*Entscheidung:* (B), (C), (D) *Begründung:* (A): Falsch, g hat keine Nullstellen. (B): Wahr, es gilt: $g(0) = 5$ (C): Wahr, für die y-Werte gilt: $y \geq 1$ (D): Wahr, für die y-Werte gilt: $y \geq 1$
Hier sind keine Hilfsmittel erlaubt: **2** a) 1,5 Liter Farbe kosten 4,50 €. Gib eine Gleichung an, mit der du den Preis (y Euro) für eine beliebige Menge Farbe (x Liter) berechnen kannst. b) Berechne den fehlenden x-Wert. Erläutere, wie du vorgegangen bist. $\begin{array}{\|c\|c\|c\|} \hline x & 2\,\text{km} & ? \\ \hline y & 4,60\,\text{€} & 23\,\text{€} \\ \hline \end{array}$	a) $\dfrac{1,5}{4,50} = \dfrac{x}{y} \qquad \mid \cdot y$ $\dfrac{1,5}{4,50} \cdot y = x \qquad \mid : \dfrac{1,5}{4,5}$ $y = \dfrac{4,50}{1,5}\,x = 3x$ b) Wenn 4,60 € einer Länge von 2 km entsprechen, dann entsprechen 2,30 € einer Länge von 1 km und 23 € einer Länge von 10 km. Der fehlende x-Wert beträgt 10 km.

Hier ist ein Taschenrechner erlaubt:
 	
3 Ein 20 m² großes Blumenbeet hat die Form eines Quadrates. Es soll mit Steinen eingefasst werden. Prüfe, ob 150 Steine dafür ausreichen, wenn für 1 m Einfassung genau zehn Steine erforderlich sind.
	Gesucht: u in m
	          n (Anzahl der Steine)
	Gegeben: $A = a^2 = 20\ \text{m}^2$
	Lösung: $a = \sqrt{20\ \text{m}^2}$
	          $u = 4 \cdot a = 4 \cdot \sqrt{20\ \text{m}^2}$
	          $u = 17,89\ldots\ \text{m}$
	
	Antwort:
	Die 150 Steine reichen nicht, da mindestens 179 Steine gebraucht werden.

☑ **Planung**
☑ **Ausführung**
☑ **Kontrolle**

✎ Trainiere mit Methode

Funktionen untersuchen

1 Vergleiche die vier Funktionen $f_1(x)$, $f_2(x)$, $f_3(x)$ und $f_4(x)$, ohne ihre Graphen zu zeichnen.

$$y = f_1(x) = 2x + 3$$
$$y = f_2(x) = -2x - 3$$
$$y = f_3(x) = -2x$$
$$y = f_4(x) = 0{,}5x + 3$$

    a) Beschreibe den Verlauf der Funktionsgraphen im Koordinatensystem.

    b) Gib die Schnittpunkte der Funktionsgraphen mit der y-Achse an.

    c) Nenne weitere Gemeinsamkeiten und Unterschiede.

2 Die Punkte $A(-2; 3)$ und $B(4; -\frac{9}{2})$ bestimmen eine Gerade g.

    a) Zeichne die Gerade g in ein Koordinatensystem.

    b) Beschreibe den Verlauf der Geraden g mit Worten und gib eine Funktionsgleichung $y = g(x)$ an.

    c) Lies die Nullstelle der Funktion $y = g(x)$ im Koordinatensystem ab.

    d) Berechne die Nullstelle der Funktion $y = g(x)$ und vergleiche mit dem Ergebnis aus Aufgabe c.

    e) Zeichne parallel zur Geraden g eine Gerade h durch den Punkt $C(3; 2{,}5)$ und gib für die Gerade h eine Funktionsgleichung $y = h(x)$ an.

    f) Entscheide und begründe rechnerisch, ob der Punkt $D(-1{,}5; 8{,}5)$ zu beiden oder nur zu einer Geraden gehört.

3 Gegeben sind drei quadratische Funktionen.

$$y = f(x) = x^2 - 2x + 3$$
$$y = g(x) = x^2 + 3x + \frac{5}{8}$$
$$y = h(x) = x^2 + 3x + \frac{11}{2}$$

    a) Erstelle jeweils eine Wertetabelle und zeichne den Funktionsgraphen.

    b) Ermittle jeweils den Scheitelpunkt. Erläutere dein Vorgehen.

    c) Berechne jeweils die Schnittpunkte mit den Koordinatenachsen.

4 Gegeben sind drei quadratische Funktionen.

$$y = f(x) = (x - 4)^2 - 3$$
$$y = g(x) = -(x + 3)^2 + 5$$
$$y = h(x) = (x + 1)^2 - 3$$

    a) Erstelle für jede der Funktionen eine Wertetabelle und zeichne jeweils den Funktionsgraphen.

    b) Gib jeweils den Scheitelpunkt und den Wertebereich an.

    c) Beschreibe das Monotonieverhalten der Funktionen.

5 Franz verfügt im Monat über ein Guthaben von 25,00 € zum Telefonieren. Jedes Telefongespräch kostet 39 Cent pro Minute. Übertrage die Tabelle in dein Heft und fülle sie aus. Die Variable t beschreibt die Gesprächszeit in Minuten und G(t) das noch vorhandene Restguthaben in Euro nach t Minuten.

t in min	G(t) in €
0	25
1	
2	
5	
10	
50	

a) Gib eine Funktionsgleichung für G(t) an.
b) Entscheide und begründe, nach wie viel Minuten Gesprächszeit nur noch das halbe Guthaben vorhanden ist.
c) Berechne, wie lange Franz im Monat telefonieren könnte, wenn er zusätzlich noch 30 SMS zu jeweils 9 Cent verschicken würde.

6 In eine Vase wird Wasser gefüllt. Dabei fließt in gleichen Zeitabständen immer die gleiche Menge Wasser in die Vase.

Füllzeit in s	5	10	15	20	25	30	35
Wasserhöhe in cm	10	15	16	18	20	30	40

a) Übertrage die Werte in ein Koordinatensystem und zeichne den Graphen für den Sachverhalt.
b) Entscheide und begründe, in welchem Zeitraum das Wasser am schnellsten steigt.
c) Skizziere die Form der Vase und begründe, warum du gerade diese Form gewählt hast.
d) Skizziere eine andere Vasenform und stelle für diese eine Wertetabelle für das Befüllen auf. Zeichne den Graphen für diesen Sachverhalt.

7 Beim Start einer Rakete mit einer Startmasse von 800 t werden in den ersten zwei Minuten 612 t Treibstoff verbrannt. Dabei verbrennt in gleichen Zeitabschnitten immer die gleiche Menge Treibstoff.
a) Gib für jeden folgenden Zusammenhang eine Funktionsgleichung an:
   (1) die Masse der Rakete in Abhängigkeit von der Flugzeit,
   (2) die Flugzeit der Rakete in Abhängigkeit von der Masse.
b) Zeichne den Funktionsgraphen für (1) in ein Koordinatensystem. Lies am Funktionsgraphen ab:
   – die Masse der Rakete nach einer Minute Flugzeit,
   – die Flugzeit, bei der die Rakete eine Masse von 500 t hat.

207

📖 Trainiere mit Methode

Textaufgaben lösen

1 Im Barleber See nimmt bei klarem Wasser die Lichtintensität alle fünf Meter um die Hälfte ab. An der Wasseroberfläche beträgt sie 100 %.
   a) Erstelle eine Wertetabelle für die Abhängigkeit der Lichtintensität von der Wassertiefe. Wähle 5-Meter-Schritte bis zu einer Tiefe von 20 m.
   b) Stelle die Werte in einem Diagramm dar und lies die Lichtintensität in einer Wassertiefe von 7,5 m ab.
   c) Im nebenstehenden Diagramm ist die Abnahme der Lichtintensität in zwei Gewässern von der Wasseroberfläche bis zum Grund veranschaulicht. Vergleiche die Kurven und beschreibe den Unterschied beider Gewässer.

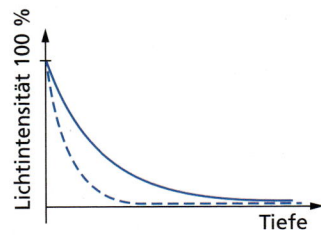

2 Ein Beamer, der mittig vor einer Projektionswand steht, hat am Objektiv einen Öffnungswinkel von 30°. Angler Rudi möchte seinen Rekordfang in Originalgröße von 90 cm Länge an die Wand projizieren.
   a) Skizziere den Sachverhalt und markiere die gegebenen Größen.
   b) Markiere den Abstand der Lichtquelle von der Projektionswand in der Skizze und berechne diesen. Gib das Ergebnis in Zentimeter an.

3 In einem quaderförmigen Plexiglasbehälter befindet sich Wasser, dessen Wasserspiegel beim Abpumpen in jeder Minute um 8 cm sinkt.
   a) Erstelle eine Wertetabelle für die Abhängigkeit der Wasserhöhe von der Abpumpzeit, bis kein Wasser mehr im Behälter ist.
   b) Fertige ein geeignetes Diagramm an.
   c) Berechne, wie lange es dauert, bis der Wasserspiegel auf die Hälfte gesunken bzw. bis das Gefäß leer ist.
   d) Gib den Wasserstand nach 10 min an.
   e) Ermittle die Größe der Grundfläche des Behälters.

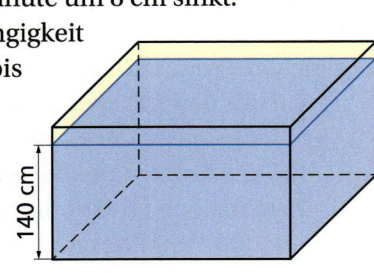

4 Bäume wachsen unterschiedlich.
  a) Stelle die gegebenen Daten in einem geeigneten Diagramm grafisch dar.
  b) Vergleiche die Wachstumskurven.
  c) Informiere dich über „Rekordbäume", die
     (1) besonders schnell wachsen,
     (2) besonders alt werden,
     (3) besonders hoch werden und
     (4) deren Stamm besonders dick wird.
     Schreibe die Angaben über diese Bäume auf und vergleiche mit den vorgegebenen Daten.

Alter in Jahren	Höhe in Meter		
	Tanne	Eiche	Zirbelkiefer
0	0	0	0
20	2,5	9,3	1,2
40	13,3	18,3	4,0
60	22,9	22,2	7,0
80	28,4	26,1	9,5
100	32,5	29,5	12,0
120	34,7	31,6	15,5
140	...	...	19,0

5 Anja und Annina wollen gemeinsam ein Konzert besuchen. Sie wohnen 40 km voneinander entfernt und fahren beide mit ihren Fahrrädern dorthin. Graph I beschreibt die Fahrt von Anja, die um 17:00 Uhr losgefahren ist und mit $10 \frac{km}{h}$ ihrer Freundin entgegenfährt. Nach einer halben Stunde Fahrt muss sie halten, um ihr Fahrrad zu reparieren. Sie benötigt dazu 30 min und fährt anschließend mit doppelter Geschwindigkeit weiter. Annina fährt 30 min nach Anja los.

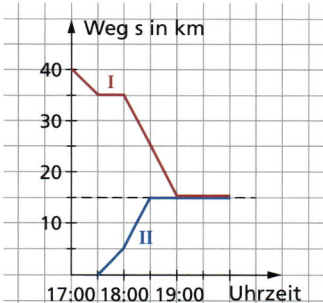

  a) Beschreibe Anninas Fahrt, zu der Graph II gehört.
  b) Entscheide und begründe, wer von beiden zuerst am Ziel ist.
  c) Gib an, wie lange es dauert, bis das zweite Mädchen eintrifft.
  d) Für die Veranstaltung wurden 130 Karten zum vollen Preis und 390 Karten mit Preisermäßgung verkauft. Insgesamt wurden 1 300 € eingenommen. Ein Wochenende später waren es 65 Karten zum vollen Preis und 390 Karten mit Ermäßigung, bei Gesamteinnahmen von 1 040 €. Berechne, wie viel Euro eine Karte von jeder Sorte gekostet hat.

6 Für Kraftfahrzeuge lässt sich der Anhalteweg y (in Meter) beim Bremsen aus der vorher gefahrenen Geschwindigkeit x (in Kilometer pro Stunde) näherungsweise berechnen.
  Es gilt: (1) $y = 0{,}01x^2 + 0{,}3x$ (ohne Antiblockiersystem)
          (2) $y = 0{,}0095x^2 + 0{,}3x$ (mit Antiblockiersystem)
  a) Berechne für fünf Geschwindigkeiten die Anhaltewege. Erstelle damit zwei Wertetabellen und zeichne die zugehörigen Graphen.
  b) Vergleiche beide Graphen miteinander.

⊟ Trainiere mit Methode

Aufgaben für mündliche Tests

1 Erläutere jeweils an einem Beispiel folgende Begriffe:
   a) lineare Funktion,   b) quadratische Funktion,   c) Sinusfunktion,
   d) Definitionsbereich,   e) Wertebereich,   f) Nullstelle.

2 Skizziere jeweils Funktionsgraphen in einem Koordinatensystem
   und gib die zugehörigen Funktionsgleichungen an.
   a) Eine lineare Funktion mit dem Anstieg 0
   b) Eine Funktion, die keine Nullstellen hat
   c) Zwei Funktionen mit gleichen Nullstellen
   d) Zwei Funktionen, deren Graphen einander schneiden

3 Entscheide und begründe, welche der folgenden
   Gleichungen den Graphen einer Funktion beschreibt:
   a) $y = 0 \cdot x$ b) $y = x + 0$ c) $y = 3$
   d) $x = 3$ e) $y = |3|$ f) $y = |-3|$

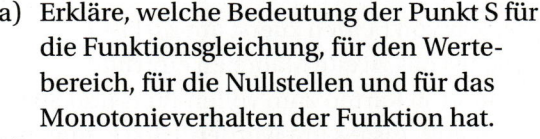

4 Der abgebildete Funktionsgraph ist eine Parabel
   mit dem Scheitelpunkt S. Der Punkt A liegt auf
   der Parabel.

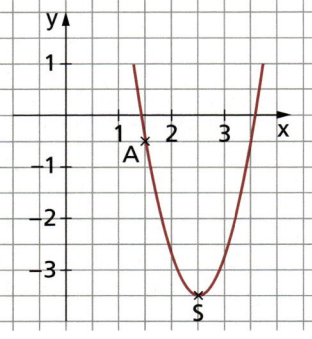

   a) Erkläre, welche Bedeutung der Punkt S für
      die Funktionsgleichung, für den Werte-
      bereich, für die Nullstellen und für das
      Monotonieverhalten der Funktion hat.
   b) Zeichne den Funktionsgraphen einer
      quadratischen Funktion, die keine Null-
      stellen hat. Erläutere, wie die zugehörige
      Funktionsgleichung ermittelt werden kann.

5 Paula erklärt, dass sie bei einer linearen Funktion $y = f(x) = mx + n$
   für $m = \frac{3}{7}$ ein Anstiegsdreieck am Funktionsgraphen verdeutlichen kann,
   indem sie von einem beliebigen Punkt der Geraden *sieben* Einheiten nach
   rechts und *drei* Einheiten nach *oben* geht.
   Paul meint, dass er dann für $m = -\frac{2}{5}$ auch *fünf* Einheiten
   nach *links* und *zwei* Einheiten nach *unten* gehen kann.
   a) Nimm zu beiden Vorschlägen Stellung.
   b) Verdeutliche deine Argumentation an selbst gewählten Beispielen.

210

Aufgaben für schriftliche Tests

1 Entscheide und begründe, ob in der Wertetabelle ein funktionaler Zusammenhang dargestellt ist.

x	1	2	3	1	5	2
y	9	7	–1	9	2	7

2 Gegeben sind die folgenden sechs Funktionsgleichungen:

$y = f_1(x) = \frac{2}{5}x$ $\qquad$ $y = f_2(x) = -\frac{3}{4}x$ $\qquad$ $y = f_3(x) = 3x - 2$

$y = f_4(x) = -0{,}4x + 2$ $\qquad$ $y = f_5(x) = -\frac{2}{3}x + 1$ $\qquad$ $y = f_6(x) = -x$

a) Zeichne die Funktionsgraphen und beschreibe deren Verläufe.

b) Lies die Schnittpunktskoordinaten mit der y-Achse und die Nullstellen an den Funktionsgraphen ab.

c) Berechne die Nullstellen. Vergleiche mit deinen Angaben aus Aufgabe b.

3 Zeichne die Graphen der beiden Funktionen in ein rechtwinkliges Koordinatensystem. Lies die Koordinaten der Scheitelpunkte ab und berechne die Nullstellen.

$y = f(x) = \frac{3}{2}x^2$

$y = g(x) = x^2 - 3x - 3$

4 Gegeben sind drei Funktionsgraphen.

a) Prüfe und begründe, zu welchem Graphen die Gleichung $y = x^2 - 6x + 1$ gehört.

b) Berechne die Schnittpunktskoordinaten der Geraden mit den Parabeln. *Hinweis:* Beachte, dass es jeweils zwei Schnittpunkte sind.

c) Spiegele beide Parabeln an der x-Achse und gib zu jedem Spiegelbild eine Funktionsgleichung an.

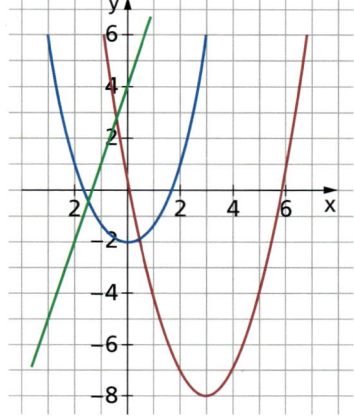

5 Die Anzahl der Diagonalen d in einem Vieleck (n-Eck) ist von der Anzahl der Eckpunkte n abhängig.
Es gilt die Gleichung: $d = \frac{n \cdot (n - 3)}{2}$

a) Übertrage folgende Wertetabelle in dein Heft und fülle sie aus:

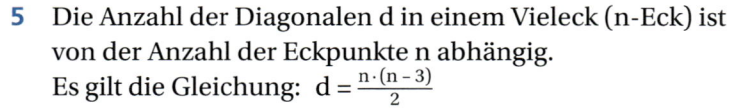

n	4	5	6	7	8	9	10	11
d	2							

b) Stelle die Daten in einem Koordinatensystem dar.

c) Prüfe, ob hier ein funktionaler Zusammenhang vorliegt.

d) Entscheide und begründe, ob die Gleichung auch für Dreiecke gilt.

e) Prüfe, ob ein Zwölfeck insgesamt 56 Diagonalen hat.

A Anhang

Dynamische Geometriesoftware als Hilfsmittel

Im dynamischen Geometrieprogramm GeoGebra lassen sich Fadenbilder als Kurvenscharen erzeugen. Mehrere Geraden bilden dabei interessante Kurven.

Beispiel 1:
Der Punkt A liegt auf der y-Achse.
Der Punkt B liegt auf der x-Achse.
Die Mittelsenkrechte der Strecke $\overline{AB}$ bildet die abgebildete Kurvenschar.

Hinweis:
1   Die Spur der Gerade $\overline{AB}$
    muss eingeschaltet sein.
2   Der Punkt B muss markiert
    und bewegt werden.

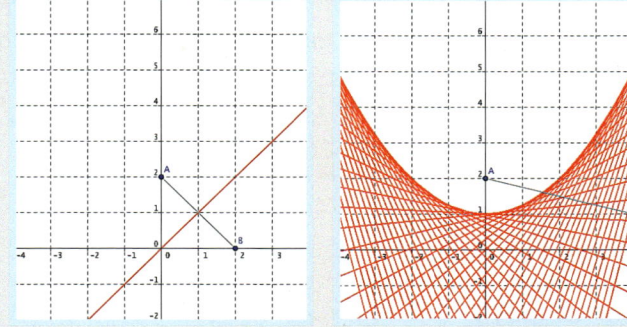

Beispiel 2:
Der Punkt A ist der Koordinaten-ursprung. Der Punkt B liegt auf einem Kreis. Die Mittelsenkrechte der Strecke $\overline{AB}$ bildet die abgebildete Kurvenschar.

Hinweis:
1   Die Spur der Gerade $\overline{AB}$
    muss eingeschaltet sein.
2   Der Punkt B muss markiert
    und bewegt werden.

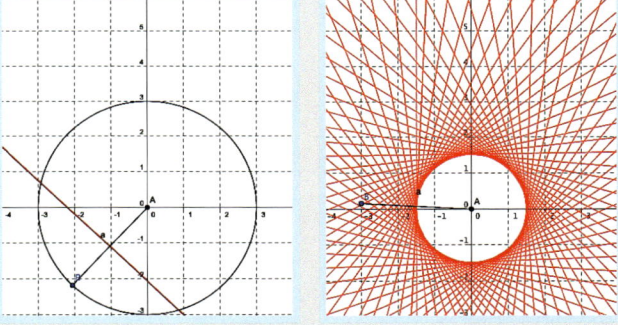

Beispiel 3:
Der Punkt A liegt auf der x-Achse und ist Mittelpunkt eines Kreises mit r = 2. Die Punkte B und C sind die Schnitt-punkte des Kreises mit der y-Achse. Die Strecken $\overline{AB}$ und $\overline{BC}$ bilden die abgebildete Kurvenschar.

Hinweis:
1   Die Spuren der Strecken $\overline{AB}$ und
    $\overline{BC}$ müssen eingeschaltet sein.
2   Der Punkt B muss markiert
    und bewegt werden.

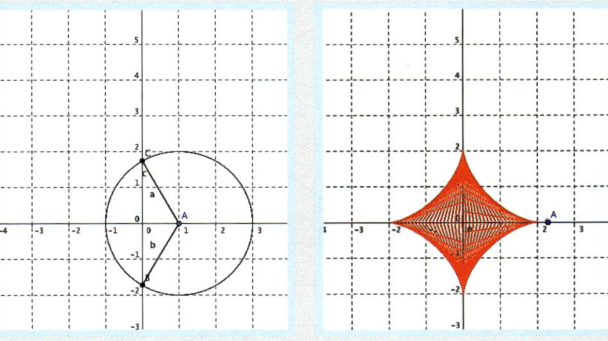

Lösungen – „Teste dich selbst"

Zueinander ähnliche Figuren untersuchen (↗ S. 45)

1 *Hinweis:* Die Aufgaben können auf Kästchenpapier übertragen werden.

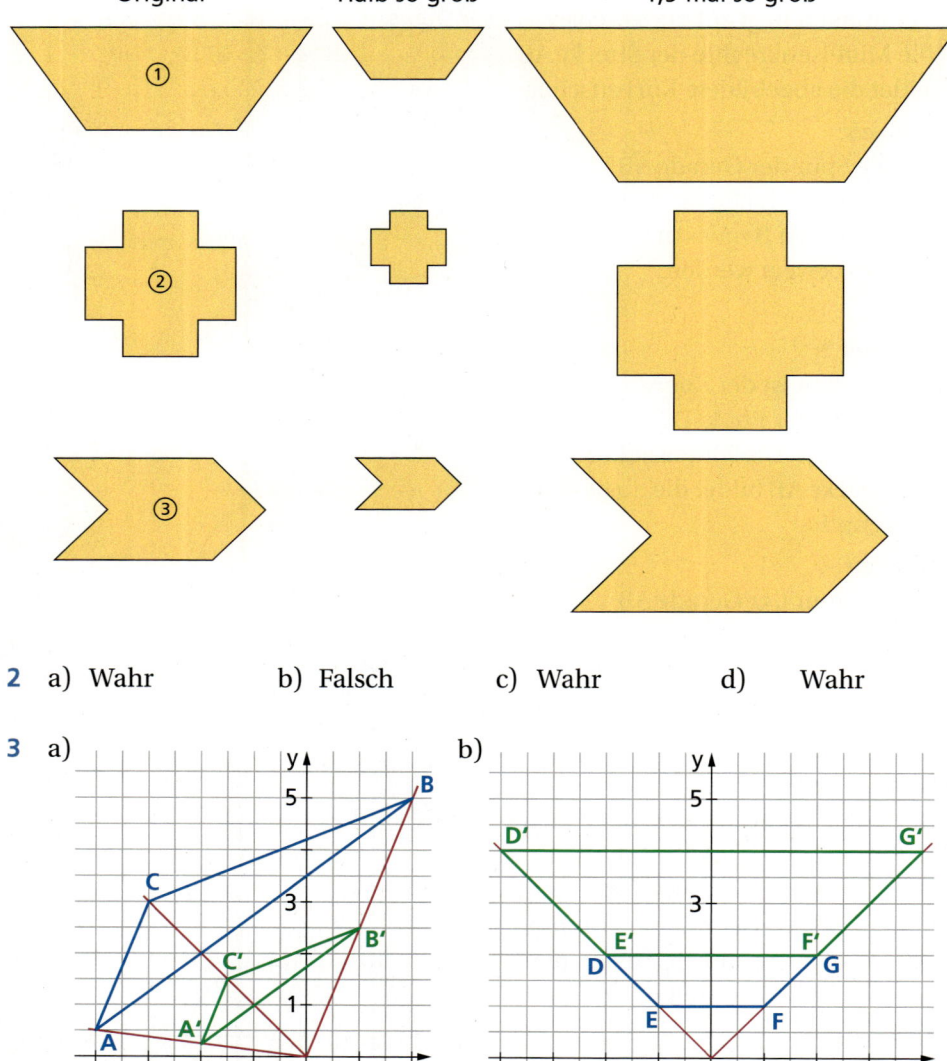

2 a) Wahr   b) Falsch   c) Wahr   d)   Wahr

3 a)   b)

4 ① 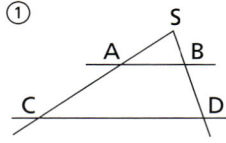 ② 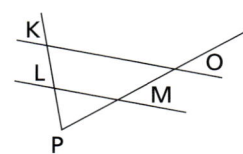 ③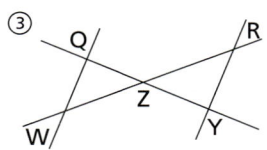

$$\frac{\overline{AS}}{\overline{CS}} = \frac{\overline{BS}}{\overline{DS}}$$

$$\frac{\overline{AS}}{\overline{AB}} = \frac{\overline{CS}}{\overline{CD}}$$

$$\frac{\overline{PL}}{\overline{PK}} = \frac{\overline{PM}}{\overline{PO}}$$

$$\frac{\overline{PL}}{\overline{PK}} = \frac{\overline{LM}}{\overline{KO}}$$

$$\frac{\overline{ZW}}{\overline{ZR}} = \frac{\overline{ZQ}}{\overline{ZY}}$$

$$\frac{\overline{ZW}}{\overline{WQ}} = \frac{\overline{ZR}}{\overline{RY}}$$

5 Dreiecke sind zueinander ähnlich, wenn sie in zwei Innenwinkelgrößen übereinstimmen.

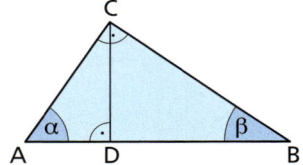

6 Die Flügel sind nicht formgleich.

7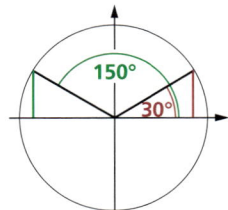

$\triangle$ ABC	$\triangle$ ADC
$\sphericalangle$ CAB = $\sphericalangle$ CAD	
$\sphericalangle$ BCA = $\sphericalangle$ ADC (90°)	
$\triangle$ ABC und $\triangle$ ADC sind zueinander ähnlich, da der Hauptähnlichkeitssatz gilt.	

Trigonometrische Beziehungen untersuchen (↗ S. 75)

1 a) $\sin 30° = 0{,}5$

$\sin 150° = 0{,}5$

b) $\cos 45° = \frac{1}{2}\sqrt{2}$

$\cos 315° = \frac{1}{2}\sqrt{2} \approx 0{,}7071$

c) $\sin 30° = 0{,}5$

$\cos 60 = 0{,}5$

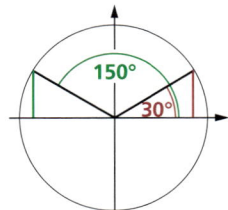

2 a) Wahr b) Wahr c) Falsch d) Wahr

3 a) $\sin 135° = \frac{1}{2}\sqrt{2} = 0{,}7071...$

$\cos 300° = \frac{1}{2} = 0{,}5$

b) $\sin \frac{4}{3}\pi = \sin 240° = -\frac{1}{2}\sqrt{3} = -0{,}8660...$

$\cos \frac{3}{4}\pi = \cos 135° = -\frac{1}{2}\sqrt{2} = -0{,}7071...$

4 a) 30° und 150° b) 60° c) Etwa 26,6°

5 8 % Steigung bedeuten 8 m Höhenunterschied auf einer waagerechten Strecke von 100 m.

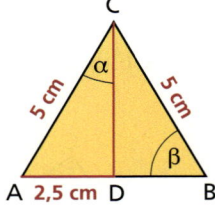

Es gilt: $\tan \alpha = \frac{8}{100}$

$\tan \alpha = 0{,}08$

Die Straße hat einen Steigungswinkel von 0,08 (im Bogenmaß) bzw. etwa 4,6° (im Bogenmaß).

Hinweis: Eine Steigung von 100 % entspricht einem Steigungswinkel von 45°.

6 a) Die Innenwinkelsumme gleichseitiger Dreiecke beträgt 180°. Alle Innenwinkel sind gleich groß.

Es gilt: $\beta = 60°$ und $\alpha = 30°$

b) *Es gilt:* $\tan \alpha = \dfrac{\overline{AD}}{\overline{DC}}$

$\overline{DC} = \dfrac{\overline{AD}}{\tan \alpha} = \dfrac{2{,}5 \text{ cm}}{\tan 30°} = 4{,}3301\ldots \text{ cm}$

$\overline{DC} \approx 4{,}3 \text{ cm}$

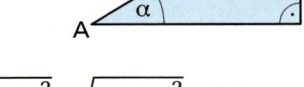

7 *Gesucht:* $\alpha, \gamma, \overline{AC}$

Gegeben: $\triangle ABC = 90°, \overline{AB} = 8 \text{ cm}, \overline{BC} = 5 \text{ cm}$

Lösung: $\tan \alpha = \dfrac{\overline{BC}}{\overline{AB}} = \dfrac{5}{8} = 0{,}625$

$\alpha \approx 32°$

$\beta = 90° - \alpha \approx 58°$

$\overline{AC} = \sqrt{\overline{AB}^2 + \overline{BC}^2} = \sqrt{64 \text{ cm}^2 + 25 \text{ cm}^2} = \sqrt{89 \text{ cm}^2} \approx 9{,}4 \text{ cm}$

8 a) Die Länge des Tunnels beträgt etwa 3100 m.

b) *Es gilt:*

$\overline{EA}^2 = \overline{CA}^2 + \overline{CE}^2 - 2 \cdot \overline{CA} \cdot \overline{CE} \cdot \cos 53{,}5°$

$\overline{EA}^2 = 2 \cdot (3{,}455 \text{ cm})^2 - 2 \cdot (3{,}455 \text{ cm})^2 \cdot \cos 53{,}5°$

$\overline{EA}^2 = 2 \cdot (3{,}455 \text{ cm})^2 \cdot (1 - \cos 53{,}5°)$

$\overline{EA}^2 = 2 \cdot (3{,}455 \text{ cm})^2 \cdot (1 - 0{,}5948\ldots)$

$\overline{EA}^2 \approx 3{,}11018\ldots \text{ km}$

Die Länge des Tunnels beträgt etwa 3110 m.

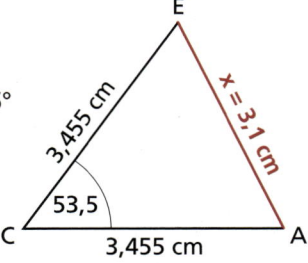

Quadratische Gleichungen lösen ($\nearrow$ S. 95)

1 a) $x^2 = -2^2$
$x^2 = -4$
Hier tritt das Quadrat der Variablen x auf. Es ist eine quadratische Gleichung.

b) $2x - 3^2(x - 3) = 0$
$2x - 9x + 27 = 0$
Hier tritt kein Quadrat der Variablen x auf. Es ist keine quadratische Gleichung.

c) $x^2 - 4x - 12 = 0$
$x^2 - 4x - 12 = 0$
Hier tritt das Quadrat der Variablen x auf. Es ist eine quadratische Gleichung.

d) $x(x - 3) = -6{,}75$
$x^2 - 3x + 6{,}75 = 0$
Hier tritt ein Quadrat der Variablen x auf. Es ist eine quadratische Gleichung.

2 a) $(x + 3)^2 - 8 = 0$
$x^2 + 6x + 9 - 1 = 0$
$x^2 + 6x + 8 = 0$
p = 6 und q = 8

b) $0 = (x - 1)^2 + 3$
$0 = x^2 - 2x + 1 + 3$
$0 = x^2 - 2x + 4$
p = -2 und q = 4

c) $(x + 0{,}5)^2 = 6{,}25$
$x^2 + x + 0{,}25 = 6{,}25$
$x^2 + x - 6 = 0$
p = 1 und q = -6

3 Eine Gleichung der Form $x^2 + px + q = 0$ ist in Normalform gegeben.

a) $x^2 - 4x - 12 = 0$
Normalform:
p = -4; q = -12

b) $x(x - 4) = 12$
Keine
Normalform

c) $2x^2 - 8x - 24 = 0$
Keine
Normalform

d) $x^2 - 16 = 0$
Normalform:
p = 0; q = -16

Die Aufgaben b und c können in die Normalform umgeformt werden:
zu b $x(x - 4) = 12$ $\rightarrow$ $x^2 - 4x = 12$ $\rightarrow$ $x^2 - 4x - 12 = 0$
zu c $2x^2 - 8x - 24 = 0$ $\rightarrow$ $x^2 - 4x - 12 = 0$

4 a) $x^2 - 4x - 12 = 0$; p = -4; q = -12
$x_{1;2} = -\dfrac{p}{2} \pm \sqrt{\left(\dfrac{p}{2}\right)^2 - q} = 2 \pm \sqrt{4 + 12} = 2 \pm \sqrt{16} = 2 \pm 4$
$x_1 = 6$; $x_2 = -2$

b) $x(x - 4) = 12$ $\rightarrow$ $x^2 - 4x = 12$ $\rightarrow$ $x^2 - 4x - 12 = 0$
Verwenden der Lösungsformel wie bei Aufgabe a.
$x_1 = 6$; $x_2 = -2$

c) $2x^2 - 8x - 24 = 0$ $\rightarrow$ $x^2 - 4x - 12 = 0$
Verwenden der Lösungsformel wie bei Aufgabe a.
$x_1 = 6$; $x_2 = -2$

d) $x^2 - 16 = 0$; p = 0; q = -16
$x_{1;2} = -\dfrac{p}{2} \pm \sqrt{\left(\dfrac{p}{2}\right)^2 - q} = 0 \pm \sqrt{16} = \pm 4$
$x_1 = 4$; $x_2 = -4$

5 a) $x^2 - 5x - 84 = 0$

Durch Einsetzen der beiden Zahlen in die Gleichung erhält man zwei wahre Aussagen. Die Lösungsmenge ist *richtig* zugeordnet.

$(-7)^2 - 5 \cdot (-7) - 84 = 49 + 35 - 84 = 84 - 84 = 0$

$(12)^2 - 5 \cdot (12) - 84 = 144 - 60 - 84 = 144 - 144 = 0$

b) Beim Lösen mit der Lösungsformel erhält man eine Doppellösung. Die Lösungsmenge ist *richtig* zugeordnet.

$x^2 - 10x + 25 = 0; \quad p = -10; \ q = -25$

$x_{1;2} = -\frac{p}{2} \pm \sqrt{\left(\frac{p}{2}\right)^2 - q} = 5 \pm \sqrt{25 - 25} = 5 \pm \sqrt{0} = 5$

c) Die Gleichung wird für $x = 0$ zur wahren Aussage. Die Lösungsmenge ist *nicht richtig* zugeordnet.

$L = \{0\}$

d) Beim Lösen mit der Lösungsformel erhält man die Lösung. Die Lösungsmenge ist *richtig* zugeordnet.

$x^2 + 24x - 25 = 0; \quad p = 24; \ q = -25$

$x_{1;2} = -\frac{p}{2} \pm \sqrt{\left(\frac{p}{2}\right)^2 - q} = -12 \pm \sqrt{144 + 25} = -12 \pm \sqrt{169} = -12 \pm 13$

$x_1 = 1; \ x_2 = -25$

e) Die Lösungsmenge ist *nicht richtig* zugeordnet. Durch Umstellen der Gleichung erhält man $x^2 = -81$. Quadrate von Zahlen sind niemals negativ. Somit ist die Lösungsmenge die leere Menge.

f) Die Lösungsmenge ist *richtig* zugeordnet. Durch Umstellen der Gleichung erhält man $x^2 = -1$. Quadrate von Zahlen sind niemals negativ. Somit ist die Lösungsmenge die leere Menge.

6 a) $x^2 + 10x + 24 = 0; \quad p = 10; \ q = 24$

$x_{1;2} = -\frac{p}{2} \pm \sqrt{\left(\frac{p}{2}\right)^2 - q} = -10 \pm \sqrt{100 - 24} = -10 \pm \sqrt{76} \approx -10 \pm 8,7$

$x_1 \approx -1,3; \ x_2 = -18,7$

b) $x^2 - x - 12 = 0; \quad p = -1; \ q = -12$

$x_{1;2} = -\frac{p}{2} \pm \sqrt{\left(\frac{p}{2}\right)^2 - q} = 0,5 \pm \sqrt{0,25 + 12} = 0,5 \pm \sqrt{12,25} = 0,5 \pm 3,5$

$x_1 = 4; \ x_2 = -3$

c) $x^2 - \frac{1}{6}x - \frac{1}{3} = 0; \quad p = -\frac{1}{6}; \ q = -\frac{1}{3}$

$x_{1;2} = -\frac{p}{2} \pm \sqrt{\left(\frac{p}{2}\right)^2 - q} = \frac{1}{3} \pm \sqrt{\frac{1}{9} + \frac{3}{9}} = \frac{1}{3} \pm \sqrt{\frac{4}{9}} = \frac{1}{3} \pm \frac{2}{3}$

$x_1 = 1; \ x_2 = -\frac{1}{3}$

d) $x^2 - 144 = 0 \qquad \rightarrow \qquad x^2 = 144 \qquad \rightarrow \qquad x = \pm\sqrt{144} = \pm 12$

$x_1 = 12; \ x_2 = -12$

e) $x^2 - 4x = 0 \qquad \rightarrow \qquad x(x-4) = 0 \qquad \rightarrow \qquad x_1 = 0; \; x_2 = 4$

f) $x^2 + \sqrt{2} \cdot x = 0 \qquad \rightarrow \qquad x(x - \sqrt{2}) = 0 \qquad \rightarrow \qquad x_1 = 0; \; x_2 = \sqrt{2}$

7 a) $p = 5; \; q = -24 \qquad \rightarrow \qquad D = \dfrac{p^2}{4} - q = 6,25 + 24 = 30,25 \qquad \rightarrow \qquad D > 0$

Die Lösungsmenge ist *nicht leer*.

b) $p = 12; \; q = 11 \qquad \rightarrow \qquad D = \dfrac{p^2}{4} - q = 36 - 11 = 30,25 \qquad \rightarrow \qquad D > 0$

Die Lösungsmenge ist *nicht leer*.

c) $p = -8; \; q = 16 \qquad \rightarrow \qquad D = \dfrac{p^2}{4} - q = 16 - 16 = 0 \qquad \rightarrow \qquad D = 0$

Die Lösungsmenge ist *nicht leer*.

Es tritt eine Doppellösung auf.

d) $p = -0,7; \; q = 0,1 \qquad \rightarrow \qquad D = \dfrac{p^2}{4} - q = 0,1225 - 0,1 = 0,0225 \qquad \rightarrow \qquad D > 0$

Die Lösungsmenge ist *nicht leer*.

e) $p = 0,7; \; q = -0,1 \qquad \rightarrow \qquad D = \dfrac{p^2}{4} - q = 0,1225 + 0,1 = 0,2225 \qquad \rightarrow \qquad D > 0$

Die Lösungsmenge ist *nicht leer*.

f) $p = \dfrac{2}{5}; \; q = \dfrac{1}{15} \qquad \rightarrow \qquad D = \dfrac{p^2}{4} - q = \dfrac{4}{100} - \dfrac{1}{15} = \dfrac{1}{25} - \dfrac{1}{15} \qquad \rightarrow \qquad D < 0$

Die Lösungsmenge ist *leer*.

8 Addiere zum Quadrat einer natürlichen Zahl die nächstgrößere
Quadratzahl. Die Summe der beiden Zahlen beträgt 481.

$x^2 + (x+1)^2 = 481 \qquad \rightarrow \qquad x^2 + x^2 + 2x + 1 = 481 \qquad \rightarrow \qquad 2x^2 + 2x + 1 = 481$

$\rightarrow \qquad 2x^2 + 2x - 480 = 0 \qquad \rightarrow \qquad x^2 + x - 240 = 0$

$p = 1; \; q = -240$

$x_{1;2} = -\dfrac{p}{2} \pm \sqrt{\left(\dfrac{p}{2}\right)^2 - q} = -\dfrac{1}{2} \pm \sqrt{\dfrac{1}{4} + \dfrac{960}{4}} = -\dfrac{1}{2} \pm \sqrt{\dfrac{961}{4}} = -\dfrac{1}{2} \pm \dfrac{31}{2}$

$x_1 = -16; \; x_2 = 15$

Die Zahl 15 erfüllt das Zahlenrätsel.

9 Gegeben ist die Gleichung $x^2 - 2ax = 0$.

a) *Für a = 1,5 gilt:* $\quad x^2 - 3x = 0 \qquad \rightarrow \qquad x(x-3) = 0$

$\qquad\qquad\qquad\qquad L = \{0; 3\}$

b) *Für a = -2 gilt:* $\quad x^2 + 6x = 0 \qquad \rightarrow \qquad x(x+6) = 0$

$\qquad\qquad\qquad\qquad L = \{0; -6\}$

Quadratische Funktionen untersuchen ($\nearrow$ S. 117)

1 a)

x	$y = 2x^2$
–2	8
–1,5	4,5
–1	2
–0,5	0,5
0	0
0,5	0,5
1	2
1,5	4,5
2	8

b)

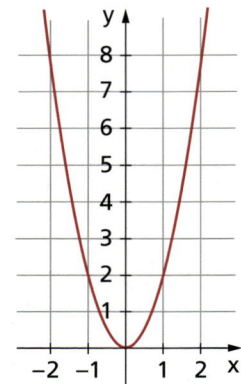

2 A(2; –1,5) gehört nicht zur Funktion, denn: $2^2 - 7 \cdot 2 + 8,25 = -1,75$
B(0; –7) gehört nicht zur Funktion, denn: $0^2 - 7 \cdot (-7) + 8,25 = 57,25$
C(1,5; 0) gehört zur Funktion, denn: $1,5^2 - 7 \cdot 1,5 + 8,25 = 0$
D(–3; 40) gehört nicht zur Funktion, denn: $(-3)^2 - 7 \cdot (-3) + 8,25 = 38,25$

3 a) S(3,5; –4)   b) $x_1 = 1,5$; $x_2 = 5,5$

4 a) S(–1; –3)
b) Die Funktion hat zwei Nullstellen, da der Scheitelpunkt unterhalb der x-Achse liegt und die Parabel nach oben geöffnet ist.

5 a)

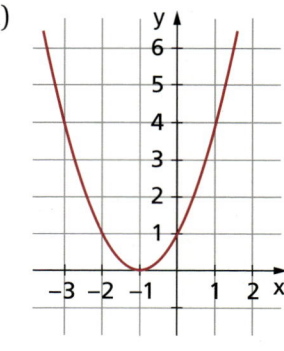

b) $y = x^2 + 2x + 1$
$p = 2$; $q = 1$
$x_{1;2} = -\frac{p}{2} \pm \sqrt{\left(\frac{p}{2}\right)^2 - q}$
$x_{1;2} = -1 \pm \sqrt{1 - 1} = -1 \pm \sqrt{0}$
$x_1 = x_2 = -1$

c) Wertebereich: $y \in \mathbb{R}$, $y \ge 0$
Die Funktion ist:
monoton fallend für $x \le -1$
monoton steigend für $x \ge -1$

d) Der Punkt P(2; 12) gehört nicht zum Graphen der Funktion.
Es gilt: $f(2) = 2^2 + 2 \cdot 2 + 1 = 4 + 4 + 1 = 9$

6

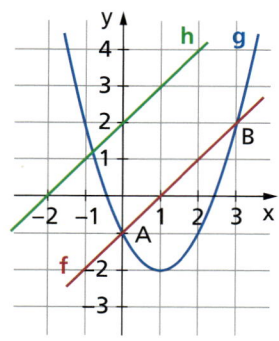

a) A(0; –1); B(3; 2)

b) Beispiel: y = h(x) = x + 2

7 a)

x	y = –0,5x² + 4,5
0	4,5
0,5	4,375
1	4
1,5	3,375
2	2,5
2,5	1,375
3	0

b)

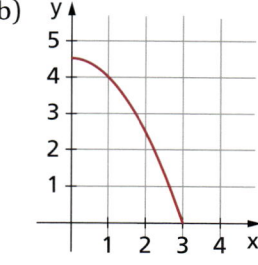

c) x = 3 ist die Nullstelle der Funktion:
Somit trifft der Wasserstrahl dort auf den Boden.

Sinusfunktionen untersuchen (↗ S. 135)

1

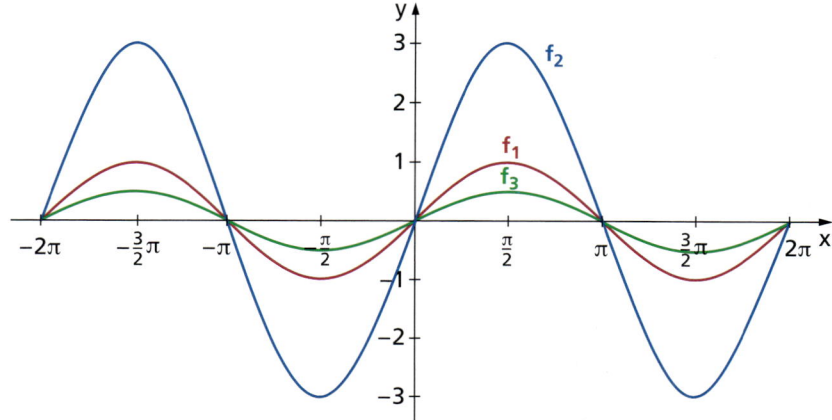

2 a) Die Nullstellen der Funktion y = sin x im Intervall $-\pi \leq x \leq 3\pi$ sind:
  $-\pi, 0, \pi, 2\pi, 3\pi$

  b) Die Punkte $A(\frac{\pi}{6}; 0,5)$ und $B(3; 0,1411...)$ des Funktionsgraphen
  y = sin x liegen beispielsweise im I. Quadranten.

  c) Der Funktionswert 1,2 liegt außerhalb des Wertebereichs
  der Funktion y = sin x. *Für die y-Werte gilt:* $-1 \leq y \leq 1$

3

Gradmaß	$-270°$	$-180°$	$-45°$	$0°$	$30°$	$45°$	$60°$	$90°$	$120°$	$270°$	$360°$
Bogenmaß	$-\frac{3}{2}\pi$	$-\pi$	$-\frac{\pi}{4}$	0	$\frac{\pi}{6}$	$\frac{\pi}{4}$	$\frac{\pi}{3}$	$\frac{\pi}{2}$	$\frac{2}{3}\pi$	$\frac{3}{2}\pi$	2π

4 a) $f(x_1) = f(2) \approx 1,4$ $\qquad$ $f(x_2) = f(\pi) = 0$ $\qquad$ $f(x_3) = f(-\frac{\pi}{2}) = -1$

  b) $f(-\frac{3}{2}\pi) = 1,5$ $\qquad$ $f(-\frac{\pi}{2}) = -1,5$ $\qquad$ $f(-\pi) = 0; f(0) = 0$

  $\quad$ $f(\frac{\pi}{2}) = 1,5$ $\qquad$ $f(\frac{3}{2}\pi) = -1,5$ $\qquad$ $f(\pi) = 0$

  c) $y = 1,5 \cdot \sin x$

5 (1) $\sin 45° \approx 0,7071$ $\qquad$ (2) $\sin 75° \approx 0,9659$ $\qquad$ (3) $\sin 110° \approx 0,9397$

  (4) $\sin 170° \approx 0,1736$ $\qquad$ (5) $\sin 180° = 0$ $\qquad$ (6) $\sin 200° \approx -0,3420$

  (6) $< (5) < (4) < (1) < (3) < (2)$

  $\quad$ $\sin 200° < \sin 180° < \sin 170° < \sin 45° < \sin 110° < \sin 75°$

6 a) $\sin \alpha = \sin 17° = 0,29237...$ $\qquad \rightarrow \qquad$ $\alpha_1 = 17°; \alpha_2 = 163°$

  b) $\sin \alpha = -\sin 45° = -0,7071...$ $\qquad \rightarrow \qquad$ $\alpha_1 = 225°; \alpha_2 = 315°$

  c) $\sin \alpha = \sin 210° = -0,5$ $\qquad \rightarrow \qquad$ $\alpha_1 = 210°; \alpha_2 = 330°$

7 a)

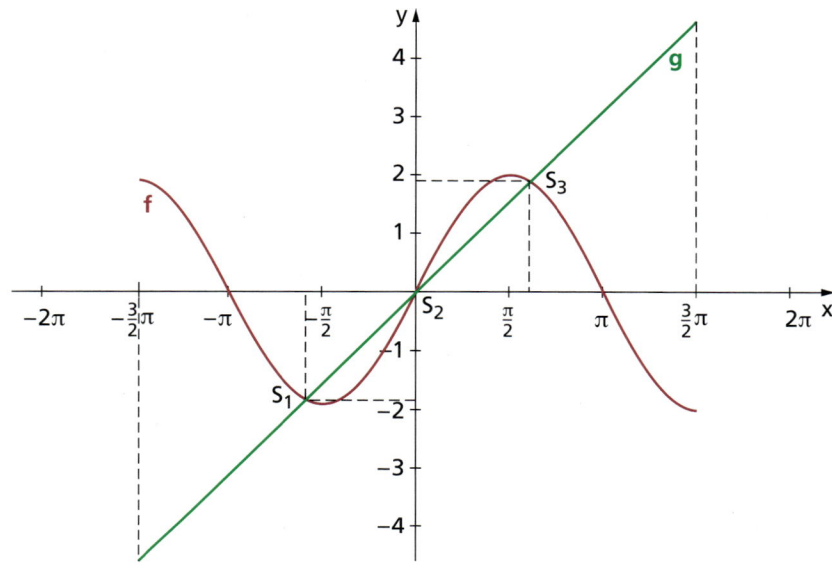

b) Die Funktionsgraphen schneiden einander etwa in den drei Punkten:
$S_1(-1,9; -1,9)$; $S_2(0; 0)$; $S_3(1,9; 1,9)$

c) Wertebereich für $y = f(x)$: $y \in \mathbb{R}$ mit $-2 \leq y \leq 2$
Wertebereich für $y = g(x)$: $y \in \mathbb{R}$, mit $-4,71... \leq y \leq 4,71...$

Lösungen – „Nachgefragt"

Zueinander ähnliche Figuren untersuchen (↗ S. 39)

1

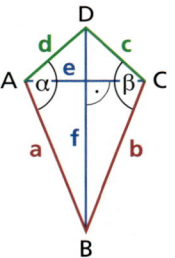

2 *Beispiellösung:*

Ein Drachenviereck ist ein Viereck mit:
- zwei Paaren gleich langer und benachbarter Seiten
  ($\overline{AB} = \overline{BC}$ und $\overline{AD} = \overline{DC}$)
- zwei gleich großen Innenwinkeln
  ($\alpha = \beta$)
- zwei zueinander senkrechten Diagonalen
  (die Diagonale f halbiert die Diagonale e.).

3

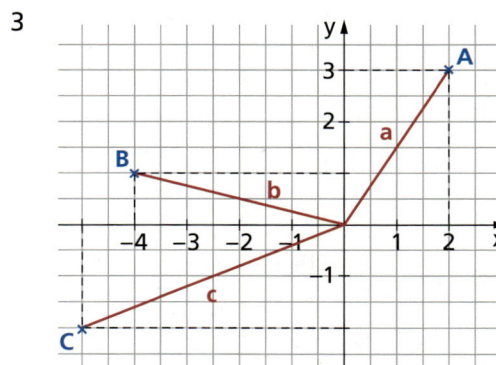

$$a^2 = (2\text{ cm})^2 + (3\text{ cm})^2$$
$$a^2 = 13\text{ cm}^2$$
$$a = 3{,}60\text{... cm}$$
$$b^2 = (4\text{ cm})^2 + (1\text{ cm})^2$$
$$b^2 = 17\text{ cm}^2$$
$$b = 4{,}12\text{... cm}$$
$$c^2 = (5\text{ cm})^2 + (2\text{ cm})^2$$
$$c^2 = 29\text{ cm}^2$$
$$c = 5{,}38\text{... cm}$$

Trigonometrische Beziehungen untersuchen (↗ S. 53)

1 Die Basiswinkel α und β eines gleichschenkligen Dreiecks sind gleich groß.
Der dritte Innenwinkel γ beträgt 90°.
Es gilt der Innenwinkelsatz:
$\alpha + \beta + \gamma = 180° \rightarrow \alpha + \alpha + 90° = 180° \rightarrow 2\alpha = 90° \rightarrow \alpha = 45°$
Die drei Innenwinkel eines gleichschenklig-rechtwinkligen Dreiecks
betragen 90°, 45° und 45°.

2 *Es gilt:* $e^2 = a^2 + a^2$
$\qquad\qquad e = a\sqrt{2}$
$\qquad\qquad e = 6{,}3639... \text{ cm}$
Die Diagonale hat etwa eine Länge von 6,4 cm.

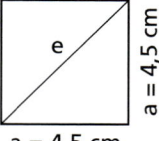

a = 4,5 cm

3 Bei einem rechtwinkligen Dreieck ABC ist die Summe der Kathetenquadrate genauso groß wie das Quadrat der Hypotenuse ($a^2 + b^2 = c^2$).
Beispiel: a = 3 cm, b = 4 cm, c = 5 cm
$\qquad\qquad 9 \text{ cm}^2 + 16 \text{ cm}^2 = 25 \text{ cm}^2$
Umgekehrt folgt aus der Gültigkeit $a^2 + b^2 = c^2$ für ein Dreieck ABC,
dass es rechtwinklig mit dem rechten Winkel im Punkt C ist.

Trigonometrische Beziehungen untersuchen (↗ S. 59)

1 In jedem Viereck beträgt die Innenwinkelsumme 360°.
Begründung: Jedes Viereck kann durch Einzeichnen einer Diagonale
in zwei Teildreiecke zerlegt werden. In jedem der zwei Teildreiecke beträgt
die Innenwinkelsumme 180° (Innenwinkelsatz für Dreiecke).
180° + 180° = 360°

2 *Es gilt:* $f^2 = a^2 + a^2$
$\qquad\qquad e^2 = f^2 + a^2$
$\qquad\qquad e^2 = a^2 + a^2 + a^2$
$\qquad\qquad e = a\sqrt{2} = 17{,}3205... \text{ cm}$
Die Raumdiagonale hat etwa eine Länge von 17,3 cm.

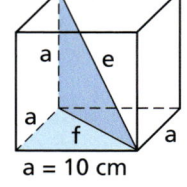

a = 10 cm

3

α	30°	45°	80°
$\sin \alpha$	0,5	0,7071	0,98481
$\cos \alpha$	0,8660	0,7071	0,17365
$\frac{\sin \alpha}{\cos \alpha}$	0,5774	1	5,6712
$\tan \alpha$	0,5774	1	5,6713

Für die drei Beispielwinkel
ist die Gleichung
$\tan \alpha = \frac{\sin \alpha}{\cos \alpha}$
für (gerundete Ergebnisse)
wahr.

Trigonometrische Beziehungen untersuchen ($\nearrow$ S. 65)

1 a) $0°$, $180°$, $360°$ b) $90°$, $270°$

2 a) $0{,}6004$ b) $0{,}6833$ c) $0{,}7997$ d) $-0{,}7302$

3 *Für beliebige Dreiecke gilt:* $c^2 = a^2 + b^2 - 2ab \cdot \cos \sphericalangle ACB$ (Kosinussatz)
   Da der Kosinus eines rechten Winkels gleich 0 ist, gilt für rechtwinklige
   Dreiecke ABC mit $\sphericalangle ACB = 90°$:
   $c^2 = a^2 + b^2$ (Satz des Pythagoras)
   Der Satz des Pythagoras ist ein Sonderfall vom Kosinussatz.

Quadratische Gleichungen lösen ($\nearrow$ S. 83)

1 121; 144; 169; 196

2 a) $0{,}7$ b) 4 c) n. l.   d) $1{,}5$ e) 1

3 *Es gilt:* $A = x^2$ und $u = 4x$ $\rightarrow$ $x^2 = 4x$ $\mid : x$
                                                                      $x = 4$

   Bei einem Quadrat mit einer Seitenlänge von 4 cm sind beispielsweise
   die Maßzahlen des Flächeninhalts und des Umfangs gleich groß.
   Für dieses Quadrat gilt: $A = 16 \text{ cm}^2$ und $u = 16 \text{ cm}$

Quadratische Gleichungen lösen ($\nearrow$ S. 87)

1 a) 300 b) 20 c) 8 d) 3

2 a) $x^2 = 4$ b) $(x - 1)^2 = 0$ c) $(x + 1)^2 = 9$
      $x_1 = 2$; $x_2 = -2$ $x_1 = x_2 = 1$ $x_1 = 2$; $x_2 = -4$

3 $(x - 1) \cdot (x + 1) = 99$ $\rightarrow$ $x^2 - 1 = 99$ $\rightarrow$ $x^2 = 100$ $\rightarrow$ $x_1 = 10$; $x_2 = -10$

Quadratische Gleichungen lösen ($\nearrow$ S. 89)

1 $A_O = 6a^2 = 6 \cdot (1{,}25 \text{ cm})^2 = 9{,}375 \text{ cm}^2$
   Der Oberflächeninhalt des Würfels beträgt $9{,}38 \text{ cm}^2$.

2 $x^2 - 12x + 35 = 0$ $\rightarrow$ $p = -12$; $q = 35$
   $x_{1;2} = -\frac{p}{2} \pm \sqrt{\left(\frac{p}{2}\right)^2 - q} = -6 \pm \sqrt{36 - 35} = -6 \pm 1$ $\rightarrow$ $x_1 = -5$; $x_2 = -7$

3 a) *Falsch:*   Die Gleichung $a^2 = 1$ hat zwei Lösungen ($a_1 = 1$; $a_2 = -1$).
   b) *Falsch:*   Erst nach dem Umformen erhält man die
                   quadratische Gleichung $a^2 = 1$.

Quadratische Funktionen untersuchen (↗ S. 104)

1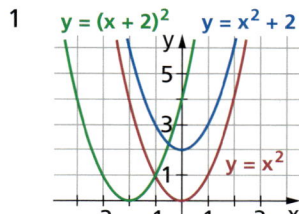
$y = (x + 2)^2$ $y = x^2 + 2$

$y = x^2$

2 Alle drei Graphen sind nach oben geöffnet (eine Normalparabel, zwei verschobene Normalparabeln). Die drei Graphen liegen im I. und im II. Quadranten. Die drei Funktionsgraphen schneiden jeweils die y-Achse. Zwei der Graphen berühren die x-Achse, der dritte Graph nicht.

3 $S(0; -1)$

4 Die Wertepaare $(0; 0)$ und $(2; 12)$ gehören zu $y = 3x^2$.

Quadratische Funktionen untersuchen (↗ S. 111)

1 $S(-3; 1)$ **2** $S(-2; -5)$; $W: y \in \mathbb{R}, y \geq -5$ **3** $x_1 = 0$ und $x_2 = -4$

4 Die Funktion $y = x^2 + x + 0,25$ hat genau eine Nullstelle, weil die Diskriminante gleich 0 ist. Der Scheitelpunkt liegt auf der x Achse bei $S(-0,5; 0)$.

Sinusfunktionen untersuchen (↗ S. 125)

1 a) $1\,440°$ b) $900°$

2 a) $1,7321$ b) $0,4430$ c) 1 d) $0,25$
   e) $0,7854$ f) $2,0944$ g) $2,3562$ h) $7,8540$

Sinusfunktionen untersuchen (↗ S. 129)

1 Definitionsbereich: $x \in \mathbb{R}$ (alle reellen Zahlen)
    Wertebereich: $y \in \mathbb{R}, -1 \leq y \leq 1$ (alle reellen Zahlen von -1 bis 1)

2 Kleinste Periode: 2π ($360°$)

3 Folgende Grad- und Bogenmaße entsprechen einander:

Gradmaß	540°	90°	60°	−360°	−45°	−1080°	450°
Bogenmaß	3π	$\frac{\pi}{2}$	$\frac{\pi}{3}$	-2π	$-\frac{\pi}{4}$	-6π	$\frac{5}{2}\pi$

4 $-2\pi, -\pi, 0, \pi, 2\pi, 3\pi$

5 $\sin 50° \approx 0,7660$ $\sin 130° \approx 0,7660$ $\sin 170° \approx 0,1736$ $\sin 10° \approx 0,1736$
Es gilt: $\sin 50° = \sin 130°$ und $\sin 170° = \sin 10°$
Die Sinuswerte zweier Winkel stimmen überein, wenn ihre Summe $180°$ ist.
Es gilt: $\sin \alpha = \sin(180° - \alpha)$

Lösungen und Punktverteilung für Prüfungsarbeit 1

(Seite 187 bis 189)

Pflichtteil 1 (ohne Hilfsmittel) (↗ S. 187)

Aufgabe		Hinweise zur Lösung	Anforderungsbereich		
			I	II	III
1	a)	1,9	0,5	–	–
	b)	–0,25	0,5	–	–
	c)	0,16	0,5	–	–
2	a)	3 050 g	0,5	–	–
	b)	2,5 cm^2	0,5	–	–
3			–	0,5	–
4		70 (B)	0,5	–	–
5		40 m^2	0,5	–	–
6		6 €	0,5	–	–
7		$10x - \mathbf{1} = 8x + 12;$ Begründung: $\mathbf{10 \cdot 1 = 10}$	–	0,5	–
8		S(0; –4)	0,5	–	–
9		*Beispiel:* y = g(x) = 4x	–	0,5	–
10		$\cos \alpha = \frac{10}{18}$	–	0,5	–
11		9 : 5 = 1,8	0,5	–	–
12		$p = \frac{20}{200} = 0,1$	0,5	–	–
13		(A) ist kein Würfelnetz.	0,5	–	–
			6	2	–

Pflichtteil 2 (mit Hilfsmitteln) (↗ S. 188)

Aufgabe	Hinweise zur Lösung	I	II	III
		Anforderungsbereich		
1 a)	$0{,}8 \cdot 89{,}95\ € = 71{,}96\ €$	–	2	–
b)	$b = 3{,}5\ \text{cm} \cdot 50\,000 = 175\,000\ \text{cm} = 1{,}75\ \text{km}$	1	–	–
c)	$x = \sqrt{(3\ \text{cm})^2 + (7\ \text{cm})^2} = \sqrt{58\ \text{cm}^2} \approx 7{,}6\ \text{cm}$	1	1	–
d)		–	3	–
e)	(siehe Tabelle und Diagramm unten)	–	2	–

Bus	Zu Fuß	Fahrrad	Auto
198°	108°	36°	18°

Pflichtteil 2 (mit Hilfsmitteln) (↗ S. 188)

Aufgabe	Hinweise zur Lösung	Anforderungsbereich		
		I	II	III
2 a)		3	–	–
b)	$S(1; -4)$; $x_1 = -1$; $x_2 = 3$	2	–	–
c)	$S_1(0; -3)$ und $S_2(3,5; 2,2)$	–	–	3
3 a)	$A \approx 11,28 \text{ cm}^2$	–	2	–
b)	$a \approx 6 \text{ cm}$; $u \approx 20,3 \text{ cm}$	–	3	–
c)	Das Dreieck ist nach dem Kongruenzsatz sws eindeutig konstruierbar.	–	–	1
		7	13	4

Wahlpflichtaufgaben (mit Hilfsmitteln) (↗ S. 189)

Aufgabe	Hinweise zur Lösung	Anforderungsbereich		
		I	II	III
1 a)	$500 \text{ €} \cdot 1,028^3 = 543,18 \text{ €}$	–	3	–
b)	= B1*(1+B2) oder = B1+B1*B2	–	1	–
c)	= \$B\$1*(1+\$B\$2)^A5	–	–	1
d)	$500 \text{ €} \cdot 1,2 = 600 \text{ €}$; $500 \text{ €} \cdot x^3 = 600 \text{ €}$ $x = \sqrt[3]{1,2} \approx 1,063$; Zinssatz: 6,3 %	–	–	3
		–	4	4

Wahlpflichtaufgaben (mit Hilfsmitteln) (↗ S. 189)

Aufgabe	Hinweise zur Lösung	Anforderungsbereich		
		I	II	III
2 a)	Li – Lina gewinnt; An – Anna gewinnt 0,6 Li 0,4 An 0,6 Li 0,4 An 0,6 Li 0,4 An	–	3	–
b)	(1) $p = 0{,}4 \cdot 0{,}4 = 0{,}16$ (2) $p = 0{,}6 \cdot 0{,}4 + 0{,}4 \cdot 0{,}6 = 0{,}48$	–	1	2
c)	$p^2 = 0{,}3249 \quad \rightarrow \quad p = 0{,}57$	–	–	2
		–	4	4

Wahlpflichtaufgaben (mit Hilfsmitteln) (↗ S. 189)

Aufgabe	Hinweise zur Lösung	Anforderungsbereich		
		I	II	III
3 a)	$V = 2{,}48^2 \cdot 1{,}15 \text{ dm}^3 - 2 \cdot \pi \cdot 0{,}2^2 \cdot 2{,}48 \text{ dm}^3$ $V \approx 7{,}073 \text{ dm}^3 - 0{,}623 \text{ dm}^3$ $V \approx 6{,}45 \text{ dm}^3$	–	4	–
b)	$m = 500 \cdot 6{,}45 \text{ dm}^3 \cdot 1{,}4 \, \frac{\text{kg}}{\text{dm}^3}$ $m = 4\,515 \text{ kg} = 4{,}515 \text{ t}$ Bei einem Ladevermögen von 2,5 t muss das Transportfahrzeug mindestens zweimal fahren. *Es gilt:* $2{,}5 \text{ t} < 4{,}515 \text{ t} < 5 \text{ t}$	–	–	4
		–	4	4

231

Lösungen und Punktverteilung für Prüfungsarbeit 2

(Seite 190 bis 193)

Pflichtteil 1 (ohne Hilfsmittel) (↗ S. 190)

Aufgabe	Hinweise zur Lösung	Anforderungsbereich		
		I	II	III
1	Beispiel: $\frac{1}{5}$	0,5	–	–
2	44,440 m < 440 m < 444 m	0,5	–	–
3	Antwort (1)	0,5	–	–
4	(I) $y = -x + 2$ (II) $y = \frac{1}{2}x + 2$	1	–	–
5	$\frac{10\,cm}{40\,000\,cm} = \frac{1}{4\,000}$ Es ist ein Maßstab von $1:4\,000$.	0,5	–	–
6	Antworten (2) und (3)	1	–	–
7	$\gamma = 180° - 30° - 70° = 80°$	0,5	–	–
8		0,5	–	–
9	$S(0; -2)$ $x_1 = \sqrt{2}$ $x_2 = -\sqrt{2}$	0,5	1	–
10	=Mittelwert(C2:C5) oder =(C2+C3+C4+C5):4 (Quotient aus der Summe der Zahlen und der Anzahl)	0,5	1	–
		6	2	–

Pflichtteil 2 (mit Hilfsmitteln) (↗ S. 191)

Aufgabe		Hinweise zur Lösung	Anforderungsbereich		
			I	II	III
1	a)	P(Herzass) = 0,25; P(Herzbube) = 0,5	1	–	–
		P(Herzass und Herzbube) = 0,25 · 0,5 = 0,125	–	1	–
	b)	Dreieckskonstruktion und Messwert für Drahtseil	–	1	–
		Berechnung der Seillänge (Sinussatz): 81,4 m	–	1	–
		Angabe der prozentualer Abweichung	1	–	–
	c)	x = 6; y = 7	1	1	–
	d)	Es verbleiben noch 9 Fehler:	–	–	2
		(10 % von 10 = 1; 10 – 1 = 9)			
		Die Aussage, dass es 0 Fehler sind, ist falsch.			
2	a)	V = 92,4 dm^3; *Folgerung:* 92,4 kg Granulat	–	2	–
	b)	Die Holzplatte muss mindestens 2,03 m^2 haben.	1	–	–
		Die 2 m^2 reichen nicht aus.	1	–	–
	c)	(6,70 € · 93 + 2,03 · 20 € + 1,50 € · 120) : 120 = 7,03 €	–	1	2
		Wertung: 7,50 € decken die Kosten.			
		Es wird ein geringer Überschuss erwirtschaftet.			

Pflichtteil 2 (mit Hilfsmitteln) (↗ S. 192)

Aufgabe		Hinweise zur Lösung	Anforderungsbereich		
			I	II	III
3	a)	A(–2; 0), B(0; 1)	1	–	–
	b)	$\overline{AB} = \sqrt{2^2 + 1^2} = \sqrt{5} \approx 2{,}2$	–	1	–
	c)	$\tan \alpha = \frac{2}{4} = \frac{1}{2}$; $\alpha \approx 26{,}5°$; $\gamma \approx 63{,}5°$; $\delta = 90°$	–	2	–
	d)	In beiden Dreiecken tritt α auf. Es sind zwei	–	2	–
		rechtwinklige Dreiecke und damit nach dem			
		Hauptähnlichkeitssatz zueinander ähnlich.			
	e)	△ AOB: A = 0,5 · 1 cm · 2 cm = 1 cm^2	–	1	–
		△ ADC: A = 0,5 · 4cm · 2cm = 4 cm^2			
		Verhältnis der Flächeninhalte zueinander wie 1 : 4.	–	1	–
			6	14	4

Wahlpflichtaufgaben (mit Hilfsmitteln) (↗ S. 192)

Aufgabe	Hinweise zur Lösung	Anforderungsbereich		
		I	II	III
1 a)	Trapez konstruieren	1	–	–
b)	*Beispiel:* (1) $\overline{AB}$ = 4 cm zeichnen. (2) Senkrechten in A und B zu $\overline{AB}$ errichten. (3) $\overline{AD}$ am freien Schenkel von A abtragen. (4) $\overline{BC}$ am freien Schenkel von B abtragen. (5) $\overline{CD}$ verbinden.	–	–	2
c)	$A = 0,5 \cdot (4 \text{ cm} + 1 \text{ cm}) \cdot 4 \text{ cm} = 10 \text{ cm}^2$	–	1	–
d)	$u = 5 \text{ cm} + \sqrt{(4 \text{ cm} - 1 \text{ cm})^2 + (4 \text{ cm})^2} = 14 \text{ cm}$	–	1	–
e)	*Beispiel:* Rechteck mit a = 5 cm und b = 2 cm	–	1	–
f)	$u = 14 \cdot s = 14s$ und $A = \frac{s + 4s}{2} \cdot 4s = 10 \text{ s}^2$	–	–	2
		1	3	4

Wahlpflichtaufgaben (mit Hilfsmitteln) (↗ S. 193)

Aufgabe	Hinweise zur Lösung	Anforderungsbereich		
		I	II	III
2 a)	$\tan \alpha = \frac{21,1 \text{ cm}}{21,35 \text{ cm}} \approx 0,9883 \quad \rightarrow \quad \alpha \approx 44,7°$	–	1	–
b)	$3a = 30 \text{ m}$ (Satz des Pythagoras) $\rightarrow$ a = 10 m	–	1	–
	$\frac{c}{21,1 \text{ m}} = \frac{2a}{3a} \quad \rightarrow \quad c = \frac{2}{3} \cdot 21,1 \text{ m} \quad \rightarrow \quad c = 14 \text{ m}$	–	1	
	$\frac{b}{42,7 \text{ m}} = \frac{a}{3a} \quad \rightarrow \quad b = \frac{1}{3} \cdot 42,7 \text{ m} \quad \rightarrow \quad b = 14, 2 \text{ m}$	–	1	1
c)	<table><tr><td>Anzahl</td><td>124</td><td>124</td><td>62</td></tr><tr><td>Länge</td><td>30 m</td><td>14 m</td><td>14,2 m</td></tr></table>	1	–	–
d)	*Volumen:* $14,2 \text{ m} \cdot 14 \text{ m} \cdot 320 \text{ m} = 63\,616 \text{ m}^3$	–	–	1
	Kosten: $\frac{x}{63\,616 \text{ m}^3} = \frac{600 \text{ €}}{90 \text{ m}^3} \quad \rightarrow \quad x = 424\,106,67€$	–	–	1
	$\frac{2}{5}$ von 424 106,67€ sind 169 642,67 €.			
	Entscheidung: 169 642,67 € < 250 000 €			
	Die Viertelmillion reicht aus.	–	–	1
		1	3	4

Wahlpflichtaufgaben (mit Hilfsmitteln) (↗ S. 193)

Aufgabe	Hinweise zur Lösung	Anforderungsbereich		
		I	II	III
3 a)	$(64\,000\;€ + 8\,500\;€ + 5\,800\;€) : 8 = 9\,787,50\;€$	–	1	–
b)	**Langfristiges Darlehen**			
	Darlehen: $64\,000\;€ + 8\,500\;€ + 5\,800\;€ = 78\,300\;€$	1	–	–
	Jährliche Zinsen: $523,50\;€$			
	Gesamtzinsen: $8 \cdot 3\,523,50\;€ = 28\,188\;€$			
	Gesamtkosten: $78\,300\;€ + 28\,188\;€ = 106\,488\;€$	–	–	1
	Kurzfristiger Kredit			
	Darlehen: $64\,000\;€ + 8\,500\;€ + 5\,800\;€ = 78\,300\;€$			
	Jährliche Zinsen: $10\,335,60\;€$			
	Zinsen (16 Monate): $\frac{16}{12} \cdot 10\,335,60\;€ = 13\,780,80\;€$			
	Gesamtkosten: $78\,300\;€ + 13\,780,80\;€ = 92\,080,80\;€$	–	–	1
	Der kurzfristige Kredit ist günstiger.	–	1	–
c)	*Anzahl der Motoren:* (Anstieg von 480 auf 1000)			
	Anzahl der Mitarbeiter:			
	(Anstieg von 320 auf $320 \cdot 1,25 = 400$)			
	Arbeitszeit: (Absinken von 40 h auf			
	40 h $\cdot$ 0,96 = 38,4 h)	–	1	–
	Verhältnis der Leistungen: $\frac{480 \cdot 320 \cdot 40}{1000 \cdot 400 \cdot 38,4} = 0,4 = \frac{4}{10}$	–	–	1
	Die Leistung der alten Maschinen muss zur Leistung der neuen Maschinen im Verhältnis 1 : 2,5 stehen.	–	–	1
	(Die neuen Maschinen müssen also eine um das 2,5-Fache bessere Leistung haben als die alten Maschinen.)			
		1	3	4

Register

Bildquellenverzeichnis

Alibaba.com/Zhengzhou Peilin Toys Co. Ltd.: 100/1; BackArts GmbH: 136/5; Cornelsen Experimenta: 23/2; Cornelsen Verlagsarchiv: 76/1, 76/2, 97/1, 108/1; Deutsche Bundesbank: 77/2; Duden Verlagsarchiv: 79/1, 122/1; Fotolia: 43/1, .shock: 96/1, ag visuell: 66/2, 156/1, Albo: 114/2, Alexander Rochau: 57/2, Amy Walters: 26/2, Andy Grimm: 126/3, arhan: 142/2, arsdigital: 133/3, Artur Synenko: 186/1, beermedia: 107/1, 24/1, 24/2, 144/1, 170/1, 201/3, 202/1, 210/1, Benicce: 106/1, Birgit Reitz-Hoffmann: 185/2, 36/3, by-studio: 168/1, ChaotiC-PhotographY: 194/4, Christof Lippmann: 128/2, cimmerian: 179/2, clearviewstock: 119/1, Cobalt: 47/2, contrastwerkstatt: 95/1, corbisrfsomos: 174/2, 175/1, ctacik: 212/1, Dagmar Richardt: 57/3, Daniel Kühne: 138/1, Daniel Nimmervoll: 105/2, Danny Elskamp: 119/3, Denis Babenko: 194/2, Dimitrij Kosterev: 208/1, Dirk Löffelbein: 195/1, Doc RaBe: 47/4, Elena Baryshkina: 129/1, Elena Schweitzer: 72/2, EtiAmmos: 137/1, eyetronic: 57/1, Felix Pergande: 44/2, Fernando Batista: 77/1, FM2: 136/1, fotodddelli: 26/4, fotokalle: 174/1, FotoMike1976: 137/2, FX Berlin: 71/1, Gina Sanders: 86/1, gradt: 168/2, hapa 7: 204/1, haveseen: 20/1, HaywireMedia: 198/1, Helder Almeida: 66/1, ilro: 47/3, Jan Will: 54/1, Jean B.: 38/2, Jean Kobben: 101/1, Jeanette Dietl: 201/1, Jiri Hera: 183/2, Joachim Wendler: 119/2, John Takai: 44/1, jokatoons: 95/2, Jonathan Werner: 62/2, 68/3, 148/2, julian tromeur: 99/1, 119/4, Kaarsten: 100/2, 126/2, Kalim: 199/1, Kiril Zdorov: 178/1, Klaus Eppele: 68/2, 126/1, Koya79: 162/1, Kruse: 170/2, laguna35: 185/1, lightpoet: 46/1, luchshen: 130/1, Marianne Mayer: 191/4, Marina Lohrbach: 107/2, Mark Ross: 196/2, markus dehlzeit: 80/1, marog-pixcells: 179/1, matthias21: 205/2, Max Wo: 165/1, Maxim_Kazmin: 138/2, MH: 186/2, michanolimit: 60/1, Mila Gligoric: 54/3, mipan: 203/2, mmPhoto: 58/1, Monkey Business: 161/1, mopsgrafik: 147/1, Moreen Blackthorne: 31/1, mrritkin: 184/1, N-media Images: 106/2, 165/2, 202/2, 203/1, Nikolai Sorokin: 128/3, Paolo Frangiolli: 169/1, Pavel Ignatov: 17/2, Peter Adrian: 77/3, Phoenixpix: 156/2, photocrew: 143/2, photolars: 68/1, 75/1, piai: 9/3, Picture P.: 178/2, 183/1, pixel dreams: 197/1, 9/2, pressmaster: 47/1, 142/1, pterwort: 58/3, Rafal Glebowski: 26/3, Richard McGuire: 176/1, robynmac: 60/2, Rolf Klebsattel: 148/1, Sebastian Kaulitzki: 60/3, senoldo: 18/3, Sergey Komarov: 117/1, shoot4u: 10/1, shootingankauf: 205/1, Silberblatt: 18/1, Silkstock: 194/1, spinetta: 54/2, Stefan Redel: 18/2, Stephen Richards: 162/3, styleyouneed: 86/2, teracreonte: 126/4, Tina 7 si: 196/1, Torbz: 110/2, tournee: 15/1, 84/1, treenabeena: 36/2, Tristan 3D: 28/1, unitpix: 88/1, valdis torms: 160/1, Vanessa: 194/5, vege: 166/1, 167/1, 175/2, 193/2, virtua73.: 58/2, visualtektur.: 63/1, VRD: 137/3, Werner Gölzer: 118/1, Wo Gi: 162/2, 11/1, Xuejun li: 62/1, Yuri Arcurs: 8/1, 204/2, zentilia: 50/1, 198/2, 201/2; G. Liesenberg: 14/1, 14/2, 14/3, 14/4, 14/5, 14/6, 14/7, 14/8, 14/9, 14/10, 17/1, 20/3, 20/4, 20/5, 23/4, 26/1, 35/1, 36/1, 37/1, 72/4, 73/2, 73/3, 105/1, 124/1, 132/2, 136/3, 136/4, 181/1, 191/1, 191/2; Getty Images: 133/1; Heinrich Bauer KG/Bauer Digital KG/www.selbst.de: 41/2; Hemera Photo Objects: 122/2, 191/5; http://www.lampe7.de/Pressebild: 64/1; iStock-illustration-16596293: 97/2, -7445444: 97/3; iStockphoto: 133/2, 140/1, Christopher Pattbe: 15/2, 23/1, Dirtydog_creative: 80/2, Georgios Art: 42/2, jepf: 194/3, John Tomaselli: 136/2; iStockphoto/luxxtec: 42/1, marekuliasz: 104/1, Picture Lake: 42/3; Lattke G.: 131/1; Mail Macau/"Das goldene Verhältnis": 92/1; mdm Mitteldeutsche Medienförderung/Kurbetriebsgesellschaft Bad Kösen: 193/1; Pantermedia/Rolf R.: 113/1; picture-alliance/akg-images: 132/1; picture-alliance/Mary Evans Picture Library: 72/1; SearchMedia Torsten Maue: 113/3; Waterframe/Reinhard Dreschel: 100/3; Wikipedia/GNU 1.2/CC 3.0/Stefan Zech/Sun and Ice: 110/1, Lokilech: 23/3, Pikaluk(UK)/academic.ru/CC 2.0 by: 72/3; www.lehrmittel-reinhold.de: 13/1

Mathematik

Na klar!

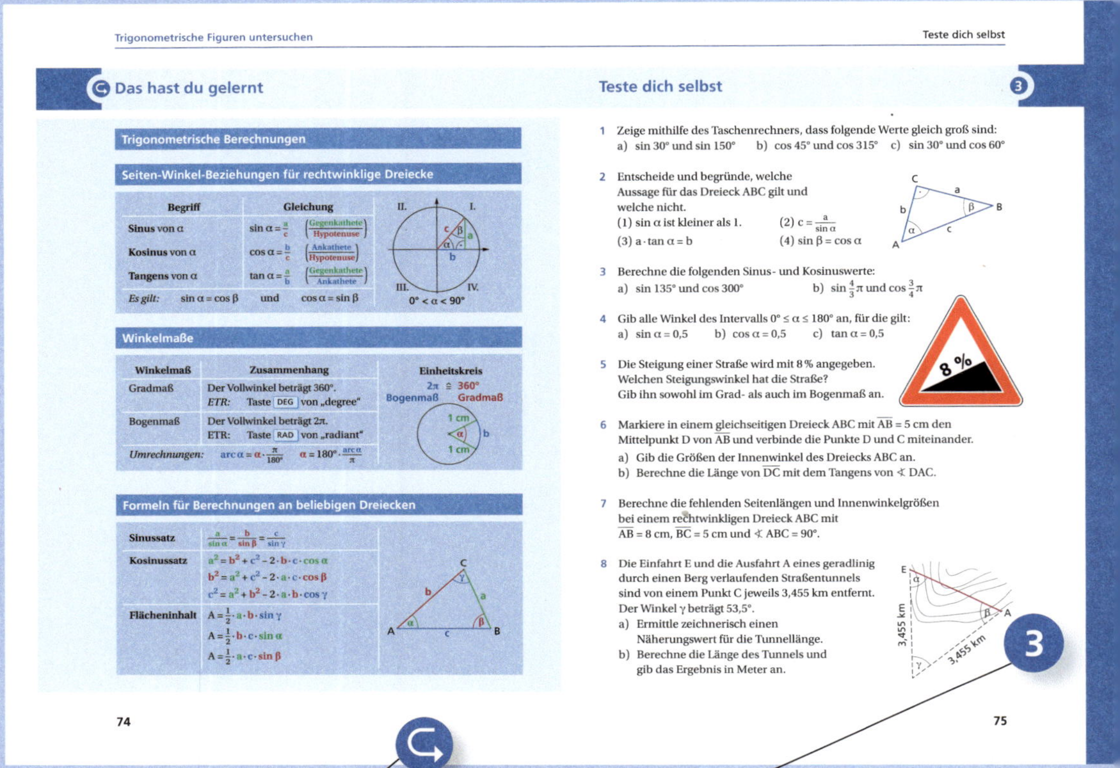

↺ Das hast du gelernt

Trigonometrische Berechnungen

Seiten-Winkel-Beziehungen für rechtwinklige Dreiecke

Begriff	Gleichung	
Sinus von α	$\sin \alpha = \frac{a}{c}$	Gegenkathete / Hypotenuse
Kosinus von α	$\cos \alpha = \frac{b}{c}$	Ankathete / Hypotenuse
Tangens von α	$\tan \alpha = \frac{a}{b}$	Gegenkathete / Ankathete

Es gilt: $\sin \alpha = \cos \beta$ und $\cos \alpha = \sin \beta$

$0° < \alpha < 90°$

Winkelmaße

Winkelmaß	Zusammenhang	Einheitskreis
Gradmaß	Der Vollwinkel beträgt 360°. ETR: Taste DEG von „degree"	$2\pi \;\hat{=}\; 360°$ Bogenmaß Gradmaß
Bogenmaß	Der Vollwinkel beträgt 2π. ETR: Taste RAD von „radiant"	1 cm
Umrechnungen:	$arc \, \alpha = \alpha \cdot \frac{\pi}{180°}$ $\alpha = 180° \cdot \frac{arc \, \alpha}{\pi}$	1 cm

Formeln für Berechnungen an beliebigen Dreiecken

Sinussatz	$\frac{a}{\sin \alpha} = \frac{b}{\sin \beta} = \frac{c}{\sin \gamma}$
Kosinussatz	$a^2 = b^2 + c^2 - 2 \cdot b \cdot c \cdot \cos \alpha$ $b^2 = a^2 + c^2 - 2 \cdot a \cdot c \cdot \cos \beta$ $c^2 = a^2 + b^2 - 2 \cdot a \cdot b \cdot \cos \gamma$
Flächeninhalt	$A = \frac{1}{2} \cdot a \cdot b \cdot \sin \gamma$ $A = \frac{1}{2} \cdot b \cdot c \cdot \sin \alpha$ $A = \frac{1}{2} \cdot a \cdot c \cdot \sin \beta$

74

Teste dich selbst ❸

1 Zeige mithilfe des Taschenrechners, dass folgende Werte gleich groß sind:
a) sin 30° und sin 150°   b) cos 45° und cos 315°   c) sin 30° und cos 60°

2 Entscheide und begründe, welche
Aussage für das Dreieck ABC gilt und
welche nicht.
(1) sin α ist kleiner als 1.   (2) $c = \frac{a}{\sin \alpha}$
(3) $a \cdot \tan \alpha = b$ (4) $\sin \beta = \cos \alpha$

3 Berechne die folgenden Sinus- und Kosinuswerte:
a) sin 135° und cos 300°   b) $\sin \frac{4}{3}\pi$ und $\cos \frac{3}{4}\pi$

4 Gib alle Winkel des Intervalls 0° ≤ α ≤ 180° an, für die gilt:
a) sin α = 0,5   b) cos α = 0,5   c) tan α = 0,5

5 Die Steigung einer Straße wird mit 8 % angegeben.
Welchen Steigungswinkel hat die Straße?
Gib ihn sowohl im Grad- als auch im Bogenmaß an.

8 %

6 Markiere in einem gleichseitigen Dreieck ABC mit $\overline{AB}$ = 5 cm den
Mittelpunkt D von $\overline{AB}$ und verbinde die Punkte D und C miteinander.
a) Gib die Größen der Innenwinkel des Dreiecks ABC an.
b) Berechne die Länge von $\overline{DC}$ mit dem Tangens von ∢ DAC.

7 Berechne die fehlenden Seitenlängen und Innenwinkelgrößen
bei einem rechtwinkligen Dreieck ABC mit
$\overline{AB}$ = 8 cm, $\overline{BC}$ = 5 cm und ∢ ABC = 90°.

8 Die Einfahrt E und die Ausfahrt A eines geradlinig
durch einen Berg verlaufenden Straßentunnels
sind von einem Punkt C jeweils 3,455 km entfernt.
Der Winkel γ beträgt 53,5°.
a) Ermittle zeichnerisch einen
Näherungswert für die Tunnellänge.
b) Berechne die Länge des Tunnels und
gib das Ergebnis in Meter an.

3,455 km   3,455 km   **3**

75

Zusammenfassungsseiten (Das hast du gelernt)
enthalten das Wichtigste im Überblick.

Testseiten
enthalten Aufgaben zum Überprüfen der Fortschritte. Lösungen dieser Aufgaben befinden sich im Anhang.

Informationsseiten (Wusstest du schon?)
enthalten Interessantes und Wissenswertes.

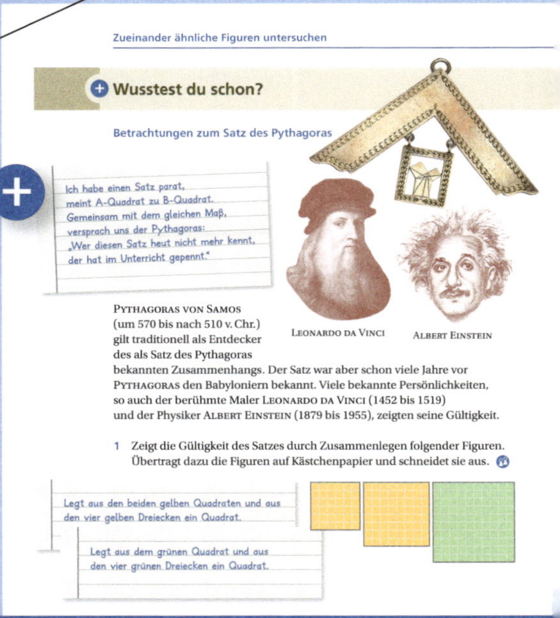

➕ Wusstest du schon?

Betrachtungen zum Satz des Pythagoras

> Ich habe einen Satz parat,
> meint A-Quadrat zu B-Quadrat.
> Gemeinsam mit dem gleichen Maß,
> versprach uns der Pythagoras:
> „Wer diesen Satz heut nicht mehr kennt,
> der hat im Unterricht gepennt."

PYTHAGORAS VON SAMOS
(um 570 bis nach 510 v. Chr.)
gilt traditionell als Entdecker
des als Satz des Pythagoras
bekannten Zusammenhangs. Der Satz war aber schon viele Jahre vor
PYTHAGORAS den Babyloniern bekannt. Viele bekannte Persönlichkeiten,
so auch der berühmte Maler LEONARDO DA VINCI (1452 bis 1519)
und der Physiker ALBERT EINSTEIN (1879 bis 1955), zeigten seine Gültigkeit.

LEONARDO DA VINCI   ALBERT EINSTEIN

1 Zeigt die Gültigkeit des Satzes durch Zusammenlegen folgender Figuren.
Übertragt dazu die Figuren auf Kästchenpapier und schneidet sie aus.

> Legt aus den beiden gelben Quadraten und aus
> den vier gelben Dreiecken ein Quadrat.

> Legt aus dem grünen Quadrat und aus
> den vier grünen Dreiecken ein Quadrat.